KB001979

방위사업
징비록

방위사업 징비록 懲毖錄

전제국 지음

DEFENSE
AQUISITION
PROGRAM

SEARCHING FOR THE WAY
FORWARD IN THE DARK HISTORY

한울
아카데미

차 례

| 제4장 | 방위사업의 특성과 성공조건 _159

| 제5장 | **방위사업 발전방향** _177

집필 동기와 목적

방위사업은 국방기획관리체계(PPBEES)의 정중앙에 위치하며 군사전략 이행에 필요한 전력(무기체계)을 공급해주는 '군사력 건설의 중심'이다.

불과 몇 년 전만 해도 필자는 방위사업에 대해서는 문외한이었다. 40여 년간 국방부문에 종사하면서 국방정책, 군사외교, 군비통제, 국방중기계획, 분석평가, 감사 등 여러 분야에서 실무 경험도 해보고 강의와 연구 활동도 했지만 공교롭게도 전력, 군수, 방산 등 방위사업 관련 분야에서 일을 해볼 기회는 단 한 번도 없었다.

그런데 필자에게도 방위사업청에 근무할 기회가 갑자기 주어졌다. 2017년 8월 8일, 제9대 방위사업청장으로 임용되었던 것이다. 이는 우리 국민이 필자를 통해 꼭 해야 할 일이 있었기 때문인 것으로 인식되었다. 당시 연이어 터지는 방산비리로 인해 국민들의 감정은 방산·군수·국방에 대한 불신을 넘어 분노와 절망으로 바뀌고 있었다. 이에 필자에게 주어진 묵시적 미션은 '부정·비리의 프레임에 갇혀버린 방위사업을 새롭게 혁신하여 명실상부한 군사력 건설의 중심으로 다시 세워놓으라'는 것으로 해석되었다. 결국 방위사업 혁신은 공직자로서 필자가 짊어져야 할 마지막 몫으로 생각하고, 그동안 국방부문에서 쌓은 경험과 노하우 및 지식을 결집하여 방위사업혁신계획 수립에 집중, 전심전력을 다했다.

취임 3~4개월 만에 방위사업청 차원의 혁신계획 초안이 마련되었다. 하지만 국방부·합참·각군을 비롯한 관련기관의 공감과 동의 없이는 실효성이 없을 것으로 판단하고 수많은 실무토의와 일곱 차례의 '방위사업개혁협의회'를 거쳐 2018년 7월 27일 대통령 주재 '전군주요지휘관회의 보고대회'를 끝으로 「방위사업혁신종합계획」을 마무리 지었다.

필자가 방위사업청에 머문 13개월 동안 치열한 관심과 심혈을 기울인 또 다른 영역은 직원들의 사기 문제였다. 처음 부임하여 깜짝 놀란 것은 방위사업청이 '우울의 동굴'로 변해가고 있다는 암울한 현실이었다. 2017년 기준 청 직원의 36.7%가 '우울지수 고위험군'에 속한다는 조사결과를 보고받고, 무엇보다 시급한 과제는 직원들의 꺾인 심령과 상한 마음, 식어버린 열정과 의지를 다시 살려내는 것이었다.[1] 직원들 사기의 회복·증진이야말로 방위사업 혁신의 처음(α)이자 마지막(Ω)이라는 생각이 들었다. 혁신계획 수립단계부터 혁신과제 실천에 이르기까지 혁신의 주체는 다름 아닌 청 직원들이었기 때문이다. 이에 직원들과 막힘없이 소통하며 새로운 꿈과 비전을 심어주고 세심한 관심과 배려를 기울인 결과, 반년이 안 되어 모두들 마음을 다시 추스르고 열정을 불태우는 모습을 목격하는 일종의 기적을 체험했다.

필자에게 주어진 시간은 겨우 1년 남짓이었지만 평생 경험하며 축적한 지혜와 노하우, 그리고 최선의 열정을 방위사업의 회생과 재건에 쏟아부었다. 다만 필자는 방위사업에 대한 사전 지식이 없었기 때문에 '전력(戰力)의 눈'으로 방위사업을 보지 않고 국방의 큰 틀에서 '국방의 눈'으로 방위사업을 바라

---

1   당시 청 직원들에게 절실한 것은 방위사업에 관한 고매한 지식과 고상한 철학이나 사상이 아니라 저들의 상처받은 심령을 어루만져주고 사랑으로 품어주며 저들의 말을 들어줄 수 있는 '귀'를 가진 리더십이었다.

보며 마지막 임무 완수에 최선을 다했다. 방위사업과 함께 한 13개월은 필자 평생의 열정과 경험이 응축되어 지혜와 의지로 재현된 세월이었다.

짧지만 값진 경험을 되새기며 집필하기 시작한 지 벌써 2년이 넘었다. 하지만 필자의 일천한 경험과 짧은 소견으로 인해 적지 않은 편견과 오류, 모순과 흠결이 담겨 있을 것으로 짐작된다. 방위사업 반세기 역사 속에서 겨우 1년간 보고 듣고 느낀 것은 기껏해야 '빙산의 일각'에 지나지 않기 때문이다. 그럼에도 이 글을 남기는 이유는 두 가지이다. 첫째는 말도 많고 탈도 많던 방위사업의 현장 속에 직접 들어가 보고 들으며 깨닫고 구상했던 모든 것을 종합 정리하여 '국민에게 최종 보고하는 것'이 필자의 마지막 임무라고 생각했기 때문이다. 둘째는 '올바른' 혁신계획을 수립하기 위해 필자 스스로 고뇌하며 얻은 사유(思惟)의 결실과 직원들과 함께 숙의하며 영글었던 지혜의 산물을 '나 홀로만의 지나간 추억'으로 간직하기보다는 한 편의 글로 남겨 관심 있는 분들과 공유하며 중지(衆智)를 모아 방위사업의 지속가능한 발전과 성공을 열어가는 데 작은 보탬이라도 되어야겠다고 생각했기 때문이다.[2]

한편, 필자 나름대로 문제를 식별하고 해법을 모색하는 과정에서 국방획득 관련 거의 모든 기관·부서들이 검토·분석·평가의 대상으로 거론되었지만, 이는 건설적 대안을 찾기 위함일 뿐 어떤 기관도 폄훼하거나 비난하려는 뜻이 전혀 없음을 분명히 밝혀둔다. 이 책에 담긴 오류는 전적으로 필자의 무지에서 비롯된 것으로 100% 필자의 책임이다. 필자의 부족함은 사계(斯界) 전문가들의 격의 없는 충언에 의해 채워지고 이 책의 흠결은 독자 제현(諸賢)의 아낌없는 질책에 의해 바로잡히기를 기대한다.

---

2 당시 필자가 직원들과 함께 고민하며 찾아낸 방위사업의 실상과 인과관계 및 문제의 해법은 「방위사업혁신 종합계획」(2018.7.27.)에 담겨 있다. 다만 방위사업혁신계획이 나오기까지 집단지성을 모아 발전방향을 정리해가던 사유의 논리와 개념화 과정은 계획서에 담을 수 없었기에 이 글을 통해 관심 있는 독자들과 공유하고자 한다.

1974년 율곡사업을 기점으로 보면 방위사업의 역사는 올해(2020년)로 46년이 된다. 필자가 군에 입대한 시점도 1974년이니 방위사업의 역사와 필자의 국방부문 봉직 기간이 엇비슷하다. 40여 년의 세월은 사람으로 치면 불혹의 나이에 해당된다. 이제 방위사업종사자들은 세상 어떤 일에도 미혹됨 없이 오로지 주어진 임무 완수에 전념하며 '양병(養兵)의 중심'으로 우뚝 서기를 희구한다.

이 책이 세상에 나올 때쯤 되면, 필자가 언급한 대부분의 문제가 해소되어, 방위사업인들은 지금보다 훨씬 더 나은 여건에서 군사력 건설과정에 동참하며 큰 보람을 느낄 수 있기를 소망한다. 앞으로 언젠가 방위사업인들이 우연히 삼삼오오 모이게 되면 2010년대의 어둡고 암울했던 세월을 '옛말하듯이' 웃으며 말하는 날이 속히 오기를 기대해본다.

2020년 10월 3일 개천절 아침
남한산성 아랫마을 위례에서
전제국

수정·보완 경위

　방위사업과 관련하여 필자의 짧은 경험을 토대로 생각을 정리하며 집필하기 시작한 지 2년 만에 1차 초안이 완성되었다. 단순한 필자의 개인적 생각을 넘어 관련 정보를 폭넓게 수집, 분석하다보니 시간도 많이 걸렸고 원고 분량도 많이 늘어났다.

　하지만 초안의 성격상 필자 개인의 짧은 생각과 비전문가적 판단이 중심을 이루고 있었기 때문에 사실관계의 재확인으로부터 주요 사안의 분석평가에 대한 객관적 검증이 필요했다. 그래서 2020년 11월「방위사업의 이상과 현실」이라는 제하(題下)의 책자 초안을 5명의 실무 전문가들에게 검토를 의뢰했다. 이들은 모두 방위사업청과 출연기관 등에서 오랫동안 복무하며 이론과 실무에 정통한 전문가들이었다. 2~3개월 후에 검토의견을 받았다. 검토내용 중에는 필자의 기본적인 생각과 판단을 전면 부정하는 것도 있었다. 특히 방위사업청 개청과정에서 나타난 찬반논쟁의 뿌리원인과 방위사업 관련 기본 이념의 우선순위 등에 대한 도전은 심각한 딜레마를 초래했다. 이는 본 연구의 출발점인 동시에 전제조건에 해당했기 때문이다. 하지만 검토의견의 진위(眞僞) 여부를 떠나 실무진의 진솔한 비판과 허심탄회한 의견은 본 연구의 넓

이와 깊이를 더해 품질을 한층 업그레이드하는 결정적 계기가 되었다.

1차 초안 리뷰어들의 의견을 중심으로 사실관계의 진위 여부도 가리고 필자의 오류와 편견을 줄이기 위해 수정·보완 작업에 들어갔다. 이번에는 『방위사업청개청백서』와 『방위사업통계연보』 등 일부 공식적 자료 분석과 함께 전문가 심층 인터뷰를 병행했다. 특히 COVID-19로 인해 비대면·비공식 전화 인터뷰를 실시했다. 인터뷰 대상은 방위사업청 개청 전후에 재직했던 국방부 정책결정 라인과 개청준비단 소속 군인·공무원, 방위사업청 전직 청·차장과 장기근속 간부들, 정부출연기관(KIDA, ADD, 기품원) 및 방산업체 간부 등 총 33명이었다. 시간은 많이 걸렸지만 필자의 궁금증도 풀어주고 부족함도 채워주기에 충분했다. 소통과정에서 나타난 특정 사안에 대한 엇갈린 의견은 필자 나름대로의 합리적 판단을 요구했다. 중론에 따라 논리의 실타래를 다시 설계하고 논지를 다듬어나갔다. 그 과정에서 일부 의견은 왜곡·변형되었을지도 모른다. 이는 필자의 일천한 경험과 짧은 소견, 제한된 능력에서 비롯되었음을 밝혀둔다.

한편, 방위사업청 실무전문가들은 공통적으로 필자의 연구가 시대에 뒤떨어진 것이라며 전면 업데이트를 주문했다. 특히 필자가 재직 당시 수립해놓은 「방위사업혁신종합계획」(2018)이 착실히 추진되면서 방위사업청은 과거와 전혀 다른 모습으로 탈바꿈하고 있다는 것이었다. 하지만 「방위사업혁신종합계획」의 완성과 동시에 방위사업청을 떠난 필자로서는 나날이 진화·발전을 거듭하고 있는 방위사업 현장의 변화를 따라간다는 것은 사실상 불가능했다. 이에 시간적 연구범위를 조정하여 방위사업청이 총체적 위기구조에 직면했던 시기, 즉 2014년 통영함 사태로 인해 방산비리의 프레임에 갇히게 된 때부터 2017년 총체적 위기가 절정에 이르렀던 때까지로 제한하고, 책자 제목도 이에 맞추어 '사면초가(四面楚歌)의 방위사업 2014~2017'로 바꾸었다.

수정안이 완성된 것은 필자가 2021년 12월부터 3개월간 유럽을 방문했을 때이다. 모처럼 국내 COVID 확산 동향과 대통령선거 등과 관련된 각종 방송·TV·SNS로부터 자유로워지자 연구에 집중할 수 있었다. 그 결과 불과 1개월 만에 수정을 완료했다. 하지만 수정·보완한 부분이 적지 않았기에 재검증이 필요했다. 그래서 전·현직 실무전문가 7명에게 또 한 번의 검토를 의뢰했다. 이들의 검토의견은 필자의 부족한 디테일을 채워 연구의 완전성을 높이는 데 마침표를 찍어주었다.

다만, 전문가 검토의견 중에는 비리의 프레임에 갇혀 있었던 과거를 들춰내면 방위사업인들에게는 아픈 상처만 건드리는 모양이 되고 국민들에게는 잊힌 비리문제를 다시 상기시키는 역효과를 낳을지도 모른다며 관련 사항을 대폭 축소할 것을 권유하는 내용도 있었다. 하지만 기억하고 싶지 않은 옛일이라고 해서 지나간 역사 속에 파묻어버린다면 문제의 뿌리를 찾아내지 못해 근치(根治)를 지향한 정책처방을 내놓을 수 없게 되고, 이는 결국 과거의 잘못을 되풀이하는 딜레마로 이어질 수도 있을 것으로 여겨졌다. 따라서 방위사업의 부정적 이미지 부각에 따른 부정적 파급효과가 예견되더라도 '역사적 현실'을 직시하고 문제의 뿌리를 찾아내는 것이 올바른 처방전을 내놓는 첫걸음으로 생각하고 어떤 것도 축소·완화·꾸밈없이 '있는 그대로(as-is)' 기술했다.

아울러 책자의 제목도 바꾸어 『방위사업 징비록』으로 명명했다. 이는 방위사업인들이 사면초가의 복합위기 속에 파묻혔던 옛일을 절대 잊지 말고 항상 경계하며 미래를 개척해나갈 수 있도록 역사적 교훈을 담아내려는 필자의 집필 의도를 보다 잘 반영할 것으로 보였기 때문이다.

본 연구가 세상에 나오게 된 것은 필자의 부족함을 채워주신 많은 분들의 도움이 있었기에 가능했음을 밝혀둔다. 필자가 집필 도중에 궁금한 사항이 있어 전화로 연락드리면 모두들 기꺼이 도움의 말씀과 함께 궁금증도 풀어주고 문제의 실마리도 풀어주었다.

차제에 필자의 무지(無知)를 일깨워준 모든 분들께 깊은 감사의 마음을 전하고 싶다. 무엇보다도 필자의 단견과 오류를 가감 없이 지적하며 문제를 제기해준 초고 검토자들에게 고마움의 뜻을 표한다. 또한 새롭게 제기된 문제에 대한 해법(+재검증)을 찾기 위해 전화 문의를 드렸을 때 기꺼이 혜안을 빌려주신 분들께 진심어린 감사의 마음을 드린다. 특히 바쁜 일상 중에서도 귀한 시간을 쪼개어 1차 또는 2차 초안을 꼼꼼히 읽고 검토해주신 김일동·김태곤 국장, 강천수·김종출·문기정·조현기 부장(前), 김인호박사(前 ADD소장), 이현수 박사(LIG Nex1 부사장), 장현호 팀장(PL), 그리고 최종 검증을 맡아주신 서형진 차장(前)께 각별한 감사의 뜻을 전한다. 아울러 연구 도중에 필요한 일이 있어 도움을 청하면 헌신적으로 도와준 김일렬 팀장, 조용진 과장, 김정환 중령(진) 등 모든 실무전문가들께 감사드린다.

끝으로, 이 책이 집필한 지 5년 만에 세상의 빛을 볼 수 있도록 출간을 승인해주신 한울엠플러스(주) 김종수 대표님과 윤순현 부장님, 그리고 편집을 위해 수고해주신 모든 분들께 깊은 감사의 말씀을 드린다.

2022년 12월 24일
하남힐즈파크에서
전제국

방위사업은 국방의 변두리가 아니다. 이는 오히려 전략(개념)과 작전(행동) 사이, 국방관리의 정중앙에 위치하며 국방의 실체를 채워주는 '군사력 건설의 중심'에 해당한다. 방위사업은 우리 군이 외부의 군사적 위협에 맞서 싸우는 데 필요한 물리적 수단(무기체계)을 공급해 국방의 임무를 완수하도록 뒷받침해주는 토대이자 원천이기 때문이다.

이에 방위사업의 성패에 따라 국방의 성패가 나뉘고, 유사시 국민의 생명과 국가의 생존을 지키느냐 못 지키느냐가 좌우된다. 방위사업이 제 몫을 못 하면 국방도 제 몫을 다 할 수 없다. 허술한 무기로는 강군(强軍)이 될 수 없고 허약한 군대로는 국가를 지켜낼 수 없기 때문이다. 어떤 일이 있어도 방위사업을 바로 세워 국가 백년대계의 초석을 놓아야 하는 당위성이 바로 여기에 있다.

그런데 1970년대 자주국방을 지향한 전력증강사업(일명 '율곡사업')이 추진된 이래, 방위사업은 부정·비리·부실의 굴레에서 크게 벗어나지 못한 채 불투명성과 비효율성의 온상인 것처럼 세간에 알려졌다. 이에 '참여정부(2003~2008)'는 국방획득사업의 투명성과 효율성을 동시에 높여 자주국방의 꿈을 앞당길 목적으로 2006년 8개 기관으로 분산되어 있던 국방획득기능을 하나로 통합, 국방부 소속의 독립 외청 '방위사업청'을 설립했다.

이후 16년의 세월이 흘렀다. 우리 속담에 '10년이면 강산도 변한다'는 말이 있다. 그렇다면 방위사업은 과연 얼마나 변했을까? 결론부터 말하면, 필자가 잠깐 머물렀던 2017~2018년 기준 방위사업청은 사상 최악의 복합적 위기상황에 직면해 있었다.

무엇보다도 2014년 통영함 음파탐지기 납품비리 사건은 방위사업을 총체적 위기 상황으로 몰아넣는 결정적인 빌미가 되었다. 투명성 문제는 방위사업청을 태동시킨 직접적 배경이 되었던 만큼 방산비리의 재발은 방위사업청의 존재이유(raison d'etre)를 전면 부정하는 것과 다름없었다. 이로 인해 방위사업 전반에 대한 감시·감독기능이 대폭 강화되었고 무기체계의 연구개발부터 실전배치에 이르기까지 일련의 방위사업과정에 대한 사정(司正) 활동이 본격화되었다. 수많은 방위사업 종사자들이 피의자 또는 참고인 신분으로 검찰에 소환되거나 기소되었다. 강도 높은 처벌과 제재가 뒤따르고 각종 규제가 강화되었다. 와중에 방위사업 전체가 '비리의 프레임'에 갇혀 옴짝달싹할 수 없게 되었다.

그런데 처벌·제재 위주의 투명성 대책은 방위사업의 효율성을 떨어뜨리는 역풍으로 작용했다. 투명성 위주의 대증적(對症的)·단편적(斷片的) 처방은 사업관리의 유연성 소멸, 관련기관 간 소통의 단절과 협업의 축소, 방위사업 종사자들의 열정·사기 위축 등을 낳으며 국방획득사업의 효율성을 잠식하고 있었다. 특히 외부로부터 끊임없이 제기되는 방산비리의 의혹은 물론, 국방연구개발의 실패와 전력화 지연, 운용중인 무기체계의 결함 등의 문제는 진위 여부를 떠나 국민의 불신과 소요군의 불만을 낳으며 방위사업 전반에 걸친 위기로 이어지고 있었다. 그야말로 사면초가(四面楚歌)였다. 상하좌우 어디를 보아도 앞으로 나갈 길이 보이지 않았다.

이렇듯 방위사업청은 개청 10여 년 만에 최악의 위기상황에 빠져들었다. 이는 단순한 방위사업의 위기를 넘어 국방(+국가안보)의 물리적 토대를 무너뜨리고, 나아가서는 유사시 군사작전의 실패와 국가의 소멸을 유도하는 통로가 될 수도 있다는 점에서 국가 차원의 중대 사안이 아닐 수 없었다.

그렇다면 국방획득사업에 끊임없이 나타나는 부정·비리의 뿌리원인은 어디에 있는가? 방위사업의 기본가치에 해당하는 투명성과 효율성이 조화와 균형을 이루며 선순환되려면 어떻게 해야 하는가? 방위사업 고유의 특성은 무엇이며, '싸우면 반드시 이기는 강군'의 초석을 놓으려면 국방획득시스템에 어떤 변화가 필요한가? 방위사업 전반에 걸쳐 만연된 '침체의 미궁(迷宮)'을 뚫고 군사력 건설의 중심으로 우뚝 서려면 어떻게 해야 하는가?

이런 문제의식에서 출발하여, 필자는 '기본으로 돌아가(Back to the Basic)' 2010년대 중반 방위사업 전반에 몰아닥친 병리현상을 진단하고 근치(根治)를 지향한 정책처방을 모색, 제안하려는 데 목적을 두고 본 연구를 시작했다. 연구대상기간은 방위사업의 효시에 해당하는 1970년대 율곡사업 시절로 거슬러 올라가지만, 현상진단은 2010년대 복합적 위기구조의 단초가 되었던 2014년 통영함 사태로부터 위기의 절정에 이르렀던 2017년까지의 기간을 집중 조명, 방위사업의 실상을 있는 그대로 밝혀보겠다. 이를 통해 국방획득사업의 역사적 발자취에서 오늘날 복합위기의 단서를 찾아내고 '국방의 기본'에 비추어 미래를 밝힐 정책 방향과 대안을 모색, 제시해보고자 한다.

그 일환으로, 먼저 제2장에서는 국방경영의 기본프레임에 해당하는 국방기획관리체계(PPBEES) 속에 자리 잡은 방위사업의 좌표와 위상을 재조명하고 이와 대조적으로 나타나는 방위사업의 실상, 즉 '사면초가의 딜레마 현상'을 집중 조명했다. 제3장에서 방위사업이 미증유의 위기상황에 놓이게 된 뿌리원인을 찾아 탐구한 결과, 한둘이 아닌 여럿이 복합적으로 작용하고 있는 것으로 분석되었다. 주요 원인으로는 방위사업청 태동과정에 얽힌 우여곡절로부터 투명성 절대주의의 역습, 사업관리의 전문성·유연성 부족, 국방획득체계에 내재화된 분할 구조적 특성, 국방 R&D의 낡은 패러다임과 방산업체의 대정부 의존성 등을 손꼽을 수 있겠다. 제4장에서는 방위사업의 타고난 본질과 특성을 규명하여 성공조건을 탐색하고, 이어서 제5장에서는 국방의 백년대계를 바라보며 방위사업의 발전방향을 재정립해보았다. 발전방향과 관련하여, 먼저 방위사업의 경영전략 기조부터 정립하고, 이어서 투명성과 효율성의 조화, 국방획득체계의 연계성 회복, 사업관리의 유연성과 전문성 확보, 관계기관 간 소통과 협업의 제도화, 연구개발패러다임 전환과 방위산업의 재도약 등 핵심 과제별로 발전적 대안을 모색, 제시했다.

하지만 본 연구에서 제시한 정책대안에는 일정한 한계가 있음을 밝혀둔다. 이는 무엇보다도 '지나간 옛일'에 연구 초점을 두고 있어 정책처방의 적실성(適實性)이 감소되고 있다는 점이다. 2014년 통영함 사태를 계기로 촉발된 전면적 위기 상황은 2017년 정점에 이르렀다가 2018년부터 한풀 꺾이고 정상의 궤도에 접어들기 시작한 것으로 보인다. 이는 이 책에서 제안한 정책 처방의 상당부분이 이미 실행되고 있으며, 따라서 현실성도 그만큼 반감되고 있음을 뜻한다.

그럼에도 필자가 굳이 지나가버린 과거 한때, 특히 암울했던 시대를 집중 조명하며 단견(短見)을 모아 기록으로 남기려는 데는 나름대로의 이유가 있다. 그것은 다름 아닌 '앞날을 경계'하기 위함이다. '역사는 반복한다'는 말이 있다. 이는 우리가 지나간 역사의 교훈을 잊는 순간 과거와 똑같은 실수·실패를 되풀이하게 된다는 인류역사의 준엄한 경고인 것으로 해석된다.[1] 이와 관련하여, 조선시대의 재상 서애(西厓) 류성룡(柳成龍, 1542~1607)이 '지옥 같았

---

[1] 일찍이 아놀드 토인비(Arnold J. Toynbee, 1889~1975)는 "인류역사는 도전과 응전의 역사"이며 "역사는 반복한다"는 명언을 남겼고, 동시대의 카(E. H. Carr, 1892~1982)는 "역사란 과거와 현재의 끊임없는 대화"라고 정의했다. 이는 '우리가 끊임없이 과거를 되돌아보며 역사적 교훈을 도출하고 이를 오늘에 적용하여 거듭나지 않는 한 과거와 똑같은 실패를 되풀이한다'는 뜻으로 이해된다.

던 7년간의 환란' 임진왜란(1592~1598)을 겪으며 훗날을 경계하기 위해『징비록(懲毖錄)』을 남겼듯이, 필자도 2010년대 방위사업 전반에 드리워졌던 진퇴양난의 위기상황이 앞으로는 두 번 다시 되풀이되지 않도록 경계할 목적으로 집필했으며, 이것이 이 책의 표제(標題)로 올라가『방위사업 징비록』이 된 연유이기도 하다.

02 방위사업 현상진단

　방위사업의 현상진단은 '이론(theory) vs 실제(practice)' 또는 '이상(ideal) vs 현실(reality)'의 비교론적 관점에서 접근하고자 한다. 이론상 방위사업은 국방에 필요한 물리적 수단[=전력(戰力)]을 공급하며 국방의 실체를 채워주는 '군사력 건설의 중심'이다. 하지만 2017~2018년 당시 필자의 눈에 비친 방위사업의 실상은 다차원의 복합적 위기구조에 갇혀 아무것도 제대로 할 수 없는 참담한 모습이었다. 방위사업의 최종고객인 국민으로부터는 '불신'을, 방위사업의 일차고객인 군으로부터는 '불만'을, 소요장비의 생산현장인 방산업체들로부터는 '원망'을 한 몸에 받고 있었다. 와중에 방위사업인들은 사기가 꺾이고 열정을 잃은 채 하루하루 연명하고 있는 것처럼 보였다.

1. 방위사업의 좌표: 군사력 건설의 중심

　국방은 약육강식의 '힘의 논리'가 작동하는 정글과 같은 국제질서 속에서 국민의 생명과 재산을 지켜내고 국가의 생존과 번영을 뒷받침하는 데 존재가치를 두고 있다. 이는 천하보다 귀한 '생명 지킴이'라는 점에서 '절대선(絕對善)'에 가깝다.

하지만 '빈손'으로 국방을 할 수는 없다. 특히 무정부상태(Anarchy)의 국제질서 속에서 스스로를 지켜내려면 '절대적 힘', 특히 '강력한 군사력'이 있어야 한다. 그 힘은 끊임없이 변화하는 전략환경에 맞추어 혁신을 거듭하며 새롭게 증강되어야 한다. 그렇지 않으면 세상 어떤 나라도 영속(永續)할 수 없다. 이에 '힘(군사력)'의 지속적 축적과 쇄신을 위해 제도화된 것이 '국방획득체계'이며 '방위사업'으로 통칭되고 있다. 오늘날 우리 국방당국은 방위사업을 통해 수명주기가 도래한 구형장비를 새로 개발된 신형장비로 꾸준히 교체(+증강배치)하면서 군사력을 나날이 재강화하고 있다. 이렇듯 방위사업은 우리 군에 새로운 군사 장비를 끊임없이 공급해주는 통로인 동시에 전력증강의 원천으로 작동하며 강군육성(+자주국방)을 뒷받침해주고 있다.

한편, 국방에는 중대한 시행착오나 실패가 허용되지 않는다. 이는 국민의 생명을 책임지고 있기 때문이다. 국방의 실패는 최악의 경우 국가의 소멸로 이어지고 국민들은 1970년대 월남의 패망에서 보았듯이 보트피플(Boat People)이 되어 세계 곳곳을 정처 없이 떠돌며 유리걸식하는 난민으로 전락할 수도 있음이다. 이에 국방은 '무조건', '반드시' 성공해야 할 당위성이 있다.

그렇다고 한정된 국가자원을 무한정 국방에 쏟아 넣을 수도 없다. 군사력의 소요(requirements)에 비해 가용 자원은 항상 부족하기 때문이다. 이를 도외시하면 국방은 자칫 국가자원을 무한정 빨아들이는 블랙홀(black hole)이 될 수 있다. 국방의 '효율성 문제'가 제기되는 연유도 바로 여기에 있다. 이제 중요한 것은 최대한의 자원으로 최대한의 국방력을 갖추는 것이 아니라 국력에 상응한 '적정수준의 자원'으로 '자주적 방위역량'을 갖추는 데 있다.

국방이 '제한된 자원으로' 제 몫을 다하려면, 힘을 기르는 일[양병(養兵)]과 힘을 쓰는 일[용병(用兵)]의 순서가 바로 세워져야 한다.[1] 양병과 용병은 동전

---

1   국방은 전쟁에 대비해 '힘(군사력)'을 기르고 쓰는 일을 본업으로 한다. 그런 만큼 국방은

의 앞뒷면과 같이 불가분의 관계이지만, 일의 순서로 보면, 용병(전략)이 먼저이고 양병(전력)이 나중이 되어야 한다. '힘을 기르기 전에 힘을 어떻게 쓰는 것이 효과적일 것인지', 즉 '유사시 어떻게 싸우는 것(How to fight)이 최소의 희생(+비용)으로 압도적 승리를 거둘 수 있을 것인지'에 관한 전략(strategy)과 용병술(用兵術)부터 구상해놓고, 전략개념에 맞추어 최적의 전력구조(force structure)를 설계한 다음에 가용재원의 범위 내에서 무기체계를 획득·유지·운용하는 방향으로 치밀하게 관리되어야 한다.[2] 그렇지 않으면 많은 재원을 투자하고도 소기의 전략목표를 거둘 수 없다.

용병-양병의 관계구도가 일관되고 정교하게 작동하도록 체계화한 것이 '국방기획관리제도(PPBEES)'이며, 이는 상호 연결된 4개의 주춧돌 위에 세워져 있다. 〈그림 1〉에서 보듯이, 첫 번째 주춧돌은 적(敵)의 동향과 위협을 실시간에 정확히 판별해내는 '정보(intelligence)'이고, 두 번째는 어떤 위협도 조기에 완전 무력화(無力化)시킬 수 있는 '전략(strategy)'이며, 세 번째는 전략개념 이행에 필요한 수단으로서 '전력(forces)'이고, 네 번째는 전력 획득에 소요되는 '예산(budgets)'이다.[3] 정보·전략·전력·예산, 이 넷은 반드시 실존해야 하는 국방의 모퉁이 돌들(cornerstones)이다. 어느 하나가 없어도 안 되고 서로 분리되어도 안 된다. 이 넷은 '하나의 몸'을 이루는 지체(肢體)들처럼 서로 맞물려 있어야 한다. 이 명제는 1961년 미국 국방부의 PPBS(Planning, Programming, and Budgeting System)로 체계화되었고, 1979년 우리 국방부가 도입하여

군정과 군령, 양병과 용병으로 이루어진다. 군령·용병은 군사력의 운용에 관한 전략전술(용병술)이 그 핵심이고, 군정·양병은 용병(군사작전)에 필요한 군사력(병력+무기+정신전력)을 건설·유지하는 것이다

2   전제국, 「21세기 안보도전과 국방전략방향」, 《항공우주력연구》, 제4집, 2016.10., 13~18쪽 참조.

3   전제국, 「국방기획체계의 발전방향」, 《국방정책연구》, 제32권 제2호, 2016년 여름, 89~124쪽.

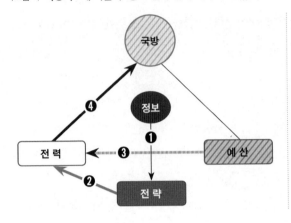

PPBEES(Planning, Programming, Budgeting, Execution, and Evaluation System)로 진화되었다.[4]

국방의 4대축 가운데 '전력(forces)'의 축을 담당하고 있는 분야가 방위사업이다. 이는 군에서 필요하다고 결정한 소요전력(required forces)을 최적의 조건으로 확보, 적기에 공급해주어 군사작전의 효과성을 뒷받침해주는 것을 본업으로 삼고 있다.

국방의 큰 흐름 속에서 방위사업의 좌표를 재조명해보면, 방위사업은 국방의 변두리가 아니라 '정중앙'에 위치하며 국방에 필요한 수단(무기·장비)을 끊임없이 공급해주는 통로로 작동하고 있음을 확인할 수 있다. 〈그림 2〉에서 보는 바와 같이, 국방관리는 ① 안보위협 판단 → ② 군사전략 수립 → ③ 전

---

4   국방기획관리체계(PPBEES)에 의하면, 먼저 기획단계(planning)에서 국방정책(NDP)과 군사전략(JMS)이 수립되고 군사력 건설 소요(JSOP)가 확정되면, 이는 중기계획(programming)-예산편성(budgeting)-사업집행(execution)-분석평가(evaluation)로 이어지는 일련의 사업추진과정을 거쳐 소요전력이 획득, 소요군에 인도된다. PPBEES에 대한 자세한 내용은 전제국, 「국방기획관리제도의 이상과 현실」, ≪국방연구≫, 제56권 제4호, 2013.12., 109~137쪽 참조.

〈그림 2〉 **국방관리시스템의 기본구도**

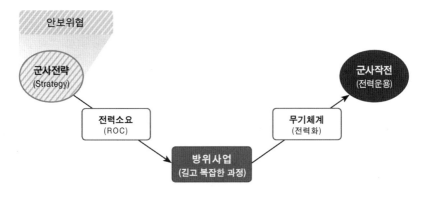

력소요 판단 → ❹ 방위사업 추진 → ⑤ 전력화(실전배치) → ⑥전력운용(군사

작전)으로 이어지며 국방 본연의 소임을 감당하고 있다.

국방관리는 안보위협의 평가와 국방전략(정책+전략)의 수립으로부터 시작

하여, 전략 이행에 필요한 전력의 소요 판단과 소요의 사업화·예산화·전력화

로 이어진다. 이를 업무수행 주체별로 나누어보면, 먼저 군이 안보위협에 맞

서는 데 필요하다고 판단되는 전력소요를 결정하면, 방위사업청은 '길고 복잡

한 과정'을 거쳐 해당 전력을 획득해서 소요군에 공급해주고, 군은 이를 운용

하여 전략목표를 달성하게 된다.

이렇듯 방위사업은 국방관리의 중심에서 국방이 제 몫을 다하도록 국방의

물리적 수단을 공급해주는 역할을 맡고 있다. 그런 만큼 방위사업의 효과성

이 군사작전·군사전략의 성패와 국방의 실효성을 좌우하고 나아가서는 국가

의 생사존망을 가름하는 첫걸음이 된다. 결국 방위사업은 우리 군이 필요로

하는 무기체계를 군이 원하는 때에 공급해줌으로써 '싸우면 반드시 이기는 강

군' 육성을 뒷받침하고 어떤 위협 속에서도 국민의 생명을 지켜내는 '튼튼한

국방'을 견인하는 '국민사업'이다.

2. 방위사업의 현실: 사면초가(四面楚歌)의 복합위기

2017년 필자가 인지한 방위사업의 실상은 고립무원(孤立無援)의 위기상황에 처해 있다는 사실이었다. 어디를 보아도 나갈 길이 보이지 않았다. 방위사업 전담기관으로 태어난 방위사업청은 사방팔방으로부터 불평·불만·불신·원망을 한 몸에 받고 있었다(〈그림 3〉). 방위사업의 최종 고객이며 최후의 버팀목이 되어야 할 국민들로부터는 신뢰를 잃은 지 오래 되었고, 방위사업의 일차고객이며 국방공동체의 일원인 각군으로부터는 불만의 대상이 되어 있었다. 심지어 방위사업청과 손잡고 군의 소요장비를 개발·생산·공급해주는 방산업체들로부터는 원망의 표적이 되고 있었다. 와중에 방위사업관리자들은 일할 의욕을 잃은 채 '집단적 우울의 늪'에 빠져 있었다. 밖으로 나올 생각조차 잃어버린 것 같았다. 그야말로 총체적 난국이었다.

〈그림 3〉 **사면초가의 방위사업(2017)**

1) 국민 불신

방위사업을 비롯한 국방서비스의 최종 고객도 국민이고 군을 감싸줄 최후의 보루도 국민이다. 국방의 필요성과 정당성은 국민으로부터 나오기 때문이다. 국방(군)은 '외부의 위협에 맞서 국민의 생명과 재산을 지켜내라'는 '국민의 뜻'에 의해 작동하고 있다. 이는 '국민의 뜻'이 곧 국방(+방위사업)의 존립근거가 됨을 의미한다. 이에 국민의 믿음을 잃은 방위사업은 뿌리 없는 나무와 같다. 더 이상 존재할 가치도 없고 명분도 없다. 결국 '국민의 신뢰'야말로 방위사업의 존립근거이자 최후의 버팀목인 셈이다.[5]

그런데 2014년 통영함 사태를 계기로 방위사업에 '비리의 프레임'이 씌워지면서 국민의 불신이 깊어지고 있었다.[6] 사건의 경위를 간추려보면, 2014년 4월 승객 476명을 태우고 제주도로 가던 여객선 '세월호'가 진도 인근 해상에서 침몰했는데 당시 거센 조류와 탁한 시야, 낮은 수온 등으로 인해 구조작

5 　국민의 뜻에 토대를 둔 방위사업(청)이 국민의 신뢰를 잃으면 모든 것을 잃을 것이 자명하다. 국민의 뜻이 철회되면, 방위사업(청)은 더 이상 설 곳도 없고 물러설 곳도 없다. 그렇다고 방위사업 하나의 문제로 끝나는 것이 아니다. 만약 방위사업이 문 닫으면, 육·해·공군이 존재할 수 없게 되고, 나아가서는 국방도 존재 의의가 없어지게 된다. 무기 없는 군대, 빈손으로 싸우는 군대로는 유사시 싸워봤자 질 것이 분명하기 때문이다. 전쟁에서의 패배는 최악의 경우 국가의 패망으로 이어지고, 그 피해는 고스란히 국민에게 돌아가기 마련이다.

6 　그렇다고 통영함 사건이 방위사업에 '비리의 프레임'을 씌우는 모든 원인이 된 것은 아니었다. 그 이전에도 크고 작은 방산비리가 드러나 방위사업에 대한 국민의 신뢰를 무너뜨리고 있었다. 예를 들어, 2014년 3월 국방기술품질원이 과거 7년간(2007~2013) 납품된 군수품 280,199품목을 전수 조사한 결과 241개 업체가 2,749건의 공인시험성적서를 위변조 했음이 확인되었다. 이는 방산업체들의 '시험성적서 위변조' 현상이 일상화되어 군사장비에 들어가는 수많은 부품들이 불량 또는 성능미달임을 뜻했다. 마침 2014년 4월 세월호 침몰사건에 이어 통영함 비리사건이 중첩되면서 국민들의 공분은 하늘을 찌를 정도로 격앙되었다. 손영일, "K-1 전차 등 무기 부품 성적서도 위조", 《동아일보》, 2013.11.12., 8면; 김재중, "군 핵심무기에 불량 부품 시험성적서 2,749건 조작", 《국민일보》, 2014.3.18., 9면; 황경상, "짝퉁 부품으로 속 채운 국산 명품무기", 《경향신문》, 2014.3.18., 13면.

업이 난관을 거듭하고 있었다. 마침 해군 구조함 '통영함(3,500톤급)'이 취역을 앞두고 성능시험 중에 있었기에 이를 세월호 구조작업에 투입하려고 했다. 하지만 소요군(해군)의 운용시험평가(OT&E) 결과 음파탐지기(소나)에 문제('성능미달')가 있어 '전투 부적합' 판정을 받고 조선소에 묶여 있었기 때문에 세월호 구조 활동에 투입하지 못했다.[7] 이는 곧 '비리'가 개입된 것으로 보고 감사원 감사와 검찰 수사가 잇따랐다.

2014년 9월 감사원 감사결과 소나 납품업체의 문서 위변조와 뇌물수수 등 비리가 있었음이 드러났다. 이와 관련하여 박근혜 대통령은 그해 10월 국회 시정연설을 통해 방산비리를 '이적행위'로 규정했고, 이에 따라 11월 '방산비리특별감사단'(감사원)과 '방위사업비리합동수사단'(이하 합수단)이 출범, 방위사업 전체에 대한 전방위 사정활동을 전개했다.[8] 이듬해 7월 합수단은 중간수사결과를 통해 9,809억 원 규모의 방산비리 사업들을 적발하고 63명(전·현직 장군 10명 포함)을 기소했다고 발표했다.[9] 이는 방위사업에 대한 국민의 불

---

[7]　방위사업청은 2009년 12월 통영함(차기수상함구조함) 선체에 고정할 음파탐지기(HMS)에 대한 계약을 하켄코사와 체결했고 2011년 4월 HMS를 납품받아 탑재한 통영함에 대한 운용시험평가(OT&E)를 해군 주관하에 2013년 5월부터 12월까지 실시했다. 시험평가 결과 '성능미달'로 '전투 부적합' 판정을 받았다. 이로 인해 통영함은 세월호 구조 활동에 투입될 수 없었던 것으로 세간에 알려졌다. 하지만 전문가들에 의하면, 선체고정음탐기(+수중무인탐사기)의 역할은 수중의 물체를 탐지하는 데 있는 만큼 세월호의 침몰 위치가 이미 알려진 상태에서는 더 이상 필요하지 않았다고 한다. 다시 말해, 당시 해군이 통영함을 세월호 구조 활동에 출동시키지 못한 이유는 음파탐지기의 성능미달 때문이 아니라 '전투 부적합' 판정을 받고 조선소(대우해양조선)에 묶여 있었기 때문이라는 것이다.

[8]　특히 2014년 11월 21일에 출범한 '방위사업비리합동수사단'은 검사 18명과 군검찰관 6명 등 검찰청, 국방부, 경찰청, 국세청, 관세청, 금융감독원, 예금보험공사 등 7개 기관에서 파견된 105명 4개 팀으로 구성된 사상 최대 규모로서, 2006년 방위사업청 개청 이후에 추진된 모든 방위사업을 수사대상으로 상정했다. 이광철, "방산비리 전방위 조준 … 합동수사단 공식 출범", 연합뉴스, 2014.11.21., 12:10; 김요한, "방위사업 비리 '전방위 조준' 합동수사단 출범", SBS 8시 뉴스, 2014.11.21., 20:09.

[9]　당시 기소된 인원은 전현직 군인 38명, 공무원 6명, 민간인 19명 등 총 63명이며, 이 중에

신과 공분을 확대 재생산하기에 충분했다. 특히 '1조 원' 상당의 비리 관련 10여 개 사업들의 총사업비가 뇌물수수 등 '부정한 비리 금액'으로 확대 해석되었기 때문이다.[10]

이후에도 방산비리가 끊이지 않고 일어나며 사회적 이슈로 크게 부각되었다. 이제 국민의 눈에 비친 방위사업은 '비리의 원천', 그 이상도 그 이하도 아니었다. 방위사업에 비리의 굴레가 씌워지면서 사업추진과정에서 일어나는 금품수수, 기밀유출, 문서 위변조 등 범죄 행위는 물론, 심지어 기술·정보·재원 부족에 따른 연구개발의 실패와 시행착오, 성능미달, 품질 미흡 등 범죄행위로 볼 수 없는 사안들까지 '비리'로 확대 해석되기에 이르렀다. "뚫리는 방탄복", "깡통 헬기", "눈먼 통영함" 등의 오명(汚名)이 방위사업을 따라다니는 수식어가 되었다.

결국 방산비리로 인한 국민의 불신과 분노는 방위사업청으로 집중되었다.[11] 국민 여론조사 결과, 방위사업청에 대한 국민 신뢰도는 〈그림 4〉와 같이 2011년 54%에서 2017년 13%로 뚝 떨어졌고 2018년에는 12%로 최저점을 기록했다.[12] 그간의 사정을 보면, 이는 놀랄 일도 아니었다.

47명이 구속 기소되었다. 이들의 죄명은 문서위변조, 뇌물수수, 기밀유출, 알선수재 등 다양했고, 관련된 사업은 해군의 통영함·소해함·해상작전헬기, 공군의 전자전훈련장비, 육군의 K-11복합소총 등 10여 개에 이르렀다. 권성종, "1조 원 규모 방산비리 적발, 63명 사법처리", 《브릿지경제》, 2015.7.15.; 남승우, "1조 원 규모 방산비리 적발, 장성 63명 기소", KBS 뉴스, 2015.7.16., 08:41.

10 당시 합수단이 발표한 '1조 원'은 비리에 연루된 10여 개 사업의 총사업비를 합산한 금액이며, 실제 소송가액은 1,225억 원이었다. 또한 전현직 공직자의 개인비리(뇌물수수 포함) 기소액은 30억 원 정도였고, 이후 재판과정을 통해 확인된 대가성 있는 뇌물수수액은 2억~3억 원인 것으로 파악되었다.

11 그렇다고 방산비리가 방위사업청에 몰려 있는 것이 아니었다. 2014~2017년간 방산비리 혐의로 기소된 100여 명 가운데 방위사업청은 21명이고, 각군 30명, 방산업체 47명 등인 것으로 집계되었다.

12 2017년의 경우 방위사업청이 '㈜피앰아이'에 의뢰하여 2017.11.20.~11.30.간 전국 남녀

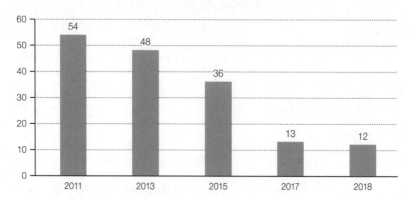

〈그림 4〉 **방위사업청에 대한 국민신뢰도 변화 추이(2011~2018)**

단위: %

주: 방위사업청이 '㈜피앰아이' 등 전문기관에 의뢰하여 실시한 연도별 여론조사 결과임.

〈표 1〉 **국민권익위원회의 공공기관 청렴도 측정 결과(2012~2018)**

구분	등급	종합 청렴도	외부 청렴도	내부 청렴도	정책고객평가
2012	3등급	7.94	8.22	7.88	7.88
2013	3등급	7.72	8.19	7.85	6.71
2014	5등급	6.93	7.28	7.61	5.89
2015	4등급	7.36	7.70	8.00	6.27
2016	4등급	7.32	7.86	7.32	6.49
2017	5등급	7.19	7.41	7.66	6.97
2018	4등급	8.05	8.68	8.15	6.64

주: 청렴도 등급은 1등급(최상)부터 5등급(최하)까지이며, 2017년에 5등급까지 내려갔다가 2018~2019년 4등급, 2020년 3등급으로 올라갔고 2021년에는 4등급으로 다시 떨어졌다.
자료: 국민권익위원회, 『공공기관 청렴도 측정 결과』, 해당 연도별.

1,200명을 대상으로 온라인 조사를 실시한 결과, 방위사업청에 대한 신뢰도는 13%로 조사대상 7개 중앙행정기관 중에 '최하위'를 기록했다. 방위사업청을 신뢰하지 않는 이유로 응답자의 87%가 '방위사업추진과정이 투명하지 않기 때문'이라고 답했다. 또한 응답자의 70%가 방위사업청은 '방산비리와 연계성이 높다'고 인식하고 있었으며, 방위사업청에 대한 '자유연상 이미지'로 응답자의 38%가 '비리·부정·부패'를 꼽았다. 다행히 2019년 방사청에 대한 국민신뢰도는 18.9%로 반등했다.

국민권익위원회가 매년 실시하는 공공기관 청렴도 평가에서도 방위사업청은 2013년 이전에는 정부기관 가운데 중간수준(3등급)의 평가를 받았으나, 2014년 통영함 사건의 여파로 인해 최하위 5등급을 받았고, 이후에도 수년간 하위권(4~5등급)에 머물러 있었다.

국민의 믿음을 잃은 방위사업청은 가혹한 시련기로 진입했다. 특히 '비리집단'으로 오인 또는 매도되면서 방위사업청 직원들은 고개를 들고 다닐 수 없었다고 전해진다. 심지어 후암동 청사 시절, 택시를 타고 '방위사업청에 가자'고 하면 택시기사들이 험담하는 바람에 목적지를 바꾸어 '용산고등학교 옆으로 가자'고 했다는 일화가 전해지고 있다.

2) 소요군의 불만 누적

정책의 효과성은 고객의 만족도에 비례한다. 방위사업의 일차고객은 소요군이고 그들의 만족도는 무기의 '성능'과 '전력화 시기'에 좌우된다. 지(地)·해(海)·공(空) 전선방위를 책임지고 있는 소요군 입장에서의 최대 관심은 '성능 좋은 무기체계'가 '필요한 때'에 공급되는 것이다. 그래야만 각군은 고도의 전비태세를 유지하며 책임 영역을 수호할 수 있기 때문이다. 일반적으로 작전요구성능(ROC: required operational capability)은 전략개념에서 나오고 전력화 시기는 해당 장비의 전력공백 또는 노후교체 시기 등에 따라 정해지지만 안보여건의 긴급성에 의해 좌우되기도 한다.

무기체계의 성능과 전력화 시기는 유사시 군사작전의 완전성을 견인해주는 전제조건 중의 하나이다. 그런데 실제로는 성능과 시기 모두를 한꺼번에 충족해주는 경우가 많지 않았다. 특히 무기체계의 첨단화·정밀화가 진행되면서 군의 요구 수준이 높아져 이에 미달되는 경우가 많아졌고 전력화 시기도 군에서 요구한 때를 넘기는 경우가 비일비재해졌다. 예를 들어, 2015~

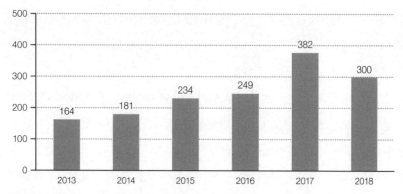
〈그림 5〉 **무기체계에 대한 사용자 불만 추세(2013~2018)**

자료: 방위사업청, 『2018/2019년도 방위사업통계연보』, 2018.5./2019.5., 190/188쪽.

2017년간 17개 사업이 군의 작전요구성능(ROC)을 충족하지 못해 계약이 해제 또는 해지되었고, 2011~2017년간 군에서 제기한 긴급소요 20개 전력 중에 단 1개만 제때 전력화되고 나머지 19개는 때를 놓치고 말았다.[13] 이로 인해 사용자(군)의 불만은 계속 늘어나고 있었다.

설상가상으로, 이미 전력화된 무기체계에 대한 사용자 불만까지 겹치면서 방위사업 전반에 대한 군의 신뢰도는 크게 떨어졌던 것으로 분석된다. 〈그림 5〉에서 보듯이, 운용중인 무기체계에 대한 소요군의 불만은 2013년 164건에서 2017년 382건으로 2.3배 증가했다. 2018년부터 불만 상승추세가 다소 꺾였지만 여전히 낮지 않은 것으로 나타났다.

---

13 긴급소요제도는 긴박한 안보위기상황에서 2년 이내에 소요전력을 획득하기 위한 제도이지만 실제로는 4년 만에 획득, 군에 공급해주었던 것으로 알려졌다. 그렇다고 방위사업관리에만 문제가 있었다고 보기에는 무리가 있다. 방위사업은 법치행정의 원칙에 따라 규정된 절차를 반드시 준수해야 한다. 따라서 '긴급소요'처럼 기존 규정에 없는 유형의 소요를 획득하려면, 관련 제도부터 개선해놓고 추진해야 한다. 소요군에서 긴급소요로 제기해도 선행연구, 소요검증, 사업타당성조사 등의 사업추진절차를 거치지 않고 갈 수 있는 길은 없기 때문이다.

결국 무기체계의 품질 결함 또는 성능 미달, 전력화 시기의 지연 등에 따른 문제는 군의 부대편성 및 작전 계획에 차질을 초래했다. 이런 일이 반복되면서 방위사업의 일차고객인 소요군의 불만과 불신이 심화되었고, 이는 수요자(소요군)와 공급자(방위사업청)의 관계를 훼손하고, 나아가서는 사업 현안 관련 소통과 협업의 단절로 이어지는 데 한몫했던 것으로 보인다.

3) 방위산업 침체일로

방위산업은 우리 군이 쓸 무기체계를 개발·생산하는 현장으로서 자주국방의 출발점인 동시에 최후의 버팀목이다. 자국의 방위산업으로 뒷받침되지 않는 국방은 언제 무너질지 모르는 사상누각과 같다. 유사시 우리 군에 필요한 무기체계를 우리 스스로 생산 보급하지 못하고 국제무기시장으로부터의 수입에 의존한다면, 우리 국방과 나라의 운명을 외국에 맡겨놓은 것과 다름없다. 그런 만큼 방위산업은 경제적 차원의 손익계산을 떠나 국가 전략적 차원에서 판단하고 국력에 걸맞게 육성해놓을 필요가 있다.

우리 방산은 1970년대에 태동하여 율곡사업과 궤를 같이하며 정부의 적극적 지원과 보호 아래 기적적 성장을 이룩했지만, 2010년대에 이르러 유례없는 침체기로 접어들었다. 〈표 2〉와 〈그림 6〉에서 보듯이, 방위산업 매출액의 절대규모는 지난 13년간(2006~2018) 2.5배 증가했지만 연도별 증가율은 2~3년 주기로 등락을 거듭해왔다. 특히 2011년은 전년 대비 마이너스 0.2%를 기록했고 2017년은 전년 대비 13.9% 감소했는데, 이는 1983년 이후 35년 만에 처음 있는 일이었다.[14] 영업이익률도 2010년 7.4%에서 2017년에는

---

14 장예진, "추락하는 한국 방위산업 … 작년 93개 방산기업 매출 첫 감소", 연합뉴스, 2018.12.14., 06:00; 전경운, "조사는 시한 없고 처분은 고무줄 … 재가동 기약 없는 방산", ≪매일경제≫, 2019.4.4. 참조. 2017년 방산매출액에는 KAI의 회계처리기준변경에 따른

<표 2> **방위산업의 경영지표(2006~2018)**

구분	매출액		영업이익		당기순이익		가동률
	금액(억 원)	증가율	금액(억 원)	이익률	금액(억 원)	순이익률	
2006	54,517	2.5%	2,673	4.9%	1,254	2.3%	61.0%
2007	61,955	13.6%	2,629	4.2%	1,627	2.6%	59.8%
2008	72,351	16.8%	3,625	5.0%	1,276	1.8%	60.3%
2009	87,692	21.2%	5,338	6.1%	4,313	4.9%	61.8%
2010	93,303	6.4%	6,898	7.4%	5,867	6.3%	59.5%
2011	93,095	-0.2%	5,323	5.7%	3,735	4.0%	59.4%
2012	93,429	0.4%	4,230	4.5%	2,354	2.5%	59.0%
2013	104,651	12.0%	2,435	2.3%	-6,037	-5.8%	58.0%
2014	119,883	14.6%	5,352	4.5%	7,111	5.9%	66.8%
2015	142,651	19.0%	4,710	3.3%	2,184	1.5%	68.6%
2016	148,163	3.9%	5,033	3.4%	3,262	2.2%	68.6%
2017	127,611	-13.9%	602	0.5%	-1,091	-0.9%	69.2%
2018	136,493	7.0%	3,252	2.4%	128	0.1%	71.2%

자료: 방위사업청, 『2020년도 방위사업통계연보』, 2020, 212쪽; 한국방위산업진흥회, '방위산업분석', 2006~ 2018 연도별.

<그림 6> **방산매출의 증가율 추이(2006~2018)**

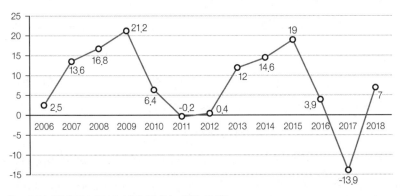

자료: 방위사업청, 『2020년도 방위사업통계연보』, 2020, 212쪽.

감소폭 약 1,000억 원 규모의 허수(虛數)가 반영되어 있다. 이를 제외하면 방산업계의 실제 매출은 전년 대비 8.7% 감소한 것으로 분석된다.

0.5%까지 떨어진 것으로 조사되었다. 심지어 2013년 당기순이익은 무려 6,037억 원의 적자를 기록했고 2017년에도 1,091억 원의 적자가 발생, 순이익률이 각각 '마이너스' 5.8% 및 0.9%였다.

방위사업청 개청 이후 13년간 방산부문의 영업이익률 등 경영실적을 일반 제조업과 비교하면, 〈그림 7〉에서 보듯이, 단 2~3년을 제외하고 제조업을 따라가지 못하고 있었다. 이는 방위산업이 '고위험 고수익(high-risk high-return)'에서 '고위험 저수익(high-risk low-return)' 구조로 바뀌고 있음을 시사한다.[15] 이런 상태가 지속된다면, 앞으로 방산업체로 남아 있을 회사가 과연 몇이나 될지 예단하기 어려웠다.

방산수출 역시 2006년 개청 당시 2.5억 달러 수준에서 2014년 36.1억 달러로 약 15배 증가했지만 2016년부터 성장세가 꺾여 30억 달러 수준에 머물러 있었다(〈그림 8〉). 이렇듯 우리 방위산업은 내수시장 중심으로 돌아가고 있었다. 지난 5년간(2014~2018) 평균 방산매출은 '내수 75% + 수출 25%'로 이루어져 내수중심의 구조에서 벗어나지 못하고 있었다.

와중에 많은 방산기업들은 방산부문에서의 적자를 민수부문에서 채우는 방식으로 운영하고 있었던 것으로 알려졌다. 결국 삼성, 두산, SK 등 굴지의 대기업들이 방산에서 손을 떼는 상황까지 벌어졌다.[16] 그렇다고 적자경영이 방산을 떠난 이유의 모든 것은 아닌 것 같다. 특히 방위산업이 비리집단으로 매도되는 세태 속에서 자칫하면 '비리기업'으로 내몰려 '기업이미지(+브랜드가

---

15 방위산업은 기본적으로 '고위험 고수익' 구조이다. 이는 대규모 자본과 높은 기술, 그리고 오랜 선행기간이 소요되고 실패의 가능성도 높아 위험부담이 크지만, 일단 성공하면 정부 차원의 원가(+적정 이윤) 보상 등 비교적 높은 수익이 보장되고 또한 고부가가치 산업이므로 해외수출시 장기간에 걸쳐 상당한 이익을 확보할 수 있을 것으로 기대되기 때문이다. 그렇다고 고위험-고수익이 항상 성립되는 것은 아니다. 국내에서 개발할 경우 많은 비용과 시간은 소요되면서도 성공이 보장되는 것은 아니기 때문이다. 양희승·조현기, 『국방R&D정책』, 피앤씨미디어, 2020, 10~11쪽.

<그림 7> **방위산업과 제조업의 경영지표 비교**

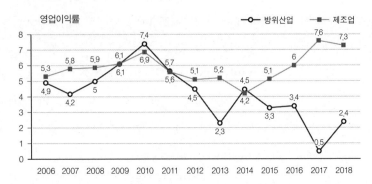

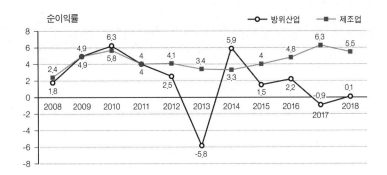

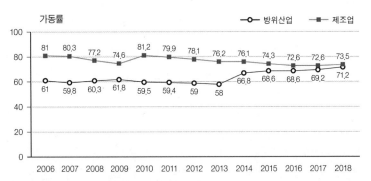

주: 일반제조업의 지표는 30대 상장사 평균치임.
자료: 방위사업청, 『2020년도 방위사업통계연보』, 2020, 212쪽; 한국방위산업진흥회, 방위산업분석, 연도별.

<그림 8> **방산 수출 추이(2006~2018)**

단위: 억 달러

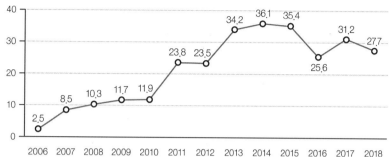

자료: 산업연구원, 「포스트 코로나시대, GtoG 확대로 방산수출 촉진해야」, 보도자료, 2021.3.7.

치'에 치명상을 입을지도 모른다는 우려도 방산을 떠나는 데 한몫한 것으로 보인다.[17]

글로벌 차원에서도 한국 방산업체들은 경영여건과 영업실적이 크게 악화된 것으로 나타났다. 2019년 SIPRI 발표에 의하면, 2018년 기준 세계 100대 방산업체에 포함된 한국기업은 4개에서 3개로 줄어들었으며[18] 매출액도 최근 2년 연속 마이너스를 기록했다. 〈그림 9〉에서 보듯이, 세계 100대 방산업체의 매출은 2015~2016년을 기점으로 반등하기 시작하여 2017~2018년 평

---

16 예를 들어, 삼성은 2015년 7월 삼성테크윈과 삼성탈레스를 한화(한화에어로스페이스 + 한화시스템)에 매각하면서 방산에서 손을 뗐다. 두산도 2016년 보병전투장갑차 등을 생산하던 두산 DST를 한화에 넘겼다. 김설아, "방위산업하면 린다김? … '비리' 꼬리표 떼고 '명품' 되려면", ≪MoneyS≫, 2020.12.12.

17 이진명, "4차 산업혁명, 방위산업 재도약 기회", MK뉴스, 2019.3.14.; 한국국방연구원, 「전력임무 10년 평가를 기준한 국방획득체계 개선 건의」, 토의자료, 2018.5.

18 2018년 기준 한화 Aerospace, LIG Nex1, KAI가 세계 100대 방산기업 리스트에 올랐는데 이는 2014년부터 줄곧 100대 순위에 올랐던 대우해양조선(DSME)이 빠졌기 때문이다. 업체별·연도별 순위와 매출액에 관한 자세한 내용은 부록 #1 참조.

단위: 10억 달러

주: 세부 내역은 부록 #1 참조.
자료: SIPRI Arms Industry Database, "Total Arms Sales for the SIPRI Top 100 2002-2018"; "Data for the SIPRI Top 100 for 2002-18", https://www.sipri.org/databases/armsindustry(검색일: 2021.1.15.).

균 5.8% 증가율을 기록했는 데 비해, 100대 기업에 포함된 한국 업체들은 2015~2016년 평균 23.4%로 급등했다가 갑자기 떨어져 2017~2018년 평균 마이너스 12.2%를 기록했다. 이렇듯 글로벌 방산업계는 호황을 누리고 있는 데 비해 한국 방산은 불황의 늪에서 벗어나지 못하고 있었다.

4) 방위사업인의 위축

우리 속담에 "하늘이 무너져도 솟아날 구멍이 있다"는 말이 있다. 하지만 2010년대 후반 방위사업청에서는 이런 기미조차 찾아볼 수 없었다. 당시 방위사업청 직원들의 사기는 땅에 떨어져 일할 의욕이나 열정이 식어버린 지 이미 오래된 듯했다. 다소 과장된 표현일지는 몰라도 방위사업청은 겨우 숨만 쉬고 있을 뿐 살아 움직이는 조직 같지 않았다.

당시 일부 직원들 사이에 오가는 말은 거의 절망적이었다. "열심히 일할수록 손해다. 일한 흔적이 많으면 그만큼 감사·수사 받을 빌미도 많아지기 때문이다. 무탈하게 정년퇴직할 수 있는 유일한 길은 열심히 일하지 않는 것이다." 얼마나 참담했으면 공직자들의 입에서 이런 말이 오르내리고 있을지 짐작도 할 수 없었다.

밖에 있을 때는 방위사업이 온갖 '부정·비리의 원천'인 줄로 알고 있었는데 막상 그 안에 들어가 보니 대부분의 방산비리는 군·산유착(軍·産癒着) 등에서 비롯되는 구조적·조직적 차원의 병리(病理) 현상이라기보다는 개인적·우발적 차원의 부정행위 또는 실책이 대부분이었다. 물론 일부 방산업체 가운데 관행적으로 원가 부풀리기와 문서위변조 등의 위법·탈법행위를 일삼는 사례는 지속되고 있었지만 …….

2017~2018년 당시 필자의 눈에 비친 최대·최악의 문제는 방위사업 종사자들의 사기 문제였다. 대부분의 방위사업인들은 미래에 대한 꿈과 비전을 잃어버린 채 하루하루 암울한 나날을 보내고 있었던 것으로 기억된다. 특히 방위사업을 책임지고 진두지휘해야 할 방위사업청은 끝이 보이지 않는 거대한 '우울의 동굴', 깊이를 가늠할 수 없는 '우울의 늪'과 같았다.

2017년 방위사업청이 전문기관에 의뢰하여 실시한 직원 '스트레스' 진단결과에 의하면 청 직원들의 스트레스 증상수준은 모든 영역에서 일반 직장인을 크게 웃도는 것으로 나타났다(〈그림 10〉).

방위사업청 직원들의 '우울지수'도 일반근로자(평균 12점)·지방공무원(평균 14.4점)보다 높은 15~17점 수준에 이르고, 특히 지휘부의 적극적 관심과 지속적 관리가 필요한 '우울 고위험군'이 2016년 16.1%에서 2017년 36.8%로 급격히 증가했다(〈표 3〉). 직원 2.7명당 1명이 고위험군에 속해 있었던 것이다. 이는 우울지수가 높은 직종으로 알려진 소방직(19.2%)과 항공관제사(20.5%)보다도 훨씬 높고 일반 직장인(7~8%)에 비해 5배 정도 높은 수준이었다.

다행히 2018년에는 전년 대비 직원들의 심리적 안정성이 다소 높아져 우울 고위험군이 8.8%p 떨어진 28.0%로 내려가긴 했어도 아직 3.5명 중 1명이

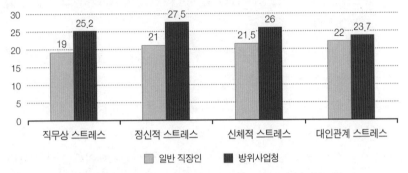

〈그림 10〉 **방위사업청과 일반직장인 스트레스 증상 비교(2017)**

주: 방위사업청이 과천공무원상담센터 '마음의숲'에 의뢰하여 청 직원 910명(정원의 58%)을 대상으로
   2017.9.8.~9.29(3주)간 온라인 설문(93개 문항) 조사를 실시한 결과이다.

〈표 3〉 **방위사업청 직원 우울 수준 추이(2016~2018)**

구분	설문응답 (인원수)	우울지수 (평균)	증상수준별 분포도(%)		
			정상	주의	고위험
2016	1,265명	14.9점	63.0%	20.9%	16.1%
2017	910명	17.3점	49.7%	13.5%	36.8%
2018	1,176명	14.8점	59.9%	12.1%	28.0%

주: 방위사업청이 전문기관(이지웰마인드, 마음의숲, 휴노)에 의뢰하여 직원들을 대상으로 온라인 설문조사를 실시
   한 결과이다. 한편, 우울점수가 16점 미만이면 '정상'이고, 16~20점은 '주의'해야 하는 수준이고, 21점 이상은
   '고위험군'에 속한다.

우울지수 고위험군에 해당했다. 우울 고위험군 중에서도 특히 정신의학과의
우울증 진단 기준에 해당하는 25점 이상은 청 직원의 17.5%로 조직 차원의
각별한 지휘관심과 함께 맞춤형 힐링 프로그램이 요구되었다.

이처럼 방위사업 자체가 '우울의 동굴'로 변해버린 데는 여러 요인의 복합
적 산물이겠지만, 후술하는 바와 같이, 방산비리의 논란이 지속되는 가운데
강도 높은 감사·수사의 장기화와 처벌·제재의 강화, 복잡한 사업추진 절차와
수많은 규제, 과중한 업무량과 책임감 등에 따른 스트레스에서 비롯된 것으

로 보였다. 이유야 어떻든 집단적 우울증에 신음하는 조직으로는 아무것도 할 수 없었다.

3. 이상과 현실의 종합평가

안타깝게도 2010년대 중후반 방위사업의 이상과 현실의 차이가 하늘과 땅의 간격만큼 벌어져 있었다. 방위사업 본연의 임무는 군사력 건설의 중심으로서 국방을 확고하게 뒷받침하는 데 있지만 실제로는 4차원의 장벽에 둘러싸여 아무것도 제대로 할 수 없었다. 앞에서 보았듯이, 방위사업청은 국민의 불신과 소요군의 불만, 그리고 방산기업의 원망을 한 몸에 받는 가운데 직원들의 사기는 땅에 떨어져 열정과 의욕을 잃은 채 잔뜩 움츠리고 있었다.

그런데 방위사업의 위기는 그것으로 끝나지 않고 '국방의 위기'와 '국가의 위기'로 전이(轉移)될 수 있다는 데 문제의 심각성이 있었다. 오늘날 한 치 앞을 내다보기 어려울 정도로 불투명하게 돌아가는 한반도 내외의 전략환경을 감안하면, 국방의 실체를 채워주는 방위사업이 손 놓고 있을 수도 없는 노릇이었다.

본래 '국방의 무게'는 천금보다 무겁다. 천하보다 귀한 국민 개개인의 생명 수천만을 짊어지고 있으니 단순한 숫자로 계산할 수 없을 만큼 무겁다. 그것도 한반도 전략환경의 특수성으로 인해 줄어들 기미조차 보이지 않았다. 특히 북한의 핵위협은 점점 커지고 있는 가운데 주변 4강 간의 역학관계는 하루가 다르게 변화를 거듭하며 불안정성을 노정하고 있었다. 통일된 이후에도 한반도 안보환경은 지금보다 나아질 것 같지 않다. '힘의 논리', '정글의 법칙'이 작동하는 국제질서 속에서 통일한국은 지금의 북한보다 훨씬 더 크고 힘센 주변국들을 상대로 사활적(死活的) 국익을 다투며 살아가야 하기 때문이다. 이에 따라 우리 국방이 짊어질 짐의 무게는 줄어들기는커녕 오히려 늘어날 것으로 전망된다.

우리 국방이 점점 늘어나는 '짐의 무게'를 잘 견디며 국가의 생존과 번영을 '힘'으로 뒷받침할 수 있으려면, 먼저 군사전략이 전장환경의 변화에 맞추어 끊임없이 발전해야 하고 이를 이행할 물리적 수단(무기체계)도 나날이 진화되어야 한다. 이는 결국 국방의 짐이 늘어나는 것에 비례하여 방위사업의 효율성도 배가되어야 함을 뜻한다. 그렇지 않으면 국방이 무너지고 이어서 국가의 생존마저 위태로워질 것이기 때문이다.

그런데 우리 방위사업은 사면초가에 갇혀 옴짝달싹도 못한 채 주저앉아 있었다. 국민의 생명과 국가의 생존이 걸린 일인데 큰일이 아닐 수 없었다. 당시 화급(火急)을 다투는 일은 방위사업이 처한 총체적 위기의 원인부터 찾아내고 이를 차단할 수 있는 방책을 궁리해 방위사업의 주춧돌부터 다시 놓고 그 위에 기본을 반듯하게 세워나가는 일이었다.

03 인과관계의 재조명

    오늘날 방위사업이 복합위기에 빠지게 된 원인은 한둘도 아니고 어제오늘에 생성된 것도 아니다. 워낙 다양한 변수들이 장기간에 걸쳐 복합적 인과관계를 맺으며 얽히고설켜 있기 때문에 그 뿌리를 가늠하기조차 어렵다. 앞에서 보았듯이, 2017년 후반 필자가 방위사업 현장에 들어가 인지한 사실은 어디를 보아도 앞이 보이지 않는 캄캄한 동굴 속과 같았다. 이를 밝혀낼 목적으로 우선 국방획득의 역사 속으로 들어가 방위사업청이 태동하게 된 배경과 과정부터 살펴보고, 이어서 개청 이후 10여 년간의 시련과 성장기를 겪으며 맺어진 인과관계를 탐색해보겠다. 주요 변수로는 ▷ 외청 설립을 둘러싼 치열한 찬반논쟁과 갈등대립구조가 남긴 후유증, ▷ 외청의 태생적 한계와 국방획득체계에 내재된 분절현상, ▷ 방위사업 기본가치의 왜곡과 불균형, ▷ 전방위적 감사·수사의 일상화, ▷ 소요추격형의 국방연구개발과 정부의존형의 방산생태계 등이 복합적으로 작용하며 총체적 위기구조를 낳았던 것으로 진단된다.

1. 방위사업청의 원죄?

방위사업법(2005.12.31. 제정)에 담겨 있는 방위사업청의 개청 취지는 '국가 안보'와 '경제발전'이라는 국가경영의 양대 축에 닿아 있다. 방위사업법 제1 조(목적)와 제2조(기본이념)에 의하면, 방위사업청은 방위사업의 투명성·전문 성·효율성을 확보하여 강군 육성을 뒷받침하는 한편, 방위산업의 경쟁력을 높여 자주국방태세를 확립하고 국가산업발전(+경제성장)에 기여하는 것을 최 종 지향점으로 삼고 있다. 이런 의미에서, 방위사업청은 '불패의 국방'과 '경 제성장 잠재력'을 동시에 추동하는 '국가발전의 동력'으로 작동할 것임을 상 정하고 태동했던 것이다.

하지만 그 태동과정은 험난했고 그 후유증은 DNA로 유전되며 오늘날 방 위사업의 위기를 낳는 데 한몫했던 것으로 보인다. 그런 만큼 방위사업이 여 러 겹의 덫에 걸려 본연의 임무를 완수할 수 없게 된 배경을 살펴보려면 먼저 2006년 방위사업청이 설립된 배경과 과정부터 살펴봐야 할 것 같다.

1) 역사적 배경: 율곡사업의 명암

방위사업청의 태동은 방산비리 문제로 인해 촉발되었지만, 역사적 배경을 살펴보면, 국방획득 관련 조직의 분산과 기능의 중복, 폐쇄적이고 복잡한 의 사결정구조, 내부규정에 의한 방만한 운영 등에 따른 비효율성과 불투명성이 외청의 창립을 추동하는 결정인자로 작동했던 것으로 보인다.

방위사업의 역사는 1970년대 자주국방을 지향한 전력증강계획, 일명 '율곡 사업'으로 거슬러 올라간다. 특히 1969년 미국의 닉슨독트린을 계기로 주한 미군 철수가 추진되는 가운데 북한은 1968년 1·21 청와대 기습 및 1·23 푸 에블로호 납북을 기점으로 울진·삼척 무장공비 침투(1968), 서해 5도 봉쇄

(1973), 국가원수 암살기도(1974) 등 일련의 대남 군사적 도발을 자행했다. 이제 막 6·25 전쟁의 상흔을 딛고 경제개발에 박차를 가하던 때 우리는 또다시 총체적 위기에 직면했다. 이를 뚫고 나갈 수 있는 유일한 출구는 자주적 방위 역량을 키우는 길밖에 없었다.[1]

자주국방의 기치 아래 1974년 '율곡사업'(전력증강계획)이 태동했다. 이에 소요되는 재원을 마련하기 위해 1975년 '방위세'가 신설되었고 1976년부터 'GNP 6% 수준의 국방비 배분 원칙'이 설정되었다.[2] 방위세는 당시 GNP의 2% 수준이었는데 모두 전력증강사업에 투자되었다.

국방투자의 우선순위는 대북(對北) 열세 전력을 '하루빨리' 확보하는 데 두어졌다.[3] 전력증강의 신속한 추진(+자주국방의 시급성)에 방점이 찍히면서 율곡 사업은 다음과 같은 방침과 기조하에 추진되었다.

첫째, 사업과정은 원칙과 기준, 규정과 절차보다는 의사결정권자의 '폭넓은 재량'에 의해 지배되었다. 방위사업을 관장하는 별도의 법률은 없었고, 필요시 언제든지 바꿀 수 있는 국방부 내부 행정규칙(훈령)이 있을 뿐이었다.

---

1   미국의 군원은 축소되고 북한의 위협이 증대하는 안보 딜레마 속에서 우리가 선택할 수 있는 유일한 대안은 국방을 스스로 책임지는 '자주국방'의 길밖에 없었다. 이에 박정희 대통령은 1970년 1월 9일 연두기자회견을 통해 '자립경제'와 '자주국방'을 국정지표로 내걸었고 같은 해 8월 국방과학기술(+국산무기)의 연구개발로 자주국방의 문을 열어나갈 목적으로 '국방과학연구소(ADD)'를 신설했다. 이어서 1973년에는 방위산업의 육성을 지향한 '중화학공업화정책'을, 1974년부터는 '전력증강사업'(율곡사업)을 본격적으로 추진해나갔다. 국방부, 『율곡사업의 어제와 오늘 그리고 내일』, 1994 참조.

2   당시 정부 예산편성지침에 "국방비는 GNP의 6% 수준 유지를 원칙으로 한다"고 명시되었는데, GNP 6% 가운데 2%는 '방위세'로 걷어서 전액 전력증강사업에 투자했고, 4%는 정부의 일반예산으로 배정해 전력운영유지에 지출되었다.

3   당시 국방부차관, 합참본부장, 군수차관보, ADD소장, 청와대 경제 제2수석비서관 등으로 구성된 국방부 5인 위원회 제1차 회의에서 율곡사업 집행방침으로 조기획득, 성능보장, 경제성 보장 등 3대 원칙이 설정되었다. 서우덕·신인호·장삼열, 『방위산업 40년 끝없는 도전의 역사』, 한국방위산업학회, 2015, 85쪽.

둘째, 사업관리방식은 시간이 많이 소요되는 국내 연구개발보다는 획득시간을 줄일 수 있는 '구매방식'이 선호되었다.

셋째, 주요 의사결정과정은 폐쇄적으로 운영되었다. 율곡사업의 심의·조정·의결기구인 '전력증강사업추진위원회'(이하 전증위)는 100% 군·관료 출신으로 구성되었다.[4] 이는 기밀유지와 신속한 의사결정을 보장하기 위한 조치였던 것으로 보인다. 이에 따라 율곡사업은 국회심의도 없이 기밀사업으로 추진되었다.[5]

넷째, 사업관리조직은 신설하기보다는 기존의 기능조직을 보강, 활용했다. 이로써 율곡사업은 국방부(획득실), 합참(전략기획본부), 육군(전력단), 해군(조함단), 공군(항사단), 국방조달본부, 국방과학연구소(ADD), 국방품질관리소 등 8개 기관으로 나뉘어 분산 관리되었다.

다섯째, 방위산업의 전문화·계열화 제도를 도입하여 품목별·업체별 독점적 지위를 보장해주었다.[6] 이는 연구개발 품목과 업체를 미리 지정하여 업체

4 　전력증강사업추진위원회는 국방부차관을 위원장으로 하는 10인으로 구성되었는데 7명이 국방(군) 관련 인사들(국방차관, 합참본부장, 국방부 차관보 4명, ADD소장)이고 3명이 정부 관련기관 인사들(경제기획원차관, 청와대 경제수석비서관, 국무총리 행정조정실장)이었다.

5 　율곡사업의 추진체계를 보면, 먼저 각군의 '율곡집행단'이 군별 전력증강사업계획을 수립하면, 국방부 위원회(전증위) 심의·조정·의결을 거쳐 국방부 장관 및 국무총리의 결재를 받고, 이어서 청와대 차원의 별도 위원회 심의를 거쳐 대통령의 최종 재가로 추진되었다. 한편, 율곡사업의 집행과정은 국방부 특명검열단에 의해 철저한 감사를 받았다. 서우덕·신인호·장삼열, 앞의 책, 85~87쪽.

6 　정부는 국방연구개발에 참여하는 방산업체 간의 중복투자를 막고 기업경영과 기술축적 여건을 조성해 연구개발을 촉진을 할 목적으로 1983년 전문화·계열화제도를 도입했다. 이는 군용물자를 분야별·부품별로 분류하고 각각의 품목을 개발할 업체를 미리 지정해서 해당 연구개발에 우선적으로 참여하도록 했다. 전문화는 완성장비를 기준으로, 계열화는 부품을 기준으로 분류했으므로, 전문화업체는 완성장비의 체계종합업체가 되고, 계열화업체는 전문화업체의 협력업체가 되는 구조였다. 최성빈·고병성·이호석, 「한국 방위산업의 40년 발전과정과 성과」, ≪국방정책연구≫, 제26권 제1호, 2010년 봄, 107~109쪽; 방위사업청, 『방

별로 전담영역을 보장해줌으로써 과당경쟁과 중복투자를 예방하고 신속한 전력화를 도모하려는 데 목적이 있었다.

율곡사업 30여 년 만에 한국의 국방투자가 북한의 군사비 누계를 능가하면서 한국군의 군사력은 북한군 대비 '질적 우위'(+양적 열세)로 돌아서기 시작했다. 하지만 세상 모든 일에 명암이 있듯이, 율곡사업에도 밝은 빛과 함께 어두운 그림자가 짙게 드리워졌다. 한때 세상을 떠들썩하게 했던 '율곡비리'가 바로 그것이다. 이는 1993년 '율곡사업'과 관련하여 국방부장관, 해·공군 참모총장, 청와대 외교안보수석 등 정치권과 군 수뇌부가 연루된 권력형 뇌물수수사건이었다.[7] 이후에도 경전투헬기사업 비리(1996), 백두사업 관련 린다김(Linda Kim) 사건(1996/1998) 등이 연이어 터졌다.[8] 그 밖에도 병무, 시설공사, 진급인사 등 다양한 분야에서 매년 3~4건 정도의 국방비리가 언론에 보도되었다 (〈표 4〉).

특히 권력형 방산비리는 군 특유의 기밀주의와 폐쇄적이고 복잡한 의사결정체계, 상명하복의 군사문화, 국방획득 관련 기능과 책임의 분산, 과도한 재량의 틈을 비집고 싹트기 시작한 것으로 분석되었다.[9] 그런데 당시 비리구조

위사업청개청백서』(이하 '개청백서'), 2005, 199~201쪽 참조.

[7]   1993년 검찰 조사 결과, 율곡사업과 관련하여 이OO 전 국방장관은 7억 8,000만 원, 김OO 전 청와대 외교안보수석은 1억 4,500만 원, 김OO 전 해군참모총장은 6,700만 원, 한OO 전 공군참모총장은 3억 4,400만 원을 받은 것으로 드러났다. 당시 밝혀진 율곡사업비리 규모는 22억 4,000만 원이고 이로 인해 현역 34명과 공무원 9명 등 43명이 처벌받은 것으로 알려졌다. 네이버지식백과, "율곡비리사건", https://terms.naver.com/entry.nhn?docId=1167934&cid=40942&categoryId=31778(검색일: 2019.3.30.).

[8]   박소연, "율곡비리와 린다김, 통영함까지 … 역대 방산비리", ≪머니투데이≫, 2015.3.10. 참조. 특히 1996년 린다김 사건은 2,200억 원 규모의 통신감청용 정찰기 '백두사업'이 비싼 가격을 제시한 미국업체에 돌아간 일이 있었는데, 검찰의 수사결과, 미국업체의 로비스트 린다김이 당시 국방장관과 부적절한 관계를 맺고 군 고위관계자에게 거액의 뇌물을 주고 군사기밀을 빼내 업체선정과정에 영향을 미친 것으로 드러났다.

[9]   율곡사업은 상명하복의 군사문화 속에서 의사결정 자체가 매우 폐쇄적으로 이루어지다 보

⟨표 4⟩ **언론에 보도된 국방비리 주요 사례(1993~2005)**

구분	유형	비리 내용	관련자 신분
1993	획득	율곡비리 뇌물수수 관련 수사	공무원, 현역
	획득	670만 달러 국외무기 도입 사기사건	현역, 군무원
	공사	수도군단장/52사단장 불법수의계약 및 공사계약금 전용	현역
1994	공사	상무대 이전사업 비리	현역
1995	획득	율곡사업 전 노OO 대통령 비자금 마련	현역, 공무원
	획득	율곡사업 전 전OO 대통령 비자금 마련 의혹	현역, 공무원
	획득	방위산업진흥회, 전 국방장관 등에 뇌물 제공	현역, 공무원
1996/98	획득	이OO 전 국방장관, 린다김에 기밀유출 사건	현역
1999	획득	국방부 괴자금 21억 의혹	현역
2001	획득	육군 지휘자동화사업 금품수수 사건	현역
	공사	군 공사수주와 관련, 군납업자로부터 금품수수	현역
2003	공사	군 관사용 민간아파트 매입과정에 뇌물향응 수수	현역
	획득	전 국방부 획득정책관 뇌물수수	예비역
	획득	전 국방장관 천OO 의원 납품비리(뇌물수수)	국회의원
	획득	출연기관장(ADD/KIDA) 연루된 군납비리	공직자
2004	획득	사용연한이 경과한 불량낙하산 재가공 납품 비리	현역. 군무원
	획득	군납업체로부터 수천만 원~억대 금품수수	현역
	획득	예비역 장성 4-5명 군납/진급 비리 수사	예비역
2005	공사	해군 작전기지공사 관련 뇌물수수	현역
2006	획득	잠수함 축전지 생산업체의 원가 과다계상 비리	민간인

자료: 박영욱·권재갑·이종재, 『국방 분야 부패 발생실태 분석 및 개선방안 연구』, 광운대학교 방위사업연구소, 2011.12., 16~18쪽.

니 투명성 논란이 끊이지 않았다. 더욱이 군 특유의 기밀주의는 의사결정과정의 폐쇄성은 물론 전력증강사업 관련 정보의 비대칭성(+독점)으로 이어졌고, 이는 정보의 선별적 배분·공유를 통해 군산유착의 구조적 비리로 이어지며 방위사업의 투명성·공정성을 훼손했다. 그 밖에도 실무진의 전문지식 부족 또는 정보원의 제한 등으로 인해 획득사업 추진에 필요한 정보의 대부분을 업체나 무기상으로부터 획득했는데 그 과정에서 업체로부터 접대를 받거나 특정업체가 제공하는 자료에 상응한 사업정보를 유출하는 등 비리가 발생했던 것으로 알려졌다. 박영욱·권재갑·이종재, 『국방 분야 부패 발생실태 분석 및 개선방안 연구』, 광운대학교 방위사업연구소, 2011.12., 89쪽.

〈표 5〉 **국방획득 관련 신뢰도 조사 결과(2005)**

설문 문항	투명성 (정보공개)	개방성 (의사결정)	효율성 (제도/조직)	부정·비리의 정도 (무기/군수조달)	
그렇지 않다	44.4%	51.0%	33.9%	매우 많음	39.4%
보통이다	41.3%	33.6%	43.4%	약간 있음	48.3%
그렇다	11.9%	13.6%	21.0%	별로 없음	5.4%
모름/무응답	2.4%	1.7%	1.7%	전혀 없음	1.3%

주: 투명성·개방성·효율성 관련 조사는 ㈜ 미디어리서치가 2005년 4월 11일~13일 동안 국방획득관계자 286명을
　　대상으로 실시했고, 국방조달 관련 부정·비리의 정도는 2005년 11월 14일~15일 동안 전국 성인남녀 1,000명
　　을 대상으로 전화여론조사를 실시한 결과이다.
자료: 『방위사업청개청백서』, 2005.12., 31~33쪽.

는 주로 외국업체의 로비스트 또는 브로커(무기중개상)가 무기도입과정에 개
입하여 과도한 리베이트를 대가로 업체선정과 기종결정 등 주요의사결정과
정에 영향을 미치는 방식으로 이루어졌던 것으로 전해진다.[10]

　와중에 전력증강사업은 국민들에게 부정·비리의 온상처럼 비추어졌다.
2005년 여론조사에 의하면, 국방획득 분야 종사자들은 국방조달 관련 투명
성·개방성·효율성이 높지 않다고 보고 있었으며, 국민의 87.7%가 무기획
득·군수조달 과정에 부정·비리가 있는 것으로 인식하고 있었다(〈표 5〉).

　특히 국방의 성역을 뒷배로 삼아 독버섯처럼 자라나는 방산비리는 단순한
개인 또는 특정 집단 차원을 넘어 국가생존 차원의 위기로 연결될 수 있는 중
대 사안이다. 방위사업과정에 부정·부패·비리가 들어가면 부실한 무기가 나
오고 이런 무기는 적군이 아니라 아군을 죽이는 부메랑으로 돌아와 유사시
패전과 국가의 패망을 낳는 도화선이 될 수 있기 때문이다.[11]

10　박영욱·권재갑·이종재, 위의 책, 30쪽.
11　이런 배경하에 방산비리 척결은 정권교체와 관계없이 일관된 국정과제·정책기조로 유지되
　　어왔다. 예를 들어, 2014년 통영함 관련 납품비리문제가 드러나자 박근혜 대통령은 방산비
　　리를 '이적행위'로 규정하고 대대적인 전방위 사정활동을 전개했으며, 이어서 문재인정부도

마침 2003년 참여정부 출범 직후, 전직 국방장관 등 고위직이 개입된 권력형 비리가 드러났다. 이것이 발단이 되어 2003년 12월과 2004년 1월 두 차례에 걸쳐 노무현 대통령이 범정부 차원의 국방획득 제도개선을 지시했고, 이에 따라 2004년 3월 국무총리 산하에 민관합동의 '국방획득제도개선위원회'가 출범했다.[12] 당시 획득제도 개선 목적은 '방산비리 차단'이었고, 이는 '국방부(+군)로부터 자유로운 국방획득사업이 되어야 한다'는 논리로 귀결되었다. 결국 2004년 8월 국방획득제도개선위원회 제3차 회의에서 국방부 장관의 영향력을 배제하고 국방획득사업을 독립적·자율적으로 추진할 수 있는 '외청'을 설립하자는 데 의견이 모아졌다.[13] 이는 2005년 1월 대통령에게 보고되었고 그 자리에서 외청의 명칭은 '방위사업청'으로, 개청 일자는 2006년 1월 1일로 정해졌다.[14]

계획대로 2006년 1월 1일 참여정부는 국방획득사업의 투명성과 효율성을 동시에 확보하여 방산비리를 원천 차단하고 나아가서는 군 현대화계획을 합

방산비리를 "안보에 구멍을 뚫는 이적행위"로 단정하고 적폐청산의 일환으로 비리척결을 강력하게 추진했다.

12 당시 제도개선위원회의 위원장은 국무조정실장으로 하고 위원은 관계부처 차관 7명과 민간전문가 3명 등 10명의 위원으로 구성되었다. 『개청백서』, 38쪽.

13 외청 설립 배경과 관련하여, 당시 이용철 국방획득제도개선단장은 CBS와의 인터뷰(2005. 1.20.)에서 다음과 같이 언급했다. "그동안 획득 업무는 국방부, 합참, 육·해·공군, 조달 본부 등 8개 기관으로 분산되어 있었고 분산된 각 기관마다 비슷비슷한 기능을 가진 실무 부서들을 중복 설치해서 인력 낭비가 심했다. 절차 또한 매우 번잡했고 사업 책임소재도 매우 불분명해서 사업 지연으로 인한 예산 낭비가 많았으며, 이 과정이 아무래도 불투명해질 수밖에 없어서 비리가 개입할 소지가 많았던 구조였다." 민경중·정혜영, "방위사업청 신설하면 비리 발붙이기 어려울 것", CBS 뉴스레이더 5부(FM98.1MHz), 2005.1.20., 09:55.

14 대통령에게 보고된 획득제도개선안은 부록 #2 참조. 한편, 당시 신설될 외청의 명칭은 방위사업청, 전력획득청, 전력지원청 가운데 '방위사업청'으로 낙점되었다. 이후 2005년 7월 22일 정부조직법이 개정되어 제33조(6항)에 "방위력개선사업, 군수물자 조달 및 방위산업 육성에 관한 사무를 관장하기 위하여 국방부장관 소속하에 방위사업청을 둔다"는 항목이 신설되었다.

〈그림 11〉 **분산된 국방획득기능, 방위사업청(DAPA)으로 통합**

국방과학
연구소
국방부
국방품질
관리소
조달본부
DAPA
합참
공군
해군
육군

방위사업청의 주요 기능

• 방위사업 추진계획(개발+구매) 수립
• 방위력개선분야 예산편성 및 집행
• 사업관리(계약/성능/일정/위험관리)
• 국방연구개발(신기술+체계개발)
• 방위산업육성(경쟁력 강화+수출지원)
• 군수물자 조달

리적·효율적으로 추진할 목적으로 8개 기관으로 분산되어 있던 국방획득기
능을 하나로 통합하여 '방위사업청'을 설립했다(〈그림 11〉).[15] 이와 함께 정부
는 율곡사업시절에 기능·책임의 분산과 과도한 재량이 부정·비리를 낳는 원
천이 되었음에 유념하여 국방획득 기능·권한과 책임을 '한곳(방위사업청)'에
모아놓고 집중적으로 감시·감독·감찰하는 방향으로 국방획득체계를 전면 개
편했다.

2) 방위사업청 태동: 난산의 고통과 후유증

하지만 방위사업청의 태동과정은 험난한 가시밭길이었다. 20여 개월에 걸
쳐 난산을 거듭하며 옥동자(?)를 낳았으나 국방가족 어느 누구도 그 출생을
반가워하지 않았다. 안타깝게도 방위사업청은 태어나자마자 '태어나지 말았
어야 할 서자(庶子)' 취급을 받는 신세가 되고 말았다.

방위사업청에 대한 국방커뮤니티의 인식과 평판이 뒤틀린 것은 무엇보다

---

15 2006년 1월 1일 국방부 획득실, 합참의 시험평가기능, 육군 전력발전단, 해군 조함단, 공군
    항공사업단, 국방조달본부가 통폐합되어 '방위사업청'으로 거듭났고, ADD의 기술기획·평
    가기능과 국방품질관리소가 통합되어 '국방기술품질원'으로 다시 태어났다.

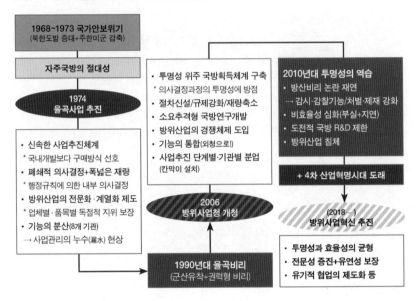

<그림 12> 방위사업청 태동 배경과 제도화 과정

도 국방부로부터 자율성을 갖는 '독립 외청'의 설립에 대한 찬반논쟁에서 비롯되었다. 당시 논쟁은 '명분으로 포장된 실리'가 작동한 것으로 보이지만, 명분으로 나타난 논쟁은 '투명성 대 효율성'으로 압축할 수 있겠다.[16]

외청 설립 찬성론자들은 무기획득사업의 투명성에 초점을 두고 접근, 국방부/군이 부정부패의 굴레로부터 자유로워지려면, 무기획득사업을 국방부(+군)으로부터 완전히 떼어놓는 수밖에 없다는 논리로 귀결, 독립 외청의 필요성을 강변했다.[17] 이들에 의하면, 천문학적 재원이 들어가는 국방획득사업이

---

16 그렇다고 찬반 어느 쪽이든 투명성 또는 효율성에 집착한 것은 아니며 다만 상대적 중점이 달랐다. 찬성론자들이 투명성에 일차적 관심을 둔 것은 사실이지만 그렇다고 효율성을 무시한 것은 아니며 오히려 공식 기록에는 투명성과 효율성을 동등한 가치를 둔 것으로 나타났다. 마찬가지로, 반대론자들은 효율성 확보에 우선순위를 두고 있었지만 투명성에 소홀한 것은 아닌 것 같다.

국방부(+군)의 손에 있는 한, 율곡사업 시절부터 맺어진 군·산 유착관계가 현역(軍)-예비역(産)의 연고와 맞물려 계속 이어지며 '비리에 비리를 낳는 복마전(伏魔殿)'이 될 수 있다고 판단했다. 앞으로 무기조달과 연계된 권력형 비리를 근절하고 군의 청렴성을 확보하려면 무기획득업무를 국방부(+군)로부터 완전히 분리해 독립 '외청'에 맡기는 것이 최선이라는 결론에 이르렀던 것으로 보인다.[18] 당시 외청 설립의 필요성에 대한 어느 관계자의 말을 들어보면 다음과 같다.

무기조달업무가 외부에서 보이지 않는 국방부의 깊은 숲속에 파묻혀 있으면, 율곡사업에서 보았듯이, 부정·비리의 온상이 될 수밖에 없다. 국방비리를 뿌리 뽑으려면, 국방획득기능을 국방부 밖에 독립시켜놓고 '어항 속의 금붕어'처럼 투명하게 관리해야 한다.

반대론자들은 '국방기능의 효율성'에 방점을 두고 '방위사업이 소기의 목적을 달성하려면 국방획득체계상 소요-획득-운영은 불가분의 관계를 이루며 유기적으로 연계되어야 한다'며 획득기능의 분리독립(외청 설립)에 반대했다. 이

---

17 『개청백서』, 227~228쪽. 당시 정부·여당은 '지금까지 군이 방위사업을 독점하는 동안 부패와 비리의 온상이 되었다'며 '방위사업의 투명성을 확보하려면 군으로부터 독립된 외청이 반드시 필요하다'고 주장했다. 성한용, "독립적 방위사업청: 한나라 '힘빼기' 시도," ≪한겨레신문≫, 2005.11.25.

18 당시 투명성·청렴성을 핵심가치로 내건 노무현 참여정부는 천문학적 금액의 무기구매가 국방부(획득실) 안에서 군인들에 의해 불투명하고 은밀하게 추진되면서 방산비리가 끊이지 않았다고 인식하고 국방개혁의 일환으로 국방문민화를 본격적으로 추진하는 한편, 무기획득사업을 국방부로부터 떼어놓으면 방산비리도 자연히 줄어들 것이라는 전제하에 문민 중심의 '외청'으로 방위사업청을 출범시켰다. 홍성민, "보수의 부패와 진보의 무지로 쑥대밭 된 방위산업," ≪신동아≫, 2017.6.30.; 송영선, 『대한민국 안녕하십니까』, 북앤피플, 2011, 137쪽 참조.

는 국방커뮤니티가 주도했는데, 이들에 의하면, '방산비리는 개인적 일탈행위일 뿐 시스템에는 아무런 문제도 없는데 이를 바꾸려 한다'며, 국방목표를 달성하려면, 정책과 집행, 소요와 획득이 동전의 앞뒷면처럼 붙어 있어야 하는데 단순한 비리척결의 명분하에 집행과 획득기능을 독립 외청으로 떼어낸다는 것은 국방운영의 본질에 어긋난다는 것이었다.[19] 만약 군사력 건설 관련 정책/전략(국방부·합참)과 집행(외청), 무기체계의 소요(군)-획득(외청)-운영(군)이 제도적으로 떨어지고 기능별로 분절되면, 국방정책방향과 군사전략개념에 맞는 군사력 건설이 불가능해져 국방목표달성에 차질을 초래할 것이라는 논리였다.[20]

그 밖에도 반대론자들은 민간공무원의 전문성 부족과 외청의 태생적 한계 등을 반대이유로 내세웠다. 국방획득사업은 '군에서 쓸 무기를 획득하는 일'

---

19 외청 설립 반대 논리에 의하면, "군사력 건설의 중심에 해당하는 무기획득은 국방을 책임지고 있는 국방부장관의 지휘감독하에 합참의장과 각군 총장이 맡아야 하는 핵심업무이다. 모든 무기에는 '어떻게 싸울 것인가'의 운용개념이 담겨 있으며, 이는 또한 부대계획, 교육훈련, 시설건설, 수리부속 조달과 장비정비 등과 밀접히 연계되어 있기 때문에 하나의 패키지 개념으로 추진되어야 한다. 그럼에도 단순한 비리 척결의 명분하에 획득기능을 국방부로부터 떼어내어 독립 외청에 맡긴다는 것은 국방운영의 핵심에서 벗어나는 일이다. 다시 말해, 군정·군령을 아우르는 국방부가 전력증강의 중추에 해당하는 획득사업을 내놓게 되면 군정권의 무력화로 이어지고, 나아가서는 독립된 외청에 대한 국방부의 통제장치가 없어져 획득사업의 부실을 자초할 수밖에 없을 것이라며 외청 설립에 적극 반대했다. 한국전략문제연구소, 「방위사업비리, 무엇이 문제인가?」, ≪국가안보전략≫, 제4권 1호, 2015.1., 23쪽.

20 외청 반대론자들에 의하면, 획득기능이 외청으로 분리 독립되어 국방부장관의 통제를 벗어나면, 소요기획으로부터 중기계획-예산편성-연구개발-시험평가-양산배치로 이어지는 일련의 군사력 건설과정에 국방정책과 군사전략개념이 제대로 반영되지 못해 용병-양병의 불일치 현상을 초래, 국방목표달성을 어렵게 할 것이라는 것이었다. 더욱이 외청은 집행기능에 국한해야 되는데 방위력개선사업의 중기계획과 예산편성 등 정책기능까지 가지고 가면 국방부장관의 군정권이 대폭 축소되는바, 획득 관련 기능을 통합하더라도 그것은 국방부 외청이 아닌 국방부 내국(內局) 또는 제2차관으로 만들어 국방부장관의 지휘통제하에 두어야 한다고 주장했다.

이므로 군에서 직접 책임지고 담당해야 하는데 투명성의 명분하에 전문성도 없는 공무원 조직에 맡겨버리면 제대로 될 리가 없다는 것이었다. 더욱이 외청은 군에 대한 영향력(+조정·통제 권한)이 없기 때문에 사업추진과정에서 현안 문제가 발생해도 군의 적극적 협조를 확보할 수 없어 방위사업의 효율성을 담보하기는 어려울 것이라며 적극 반대했다.

이렇듯 반대논리의 핵심은 소요-획득-운영으로 이어지는 국방관리시스템에서 획득기능만 분리해 민간공무원 위주의 외청으로 가지고 가면 전문성도 없고 연계성도 사라져 결국 국방의 효율성은 담보할 수 없다는 것이었다. 이들은 '획득사업이 제대로 되려면 각군을 통제할 수 있는 국방부에 속해 있어야 한다'는 전제하에 '복수차관제(제2차관 신설)' 도입을 제안했으며, 이것도 아니면, 프랑스처럼 국방부 장관 직속의 내국(內局)으로 편성된 '병기본부(DGA)'를 벤치마킹할 것을 주장한 것으로 알려졌다.[21]

한편, 효율성 문제와 관련하여, 외청 찬성론자들은 여덟 곳으로 분산된 획득기능을 한곳으로 통합해 중복기능을 최소화하고 복잡한 의사결정체계를 간소화하는 등 제도개혁을 추진하면, 효율성을 충분히 확보할 수 있을 것으로 판단했다.[22]

이에 대해 반대론자들은 '공룡설'을 제기하며 찬성론자들의 효율성 주장을 반박했다. 이들에 의하면, 8개 기관을 통합하여 하나의 거대한 외청으로 만

21　프랑스 국방부 조직은 행정본부(SGA), 병기본부(DGA), 합동참모본부(EMA)로 편성되어 있는데 병기본부는 국방획득 전담기구로서 우리의 방위사업청의 역할을 수행한다. 하지만 우리나라의 외청과 달리 병기본부는 국방부 내부 조직이며 정원의 약 19%가 현역이다. 특히 본부장은 4성 장군 또는 방산업체 최고경영자(CEO) 출신이 맡고 있으며 국장급 15명 가운데 14명이 현역 소장이다. 김민석, "무기 구매의 힘", ≪중앙일보≫, 2005.7.3.

22　당시 외청 주창자들은 일단 무기조달기능을 군으로부터 떼어내 투명성을 확보하고, 방위사업추진위원회 등 주요 의사결정과정에 군을 참여시키는 등 제도적 보완을 통해 소요와의 연계성을 확보하면 효율성 문제도 자연히 해결될 수 있을 것으로 판단했다.

들어 중기계획부터 예산편성·시험평가에 이르기까지 일부 정책 기능까지 몰아주면, 큰 비리를 낳는 '통제 불능의 공룡'이 될 것이라고 주장했다.[23]

이와 관련하여, 노무현 대통령은 '책임소재만 분명하면, 공룡 한 마리가 쥐 100마리를 통제하는 것보다 낫다'며 공룡설을 일축했다.[24] 이렇듯 당시 정부·여당은 거대한 외청을 만들어놓고 전방위 감시·감찰로 '어항 속의 금붕어'와 같이 투명한 국방획득시스템을 구상했다. 이에 따라 정부는 거대 공룡(외청)이 국방부(+군)의 의도나 통제에서 벗어나 마음대로 행동하지 못하도록 각종 견제 및 통제장치를 제도화했다.

그 밖에도 현안이슈별로 이해관계가 엇갈리며 갈등대립을 낳았다. 당시 주요 쟁점으로는 ▷ 방위사업추진위원회의 소속과 법적 지위, ▷ 방위력 개선 분야 중기계획·예산편성의 주체 문제, ▷ 조달본부 출신 군무원의 신분 전환 문제, ▷ 방위사업청장의 장교 인사권 문제, ▷ 국방과학연구소(ADD)의 지휘·통제·감독권의 문제 등이 있었는데 하나같이 이해관계가 첨예하게 대립하는 사안들이었기에 양보와 타협을 모색하기 쉽지 않은 과제들이었다.[25] 이러한 복합적 이슈와 갈등으로 인해 외청 설립안이 무산될 위기에 처하자 대통령의 강력한 의지를 담은 청와대가 직접 나서서 위기구조를 돌파해나갔다.[26]

결국 정부·여당이 의도했던 대로 2006년 국방획득기능이 방위사업청으로 분리 독립했다. 정부조직법 제7조(+제33조)에 근거하여 방위사업청은 국방부 장관 소속기관으로 '소관사무(방위력개선사업 + 군수물자조달 + 방위산업육성)'를

---

23 『개청백서』, 62, 86쪽.

24 『개청백서』, 66쪽.

25 현안이슈별 핵심쟁점과 논의과정은 『개청백서』, 91~93, 159, 232~237, 296쪽 참조.

26 방위사업청 신설은 노무현정부 국방개혁의 실체적 상징처럼 전면에 내세워졌기 때문에 개청 작업이 좌초되면 이는 곧 국방개혁의 실패를 의미했다. 핵심이슈를 둘러싼 갈등으로 인해 위기의식이 확산되자 대통령의 지시로 NSC 중심의 청와대 지원 TF를 구성, 주요 쟁점 현안을 수시로 점검하며 돌파구를 모색해나갔다. 『개청백서』, 231~237, 296쪽 참조.

〈표 6〉 통계로 본 개청 활동

> ➢ 국방획득제도개선위원회/제도개선단 활동: 2004.3.5.~2005.7.31.

> ➢ 개청준비단 운영: 2005.8.1.~2005.12.30.

◆ 국방획득제도개선위원회 개최 11회	◆ 정부 관계기관 협의 33회
◆ 대통령보고 1회, NSC회의 1회	* 관계장관회의, 국무회의, 차관회의, 실무협의
◆ 현지실사 1회, 현안조정소위 개최 3회	◆ 당정청 협의(+당정협의/간담회) 6회
◆ 청와대 방사청지원 TF회의 3회	◆ 대국회 활동 16회
◆ 개청(실무)위원회 회의 4회	◆ 대언론: 기자간담회, 정책토론회 등 3회
◆ 국방 내부협의 54회	◆ 공청회 4회, 세미나/토론회 9회
* 군무회의, 정책회의, 실무협의, 정책토의 등	◆ 방산업체 간담회 3회

자료:『개청백서』, 52~54, 340~348쪽.

통합할 수 있는 권한을 가진 독립 행정기관으로 태어났다.

회고해보면, 방위사업청의 태동과정은 한마디로 말해 난산에 난산을 거듭하며 오랜 산고 끝에 피어난 기적과 같은 일이었다.[27] 앞에서 보았듯이, 외청 설립을 둘러싼 논쟁은 군심(軍心)의 분열과 갈등을 넘어 정부와 군, 여당과 야당, 당·정·청 간의 갈등으로 확장되며 복합적 대립 양상으로 전개되었다.[28] 〈표 6〉은 노무현 대통령 지시에 의거 2004년 3월 국방획득제도개선위원회(+제도개선단)가 구성된 이후 2005년 12월까지 22개월간 국방부 외청 설립 활동

---

27 당시 개청준비단의 김일동 총무팀장에 의하면, 2005년 1월 대통령보고를 계기로 외청 설립이 순조로울 것이라는 장밋빛 환상은 얼마 되지 않아 크고 작은 암초에 걸려 난항을 거듭했는데 이런 난관을 뚫고 방위사업청이 태어난 것은 '오랜 산고(産苦) 속에 난산(難産)을 겪으며 피어난 기적과 같은 일이었다'고 술회하고 있다. 『개청백서』, 290~294쪽.

28 먼저, 정부와 군의 갈등양상은 신정부(+여당)가 군을 '비리집단·적폐세력'으로 매도하며 획득기능의 분리 독립, 즉 외청 설립 문제를 군과 사전 협의도 없이 일방적으로 밀어붙이는데 대한 국방공동체의 반작용으로 촉발되었다. 다음, 당·정·청 협의 시(2004.8.31.) 여당은 외청 설립의 불가피성을 역설하며 강도 높게 밀어붙이려 했고, 행정자치부(행정개혁본부)는 국방획득업무와 국방정책은 긴밀히 연계되어야 한다는 점을 강조하며 국방부로부터 분리된 외청 설립에 반대했다. 이는 또한 정치적 쟁점으로 비화되어 여당(열린우리당)은 찬성하고 야당(한나라당)은 반대하는 여야 대립을 낳았다. 『개청백서』, 226~230쪽; 전진배, "무기도입 전담 방위사업청 신설 논란", ≪중앙일보≫, 2005.4.25.

을 손꼽아본 것이다. 이를 보면, 그동안 각양각색의 수많은 현안과 반대주장
으로 인해 한순간도 쉴 틈 없이 숨 가쁘게 돌아갔음을 짐작하고도 남는다.

3) '산 넘어 산': 방위사업청 해체론

그런데 '산 넘어 산', '갈수록 태산'이란 말도 있듯이, 갓 태어난 방사청에는
또 다른 난관이 기다리고 있었다. 국방커뮤니티는 틈만 나면 '방사청 폐지론'
을 들고 나와 방위사업청을 해체하거나 또는 국방부 예하의 참모조직(제2차
관?)으로 복속시킬 방안을 모색하고 있었던 것이다. 이는 한마디로 '방위사업
청을 만들어도 별로 나아진 것이 없다'는 이유에서 비롯되었다. 이들에 의하
면, 방위사업청은 투명성의 대의명분하에 태어났지만 개청 이후에도 비리가
끊이지 않고 있으며(부록 #3), 또한 소요-획득-운영이 제도적으로 분리되면서
시스템 차원의 비효율성이 누적되고 있다는 것이었다.

이와 같은 배경하에 정권 교체 때마다 방위사업청 '폐지론 vs 존속론'이 해
묵은 이슈로 등장하며 민심(民心)과 군심(軍心)을 둘로 갈라놓았다. 2008년 보
수정권으로 바뀌자마자 국방당국은 '제2차관제'를 내세워 방사청을 흡수하려
는 움직임이 있었고, 이는 그 이후에도 지속되었다.[29] 이처럼 방위사업청은

---

29 2008년 이명박정부는 방위사업청을 해체하고 '제2차관'으로 흡수하는 방안을 적극 검토했
    다. 하지만 이는 곧 정치적 쟁점으로 부각되어 무위(無爲)로 끝났다. 박근혜정부 시절에도
    방사청 무용론이 제기되었다. 특히 2014년 통영함 사태를 계기로 방산비리 문제가 폭발하
    자 국방커뮤니티의 일각에서는 무기조달 관련 부정·비리·부실 등 모든 문제는 이미 외청
    설립 당시부터 예견된 것이라며 방위사업청을 해체하고 과거처럼 국방부 주도하에 조달본
    부와 각군 사업단이 무기획득을 책임지던 체제로 다시 돌아갈 것을 주문하기도 했다. 이는
    방위력개선분야 중기계획수립 및 시험평가기능을 방사청에서 국방부(+합참)로 환수하는
    것으로 일단락되었지만, 이후에도 방사청 해체론은 끊이지 않았다. 2017년 진보진영이 재
    집권한 이후에도 국방공동체의 일각에서는 제2차관제 도입과 각군 사업단으로의 환원 등
    방위사업청 해체에 방점을 둔 이슈가 제기되기도 했다.

처음 태어날 때부터 환영받지 못했고 이후 정권이 바뀔 때마다 생사(生死)의 갈림길에 놓였다. 와중에 군에서는 '정권만 바뀌면 방위사업청은 없어질 조직'으로 여기며 사업현안에 비협조로 일관하는 한편, 사업추진과정에서 일어나는 시행착오, 전력화 지연, 성능 결함, 품질 미흡 등 문제점을 부각하며 개청의 의미를 축소하기에 바빴던 것으로 전해진다.

올해로 방위사업청이 태어난 지 17년이 된다. 아직 가족들로부터 한창 사랑을 독차지하며 성장해야 할 십대(teenager) 청소년이다. 하지만 처음 태어날 때도 환영받지 못했고 이후 성장기에도 국방가족들의 사랑과 관심을 받아본 적 없이 따돌림 받는 '외톨이'로 자라났다. 국방공동체 속에서 방위사업청은 앞에서 보았듯이 '서자와 같은 존재'로 인식되었다. 와중에 군과 방사청의 관계는 '물과 기름처럼' 서로 섞이지 않은 채 버성기며 불통과 비협조(+책임전가)로 점철되었다. 이는 안타깝게도 국방가족의 DNA로 유전되며 방위사업청에 대한 불신(+혐오)을 재생산하고 관계기관 간의 막힘없는 소통과 긴밀한 협업을 가로막는 심리적 장벽으로 작용하고 있었다.

방위사업청의 고립은 복지혜택의 차별로 이어졌다. 방위사업 관리업무는 하루하루가 장애물경기와 같은 '난관'과 '위험'의 연속이다. 그럼에도 방위사업관리자들이 체감할 수 있는 복지혜택은 매우 제한적이며 심지어 차별적이었다. 예를 들어, 2018년 기준 국방부 소속 일반직 공무원은 군인공제회 가입, 군 골프장과 PX 이용, 국내선 민항기 할인 등의 기회가 주어지는 데 비해 방위사업청 소속 공무원은 이런 혜택이 매우 제한적으로 주어졌다. 공직자 재산등록 대상도 방위사업청 직원들은 국방부에 비해 1개 직급이 낮은 사무관과 중령까지 등록하고 매년 재산변동사항을 신고해야 하며, 이들은 퇴직(전역) 후에도 방산업체(+군수품무역대리업체)를 비롯한 취업제한기관에 3년간 재취업 기회가 제한받는 등 불리한 여건 속에서 일하고 있었다.

방위사업청은 사람에 비유하면 '마음의 상처가 깊은 조직'이다. 청 직원들의 마음속 깊숙이 자리 잡은 '버림받은 자식(?)'으로서의 서러움과 자기비하 의식은 '잠재적 비리집단'이라는 낙인 속에서 '집단적 불안·공포'로 변질되었고, 이는 개인 차원의 우울증을 넘어 조직 차원의 '우울의 늪'으로 바뀌는 데 한몫했던 것으로 짐작된다.

4) 외청의 한계: 권한과 책임의 불균형

방위사업청은 온갖 난관을 넘어 소관사무에 대해 자율성을 갖는 독립 행정기관으로 태어났지만, 실제로는 외청의 내재적 한계로 인해 '홀로' 할 수 있는 것이 별로 많지 않았다. 이는 외형적으로는 독립성·자율성을 갖는 외청의 모습을 갖추었으면서도 내면적으로는 실질적 권한보다는 무거운 책임만 짊어지는 독특한 구조로 태어났기 때문이다.

먼저 획득기능이 외청으로 분리 독립하면서 소요-획득-운영의 구조적 연계성이 사실상 소멸되고 분절현상이 심화되었다.[30] 그렇지 않아도 소요기획의 내재적 한계로 인해 방사청 개청 이전에도 소요-획득-운영의 실질적 연계성을 찾아보기 힘들었는데 개청을 계기로 획득기능이 외청으로 공식 독립해 나가자 소요군 중심으로 일원화되었던 소요-획득-운영의 흐름이 두세 갈래로 흩어지고 말았다.[31] 이제 국방부와 군이 획득과정에 임의적으로 개입할 수 없게 되었고,[32] 방위사업청은 사업추진과정에서 국방부와 군의 적극적 지원

---

30 율곡사업 시절에는 획득기능이 8개 기관으로 분산되어 있었지만 국방부의 지휘통제하에 통합되고 각군별로 소요-획득-운영이 일원화되어 있었다. 하지만 2006년 획득기능이 독립 외청(방위사업청)으로 분리되면서 소요-획득-운영의 연계성이 외견상 사라지고 분절현상이 내재화되었다.

31 소요기획의 한계에 대해서는 전제국, 앞의 글(2016 여름), 102~105쪽 참조.

32 '외청의 독립성'으로 인해 군정·군령을 총괄하는 국방부도 전략-전력-예산-집행의 전 과정을 조망하며 총괄·조정·통제할 수 없게 되었다.

<표 7> **국방획득 단계별 권한과 책임의 분산**

구분	업무수행절차
소요기획	**(국방기본정책)** → 합동군사전략(JMS/전략기획부) → 미래합동작전기본개념 정립(전투발전부) → 요구능력(To-Be) 평가 + 현존능력(As-Is)과 비교, 부족능력 식별(전투발전부) → 전력증강소요 판단(전투발전부) → 실소요 제기(소요군) → 소요결정(전력기획부), 합동군사전략목표기획서(JSOP)
획득단계	**(JSOP)** → 선행연구(방사청) → 소요검증(국방부/KIDA) → 중기계획(국방부) → 사업타당성조사(기재부/KIDA) → 예산편성(방사청) → 연구개발(ADD) → 개발시험평가(ADD/합참) → 운용시험평가(소요군/합참/국방부) → 초도생산(업체) → 야전운용시험(소요군/국방부) → 규격화/목록화(기품원) → 양산(업체) → 부대배치
운용단계	**(전력배치)** → 야전운용(소요군) → 전력화 평가(소요군/국방부)

과 협조를 받기 어려워졌다.

당시 정부는 특정기관이 방위사업과정을 독점하지 못하도록 사업추진 주요 단계별로 권한과 책임을 서로 다른 기관의 몫으로 분산시켜놓았다(<표 7>). 따라서 방위사업청은 관련기관들의 적극적 협조 없이는 방위사업을 성공적으로 수행할 수 없게 되었다. 하지만 획득기능이 외청으로 분립된 상태에서 군이 방위사업청을 협조해주어야 할 의무나 책임도 사라졌다. 그렇다고 외청이 군의 도움을 요구할 권한이 있는 것도 아니었다. 외청은 군에 대해 어떤 영향력도 행사할 수 없기 때문이다. 이렇듯 방위사업청은 국방부와 군으로부터 소관 사무에 관한 자율권을 확보했지만 그 대신 군의 협조가 필요할 때 적시에 도움을 받을 수 없는 한계에 직면하곤 했다.

한편, 외청의 또 다른 태생적 한계는 '사업집행'에 관한 자율성·독립성이 보장될 뿐 정책결정과 관련된 영역에의 개입은 크게 제한된다는 점이다. 2006년 출범 당시만 하더라도 방위사업청은 방위력 개선 분야의 중기계획수립과 예산편성기능 및 시험평가기능을 가지고 출범했다가 나중에 '국방부는 정책기능을, 방위사업청은 집행기능을 수행해야 한다'는 명제하에 정책기능을 국방부(+군)에 이관하고 '집행기능 중심 조직'으로 거듭났다.[33]

이에 따라 군사력 건설 관련 정책결정(소요기획)은 국방부와 합참 차원에서 이루어지고 소요기획 이후에 진행되는 일련의 사업관리(정책집행)는 방위사업청의 몫이 되었다. 특히 군사력 건설의 첫 단계에 해당하는 소요기획과정을 보면, 먼저 각군이 군별 소요전력을 합참에 제기하고, 이어서 합참이 합동성 차원에서 소요를 검토·조정·결정하고 국방부(+KIDA)의 검증과정을 거치게 된다. 방위사업청은 방위사업의 출발점에 해당하는 소요결정과정에 개입, 실질적 영향력을 행사할 수 없게 되었다.[34] 방위사업의 마지막 단계에 해당하는 '시험평가(OT&E)'도 방위사업청이 아닌 소요군이 시행하고 합참과 국방부가 평가결과를 판정한다. 이렇듯 방위사업의 출발점(소요결정)과 종착점(시험평가)은 군사력을 직접 운용하는 군에서 관장하고 방위사업청은 군에 의해 결정된 소요전력을 공급해주는 책임만 맡게 되었다.[35]

그렇다고 외청이 사업집행을 전담하도록 내버려두지도 않았다. 방위사업

33 당초에는 외청의 설립 취지(투명성·효율성 동시 확보)에 맞추어 여덟 곳으로 분산되었던 획득기능과 책임을 한곳으로 모아 공룡처럼 만들어놓고 이를 집중적으로 감시·감독하고 견제하는 장치를 심어놓았다. 하지만 개청 이후 끊임없이 '방사청 존폐론'이 제기되었고 논란의 핵심 쟁점은 외청의 권한집중, 특히 중기계획수립과 예산편성 및 시험평가 등 정책기능으로 모아졌다. 이에 2013년 국방당국이 방위사업법 개정안을 국회에 제출했고 2014년 5월 국회를 통과했다. 이에 따라 방위력 개선 분야의 중기계획수립 기능은 방위사업청에서 국방부로, 시험평가기능도 방위사업청에서 소요군·합참·국방부로 이관되었다. 이로써 방위사업청의 역할은 '집행' 중심으로 대폭 축소되었다.

34 소요결정과정에서 방위사업청은 기술적 차원의 획득·지원 가능성 등에 관한 의견을 합참에 제시할 수 있을 뿐, 실질적인 영향력을 행사할 수는 없었다. 또한 사업추진 과정에서 소요(ROC)를 수정하려면 원점으로 회귀하여 각군·합참의 동의를 받아야 했다. 다만, 2018/2019년 방위사업법과 방위사업법시행령을 개정하여 합참의장은 소요결정시 방위사업청장의 의견을 듣도록 의무화했다. 이후 방위사업청 실무진이 ICT(통합개념팀) 및 합동전략회의 등에 참석하여 방사청의 입장을 개진하고 있다.

35 방위사업의 첫 단추(소요기획)와 마지막 단추(시험평가)는 군과 국방부가 끼우고 그 중간에 있는 모든 단추들(시간·예산·기술·정보 등)은 방위사업청이 확보해 차례차례 잘 끼워서 군에서 요구한 성능의 무기체계를 군이 원하는 때에 공급해주어야 하는 책임만 있을 뿐, 국방부와 군에 대해 독립적 영향을 행사할 수는 없다는 태생적 한계를 안고 출발한 셈이다.

청이 무기조달과정을 주도하지 못하도록 사업추진단계별로 권한과 책임을 분산시켜놓는 한편, 후술하는 바와 같이, 주요 길목마다 각종 견제장치와 규제의 장벽을 설치하고 회의체 방식의 집단적 의사결정체계를 도입했다. 이로 인해 방위사업청은 명목상 획득전담기관이면서도 획득과정에서 관계기관의 협조 없이는 독자적으로 할 수 있는 일이 별로 없었다.

2010년대 중후반 필자의 눈에 비친 방위사업청은 명분상 군사력 건설의 중심이면서도 사실상 권한은 적고 무거운 책임만 짊어지는 조직, 다시 말해 집행기관으로서 책임은 무한대이지만 이를 수행하는 데 필요한 힘은 별로 없는 조직이었다. 이처럼 권한과 책임의 불균형이 내재하는 시스템은 실제 운영과정에서 예상치 못한 부작용을 낳으며 방위사업의 효율성을 떨어뜨리는 요인이 되고 있었다.

존재론적으로 '방위사업청은 군의 소요를 충족시켜주어야 한다'는 무리(無理)가 제도화되면서 사업추진과정에서 일어나는 모든 문제는 방위사업청이 책임지고 풀어야 할 과제로 미룰 뿐, 어느 기관도 선뜻 나서려고 하지 않았다.[36] 특히 과도한 ROC의 설정으로 인해 사업이 지연·정체·중단될 위기에 처해도 소요기획 관련 기관들은 소요의 수정·변경을 꺼리며 '남의 일'처럼 여기거나 또는 책임을 집행기관에 미루는 행태를 보였던 것으로 알려졌다.

와중에 소요군과 방사청 사이에는 불통의 장벽이 쌓이며 협업을 제한했다. 군사력 건설은 국방부·합참·각군·방위사업청·출연기관·방산업체가 한 몸을 이루며 유기적으로 협업해야 소기의 목표를 달성할 수 있도록 설계되었

---

36 방사청 출범 초기 지휘부의 증언에 의하면, "방위사업청은 책임과 의무만 있고 권한은 없는 조직이었다"며 특히 "국방부와 군은 방사청을 증오와 분노의 대상으로 인식하고 사업현안이 발생해도 협조해주기는커녕 방사청이 알아서 해결하라며 비협조적이었다"고 술회했다. 이유야 어떻든, 방위사업이 늦어지거나 중도에 탈선하여 군의 당초 요구대로 전력화되지 못하면, 국방커뮤니티는 모든 책임을 방위사업청 탓으로 돌리며 틈만 나면 방위사업청의 '존폐 문제'를 들고 나왔다.

다. 하지만 군사력의 수요자와 공급자 사이에 높은 담벼락이 쌓이면서 막힘 없는 쌍방향 소통과 유기적 협업은 기대할 수 없게 되었다. 설상가상으로, 2014년 통영함 사태 이후 수사·감사가 전방위적으로 전개되면서 수요자-공급자 간의 불통과 비협조, 심지어 책임전가 현상이 심화되어 현안 해결의 길이 거의 막혀버렸다.[37] 이는 결국 현안문제의 누적과 전력화 시기의 지연을 초래하며 군의 방위력개선계획에 차질을 빚어왔던 것이다.

2. 투명성의 역습

"방위사업은 절대적으로 투명하고 깨끗해야 한다!" 이는 방위사업청이 태어난 배경이기도 하고 개청 이후 지금까지 모든 것을 걸고 올인한 절대적 명제이기도 하다. 방위사업의 기본이념으로 4개(투명성·전문성·효율성·방산경쟁력)가 나란히 병기되어 있지만, 처음부터 지금까지 제일 순위를 일관되게 지키고 있는 것은 역시 투명성이다. 당시 정부가 국방공동체의 반대에도 불구하고 국방부 외청으로 방위사업청을 설립한 것은 무엇보다도 국방획득과정의 투명성을 확보하여 비리와 부정이 발붙일 수 없는 영역으로 만들겠다는 것이 첫 번째 이유였다. 이로 인해 투명성은 변질되거나 훼손되어서는 절대 안 되는 '불변의 가치'로 그 위상을 굳게 지키며 '방위사업청의 존재이유'로 작동하고 있었다.

이 같은 배경하에 투명성 관련 조치는 끊임없이 정교화되고 있는 데 비해, 전문성과 효율성 등과 관련된 조치는 전진과 정체를 거듭하며 답보 상태를

---

37 이는 혹시 나중에 현안문제로 대두, 감사·수사대상이 될 경우, 책임문제로 귀결될 것을 우려하여 어느 누구도 먼저 문제해결을 주도하려고 하지 않았기 때문인 것으로 풀이된다.

크게 벗어나지 못하고 있었다.[38] 그동안 투명성 대책의 일환으로 도입한 제도적 장치로는 정책실명제, 옴부즈만 제도, 청렴서약제, 자발적 클리닉감사, 퇴직 공무원의 재취업 제한, 각종 견제의 장치와 집단적 의사결정체계 도입, 재량행위의 축소, 절차·규제의 양산, 감시·감독과 처벌·제재의 강화 등 수없이 많다.[39] 하지만 '지나침은 모자람만 못하다'는 과유불급(過猶不及)이라는 말도 있듯이, 투명성 관련 대책의 과잉은 뜻밖의 부작용을 수반하며 효율성을 잠식하고 있었다.

---

[38] 한국국방연구원(KIDA)의 방위사업 10년 평가에 의하면, 4대 기본이념 가운데 투명성은 부분적 성과를 거둔 반면, 효율성, 전문성, 방산경쟁력은 기대에 못 미치는 것으로 평가되었다. 먼저, 투명성과 관련하여 절차적 투명성은 향상되어 구조적 차원의 (권력형) 비리는 사라진 데 비해 개인적 차원의 비리가 상존하는 것으로 보아 비리 척결에는 한계가 있었던 것으로 보았다. 다음, 효율성은 사업관리 측면의 미시적 효율성은 증진되었으나, 획득기능의 분리 독립으로 인해 소요-획득-운영으로 이어지는 시스템 차원의 거시적 효율성은 저하되었다고 판단했다. 방사청 중심의 획득체계 일원화로 행정절차가 간소화되는 등 효율성 증진에 기여한 측면이 있지만, 각종 검증단계가 추가되고 회의체 방식의 업무수행으로 사업기간 지연 등 비효율성이 내재화된 것으로 평가되었다. 한편, 전문성은 개인과 기관 차원에서 모두 답보 상태인 것으로 분석되었다. 끝으로, 방산경쟁력은 수출증가에도 불구하고 국제경쟁력은 여전히 낮은 상태인 것으로 평가되었다. 특히 경쟁체제 도입으로 방산업체의 수적 증가 및 신규 중소업체의 시장진입이 활성화되었지만 대기업간 인수합병으로 인해 실질적 경쟁구조는 약화된 것으로 보았다. 최성빈·이상경 등 11명, 『국방전력발전업무 10년 평가 및 국방획득관리체계 종합발전방안 연구』, KIDA, 2017, 19~20, 66~68쪽.

[39] 투명성 대책 가운데 '정책실명제'는 주요 정책결정 및 집행과정에 참여한 자의 소속, 계급, 성명, 관련 의견, 토의내용, 결정사항 등을 기록, 보관하는 제도로서 정부 최초로 도입했다. '청렴서약제'는 방위사업청 공무원, 방위사업추진위원회(+분과위원회) 위원, 국방과학연구소·국방기술품질원의 임·직원, 방위산업체 임원 등 방위사업종사자들로부터 금품·향응 수수, 부당이득 취득, 알선청탁, 입찰담합, 불공정 행위, 방위사업과 관련된 특정 정보 제공 등을 하지 않겠다는 내용의 서약서를 받고 이를 위반했을 경우 일정한 처벌을 규정해놓고 있다. '옴부즈만 제도'는 임기 2년의 외부 전문가 3명 이내로 구성하여 사업추진과정에서 제기된 민원사항에 대해 제3자의 객관적 입장에서 조사하고 중재 또는 시정(+감사) 요구 등을 할 수 있도록 법률에 의해 설치, 운영되고 있다. 한편, '자발적 클리닉감사'는 '자체감사에 관한 규정 제54조'에 의거 방위사업청 국장 또는 소속기관장이 법령적용 또는 의사결정 등에 문제가 있었다고 판단하는 경우 자발적으로 감사를 의뢰하는 제도이다.

1) 방위사업의 기본가치: 진화 vs 퇴화

'10년이면 강산도 변한다'고 하듯이, 방위사업의 기본가치도 개청 이후 여러 차례 진화와 퇴화를 반복했다. 먼저 투명성으로 출발해 투명성-효율성의 균형점으로 진화했다가, 얼마 못 가서 투명성으로 다시 회귀하는 모습을 보였다. 돌이켜보면, 방위사업청 설립 초기에는 투명성과 효율성의 동시적 확보에 중점을 두고 관련 법·제도를 정비해나갔다. 하지만 개청 이후 몇 년이 지나기도 전에 비리문제가 다시 터지기 시작했고 이후에도 끊임없이 크고 작은 비리가 돌출하는 바람에 양대 가치가 나란히 뿌리내리지 못한 채 투명성으로의 쏠림현상이 일반화되어갔다. 특히 2014년 통영함 납품비리 사건은 투명성 문제를 절대적 가치로 끌어올리는 동인이 되었다.

(1) 투명성에 관심 집중

방위사업청의 태동에 직접적인 동기가 된 것은 2003년 참여정부 출범 직후에 드러난 권력형 방산비리였다. 이에 무기획득과 관련된 국가리더십의 일차적 관심은 부정과 비리가 발붙일 수 없는 '투명한 국방획득체계' 구축이었다. 앞에서 보았듯이, 2003년 12월 노무현 대통령의 '군납비리 근절을 위한 제도적 개선방안을 마련하라'는 지시에 근거하여 2004년 민관합동 '국방획득제도개선위원회' 및 실무 차원의 '국방획득제도개선단'이 출범해 2년간 활동한 결과 국방부(+군)로부터 분리 독립된 외청(방위사업청)을 낳았다.

(2) 양대(兩大) 가치로의 진화

하지만 방위사업청 신설 여부를 둘러싼 찬반논쟁을 거치며 투명성과 효율성을 동시에 추구하는 방향으로 개념의 진화가 이루어졌다. 당시 국방획득제도개선단은 무기획득 관련 폐쇄적 의사결정체계 속에서 투명성도 부족하고 8

개 기관으로의 분산 및 다단계의 복잡한 의사결정체계로 인해 효율성도 크게 저하되었다고 판단하고 투명성과 효율성을 동시에 확보하는 방향으로 제도를 개혁해야 한다는 결론에 이르렀다.[40] 이는 특히 외청 설립을 둘러싼 치열한 찬반논쟁을 거치며 방위사업의 효율성이 투명성 못지않게 중요하다는 사실을 인지하고 공감했기 때문인 것으로 보인다.

2005년 1월 국방획득제도개선위원회 보고 시 노무현 대통령은 "획득제도 개선은 투명하고 효율적이며 합리적인 제도를 만드는 것이 핵심"이라며 "국방획득제도는 당초 부패방지대책의 일환으로 출발해 외청으로 발전했는데 앞으로 군이 추구하는 군 현대화계획을 효율적이고 합리적으로 추진할 수 있는 제도적 뒷받침이 되길 기대한다"고 강조했다.[41] 이에 따라 방위사업의 핵심가치는 투명성과 효율성으로 모아졌고, 방위사업청의 개청 취지 역시 국방획득과정의 투명성을 확보하여 부정부패를 차단하는 한편, 사업관리의 효율성을 높여 첨단군 건설을 뒷받침하고 자주국방의 꿈을 실현할 것을 지향했다.[42] 방위사업의 양대 가치는 신설조직의 설계에도 반영되어 '국방부 소속 외청'으로 낙찰되는 데 한몫한 것으로 보인다.[43]

---

40 『개청백서』, 27~30, 55, 85쪽.

41 『개청백서』, 62, 65쪽.

42 『개청백서』, 39쪽.

43 당시 조직설계안으로는 ▷ 국방부로부터 완전 독립된 국무총리 소속의 '처(處)' 설립, ▷ 국방부 내부조직으로서의 획득차관제(또는 획득본부) 설립, ▷ 국방부 소속의 외청 신설 등의 방안이 검토되었다. 이 가운데 외청(案)이 투명성도 확보하면서 효율성도 제고할 수 있는 최적안으로 판단되었다. '투명성'은 획득업무의 독립성·자율성으로 확보하고, '효율성'은 국방정책과의 연계성 유지 및 조직 통합에 따른 시너지 효과 등을 통해 확보될 것으로 기대되었다. 『개청백서』, 40~41, 291쪽 참조.

(3) 4대(四大) 가치로의 분화

방위사업의 양대 지향점(투명성+효율성)은 4개의 가치로 분화되어 방위사업법 제2조(기본이념)에 투명성·전문성·효율성 및 방산경쟁력 강화가 방위사업의 기본가치로 나란히 열거되었다.[44]

4대 가치는 국방획득제도 및 직무수행체계 등에 반영되었다. 예를 들어, '투명성(+공정성)' 확보 차원에서 정책실명제, 집단적 의사결정(+민간전문가 참여 확대) 등이 시행되었고, 청렴서약제 등 특유의 제도가 도입되었다. '전문성' 증진을 위해서는 과학적 사업관리기법 도입, 획득전문형 현역 직위 신설, 직무교육과정 개설, 보직자격제 시행 등이 뒤따랐다. '효율성'은 8개 기관으로 분산된 기능의 통합과 조직의 슬림화, 업무수행절차의 간소화, 의사결정과정의 단순화, 통합사업관리제(IPT) 도입, 경쟁계약 확대 등으로 뒷받침되었다. 이처럼 4대 가치는 외견상 동등성의 원칙하에 균형 있게 추구되었던 것처럼 보인다.

(4) 투명성 절대주의로 회귀

하지만 방위사업청 출범 당시부터 투명성 관련 조치는 다른 가치에 비해 비교적 상세하고 체계적으로 구체화되었다(부록 #4).[45] 이는 처음부터 무기조달과정의 투명성에 정치적 관심이 집중되고 정책적 우선순위가 두어졌기 때문인 것으로 풀이된다.

개청 이후에도 방산비리 이슈가 끊임없이 제기되는 가운데 국민들은 늘 무

---

44 하지만 4대 가치 중에 전문성과 방산경쟁력은 독립적 가치라기보다는 효율성의 필요조건에 불과해 보인다. 전문성 없이 효율성이 존재할 수 없고 방산경쟁력이 없으면 방위사업의 마지막 단계(생산)가 부실해 군이 원하는 성능의 무기를 적기에 보급할 수 없게 된다. 그런 만큼 방위사업의 기본가치로 투명성과 효율성만 있으면 충분할 것 같다.

45 4대 기본가치별 대책은 『개청백서』, 173~199쪽 참조.

기획득의 투명성에 관심을 기울이게 되었다. 와중에 2014년 통영함 납품비리사건으로 인해 수십 명의 군 관련자들이 기소되자 투명성은 전문성·효율성 등 여타 가치를 뛰어넘어 '절대적 가치'로 승화되었다. 이에 따라 투명성 관련 조치는 물샐틈없이 촘촘히 세워지며 과밀한 네트워크로 발전되어갔다.

돌이켜보면, 우리 국민들의 인식 속에 투명성이 절대적 가치로 자리 잡은 것은 1990년대로 거슬러 올라간다. 당시 율곡비리를 비롯한 무기조달과 관련된 크고 작은 비리를 목격했던 우리 국민들은 투명성에 절대적 가치를 부여했을 것으로 추정된다. 마침 방위사업청의 설립 이유로 방산비리 척결이 제1순위에 올라온 이상, 전문성·효율성 등 다른 가치는 투명성을 뛰어넘거나 대체할 수 없게 되었다. 이제 방위사업청은 어떤 경우에도 투명성의 가치를 훼손해서는 안 되는 태생적 멍에를 쓰고 태어났던 것이다.

2) 투명성의 제도화와 역기능

투명성 절대주의는 수많은 제도적 장치로 실체화되며 방위사업과정을 지배해왔다. 이는 우선 획득기능의 분리 독립(외청)으로부터 시작하여 획득시스템에 내장된 각종 견제의 장치, 수많은 절차와 규제, 처벌과 제재 강화, 감시·감독기구 증설, 수사·감사의 일상화 등 주로 압박의 도구로 구체화되며 순기능과 역기능을 동시에 낳고 있었다.

(1) 획득시스템의 분절과 권한·책임의 분산[46]
투명성 절대주의는 먼저 국방부로부터 독립된 외청(방위사업청)을 낳았고,

---

46   이 항과 제5장 3절은 전제국, 「국방획득시스템 재정비 방향: 분할 구조적 특성을 넘어」, ≪국가전략≫, 제28권 2호, 2022(여름)를 토대로 수정·보완·발전시켰다.

이는 국방획득시스템의 근간을 이루는 소요-획득-운영의 분절로 이어졌다. 소요기획 이후의 무기획득과정도 특정 기관이 장악하지 못하도록 사업추진 주요 단계별로 주관기관을 서로 다르게 배정해 권한과 책임을 분산시켰다. 이에 따라 국방획득체계 전반에 걸쳐 분절현상이 제도화되었다(〈표 7〉). 이는 절차적 투명성을 높여 구조적 부정부패와 권력형 비리를 차단하는 효과를 기대할 수는 있겠지만, 관련기관 간의 소통과 협업을 가로막는 장벽으로 작용하며 방위사업의 효율성을 제한하는 역효과를 낳고 있었다.

먼저 2006년 획득기능이 소요기획과 전력운용으로부터 분리되어 외청으로 독립하면서 소요-획득-운영으로 이어지는 군정-군령의 일관된 흐름이 단절되었다. 당시 정부가 '방산비리의 원천 차단'을 목적으로 획득기능을 국방부·군으로부터 분리해 외청으로 독립시켰는데 이로 인해 무기체계의 수요와 공급, 소요와 획득, 획득과 운영 사이에 연결고리가 끊기고 획득시스템 전반에 걸친 분절현상이 심어졌다.[47] 이제 소요는 군(+국방부)의 소관사항이 되었고, 획득은 방위사업청이 맡고, 시험평가와 전력운영은 군(+국방부)의 몫으로 배분되었다. 이로써 획득기능은 군으로부터 동떨어진 외딴 섬처럼 되고 말았다. 이는 결국 국방부·합참-방위사업청-각군 상호간의 소통과 협업을 제한하고 사업추진단계 간 연계성을 약화시켜 국방관리의 효율성을 떨어뜨리는 동인으로 작용했다.

다음, 소요결정 이후에 추진되는 일련의 획득과정도 주요 단계별로 주관기관을 서로 다르게 배정해 권한과 책임이 분산되고 단계 간의 분절현상이 심화되었다. 사업추진단계·관계기관 간의 협업이 아닌 분업이 제도화되고 촘촘한 칸막이가 설치되었다. 이제 어느 단계·절차에서도 연고주의적 이해관

---

47   획득기능이 국방부·군으로부터 분리, 독립함에 따라 정책(국방부)-소요(군/함참)-획득(방사청)-운영유지(군)가 서로 단절되었고, 방사청과 모든 기관의 관계가 소원해졌다.

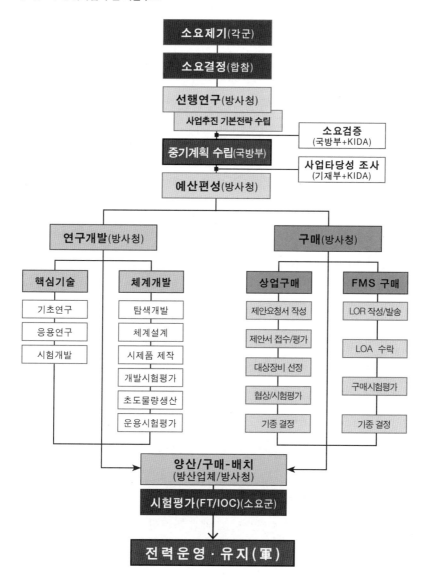

〈그림 13〉 **방위사업 추진 기본구도**

소요제기(각군)

소요결정(합참)

선행연구(방사청)

사업추진 기본전략 수립

소요검증
(국방부+KIDA)

중기계획 수립(국방부)

사업타당성 조사
(기재부+KIDA)

예산편성(방사청)

연구개발(방사청)

구매(방사청)

핵심기술	체계개발	상업구매	FMS 구매
기초연구	탐색개발	제안요청서 작성	LOR 작성/발송
응용연구	체계설계	제안서 접수/평가	LOA 수락
시험개발	시제품 제작	대상장비 선정	구매시험평가
	개발시험평가	협상/시험평가	기종 결정
	초도물량생산	기종 결정	
	운용시험평가		

양산/구매-배치
(방산업체/방사청)

시험평가(FT/IOC)(소요군)

전력운영 · 유지(軍)

계가 개입할 틈이 좁아졌을 것으로 믿어졌다.

　사실, 투명성의 명분하에 무기조달기능을 국방부·군으로부터 독립시켜 방위사업청을 설치했지만, 그렇다고 무기획득 관련 권한과 책임을 방위사업청에 일임하지 않고 사업추진단계별로 권한과 책임을 여러 기관이 나누어 갖게 했다. 이는 특히 방위사업청에 무기획득 관련 권한이 집중되면, 자칫 '통제불능의 공룡'이 되어 무기획득과정을 전횡하는 '무소불위의 기관'이 될지도 모른다는 우려의 목소리가 반영된 결과인 것으로 보인다.[48]

　〈그림 13〉에서 보듯이, 국방획득과정에는 방위사업청 이외에도 국방부, 기획재정부, 출연기관(ADD + 기품원 + KIDA), 방산업체, 소요군 등 관계기관이 일정한 몫을 각각 독립적으로 수행하도록 설계되었다. 이로 인해 어떤 기관도 사업과정을 주도할 수 없으며, 심지어 획득전담기관으로 설립된 방위사업청도 처음부터 끝까지 책임지고 사업을 일관되게 관리할 수 없게 되었다. 사업추진 도중에 긴급 현안이 발생해도 방위사업청은 소요군을 비롯한 관계기관의 동의·협조를 받지 않고서는 아무것도 할 수 없기 때문이다. 이는 특정 기관의 독단과 전횡을 막고 상호 견제와 균형을 통해 투명성·공정성을 확보하기 위한 일환책으로 보이지만, '사공이 많으면 배가 산으로 올라간다'는 속담이 있듯이, 관련기관이 많을수록 협업과 연계성을 제한하며 방위사업의 효율성을 가로막는 요인이 되었을 것으로 판단된다.

(2) 견제와 균형의 장치 제도화

　투명성·공정성 확보의 수단으로 '견제와 균형의 원리'가 차용되어 국방획

48　당시 외청 반대론자들은 방위사업청에 권한이 집중되면 각군 참모총장들은 국방장관보다 방사청장의 눈치를 보게 될 수도 있는바, 방위사업청의 권한을 대폭 축소해 적어도 국방부를 넘어서는 일이 없도록 통제장치를 설치해야 한다고 주장했다. 김민석, 앞의 기사; 성한용, 앞의 기사.

득시스템 설계과정에 투영되었다. 이는 무기획득 관련 권한과 책임을 여러 곳으로 분산시켜놓고 서로 견제하며 균형을 이루도록 제도화하는 것이 특정 기관의 독점적 지배를 막고 사업추진과정의 투명성·공정성을 높이는 지름길로 인식했기 때문인 것으로 풀이된다.

본래 견제와 균형(check & balance), 분할 통치(divide & rule)의 원리는 20세기 산업화·분업화·민주화 시대의 산물로 21세기 디지털 시대 특히 기술 융·복합의 4차 산업혁명 시대에는 맞지 않는 '낡은 원칙'인 것으로 이해된다. 그럼에도 정부는 '견제와 균형의 원리'가 작동하도록 국방획득체계를 설계하여 사업추진과정에 불공정·불투명성이 개입할 틈을 좁혀놓았다. 하지만 견제의 장치 속성상 관련 기능·기관 간의 분열·불통을 조장해 사업관리의 효율성을 가로막는 데 한몫했을 것으로 판단된다.

견제와 균형의 원칙은 우선 획득기능의 분리 독립(외청)과 사업추진과정의 분할로 시현(示顯)되었다. 먼저 소요-기획-운영의 일체화에 기초한 군사력 건설체계에서 획득기능이 외청으로 분리 독립하면서 무기획득에 관한 국방부/군의 독점구조가 붕괴되었다. 이는 소요-획득-운영의 일체성을 무너뜨려 각각의 기능을 관장하는 합참(소요기획)-방사청(획득)-소요군(운영유지)이 서로 견제하게 만들어 투명성(+공정성)을 확보한다는 논리에 닿아 있다.

전술한 바와 같이, 획득기능이 방위사업청으로 분리 독립하자 국방부와 각 군 본부는 군사력 건설(군정)의 주체임에도 불구하고 전력획득과정에 직접 개입할 수 없게 되었고, 방위사업청은 사업추진과정에서 소요군의 자발적 지원을 받지 않고서는 사업관리를 통합적·효율적으로 수행할 수 없게 되었다. 이는 동일한 목표를 향해 한마음 한뜻으로 소통하고 협업해야 할 국방기관들이 상호 견제하는 비정상의 관계구도에 놓이게 되었음을 뜻한다. 또한 방위사업 추진과정도 주요 단계별로 서로 다른 기관들이 독립적으로 관리하며 어떤 기관도 독주하지 못하도록 상호 견제와 균형을 이루고 있었다. 이로 인해 획득

전담기관으로 설립된 방위사업청도 국방획득과정을 처음부터 끝까지 책임지고 일관되게 관리할 수 없는 아이러니에 직면하게 되었다.

견제와 균형의 원리는 방위사업청 조직구조에도 반영되어 신분·부서 간의 역할분담과 상호 견제를 통해 획득사업이 투명하고 효율적으로 추진되도록 했다. 먼저, 방위사업청의 조직편성 초안을 보면, 민군 비율은 5:5로 균형 편성하되 민간공무원은 군별 이해관계로부터 자유로운 입장에서 기종결정 등 주요 정책결정을 주도하고 군인은 무기운용 경험과 각군 사업단에서 쌓은 전문성을 살려 사업관리를 담당하는 방향으로 역할분담을 상정하고 보임(補任)했다.[49]

하지만 2014년 통영함 사태를 계기로 방위사업청에 근무하는 군인과 공무원의 비율을 5:5에서 3:7로 급격히 조정해나갔다. 이는 '군인은 병영으로 돌아가야 한다'는 명분과 국방문민화로 포장되었지만, 당시 사회 일각에서는 군인을 비리의 주범인 것처럼 오인·착각하고 있던 상황이었기에 방위사업청에 파견된 군인 정원을 단기간에 줄여나갔던 것이다.[50] 이로 인해 방위사업청에 자원 전입해 획득전문가의 꿈을 키워가던 젊은 장교들이 하루아침에 꿈

---

49 『개청백서』, 56쪽; 유용원, "군 무기도입, 민간 전문가 주도로", ≪조선일보≫, 2005. 1. 20.
50 방위사업청 개청 이전에 국방획득관련 6개 기관(국방부·합참·각군 사업단·조달본부)에 근무하던 인력은 1,944명이며 군인 61%(1182명)와 민간 39%(762명)로 구성되었다. 한편, 2006년 방위사업청 개청 당시 인력은 1,660명이고 군인 대 공무원의 비율이 5:5로 균형 편성되었다. 이는 개청 초기 민간 공무원들은 방위사업 관련 전문성이 다소 부족한 반면에 획득관련기관 소속의 군인들은 오랜 경험과 노하우를 갖고 있었다. 이에 민군 간 균형편성으로 상호 견제에 의한 투명성·공정성도 높이고 민군 간의 비교우위에 의한 상호보완성을 활성화하여 시너지효과(효율성)도 창출할 수 있을 것으로 기대되었다. 그런데 2014년 통영함 사태가 발생하자, 획득사업과 소요군의 인적 연결고리를 차단하여 사업과정의 투명성·공정성을 높이겠다는 취지하에 방위사업청에 파견된 군인 정원을 성급히 축소 조정해나갔다. 2015년 관계법령을 개정하여 2015년부터 2017년까지 3년에 걸쳐 방위사업청의 군인 정원 300명을 감축하는 대신 공무원을 300명 증원하여 공무원 대 현역 비율을 5:5에서 7:3으로 조정했다.

과 비전을 잃고 심리적 공황에 빠졌던 것으로 전해진다.

방위사업청의 소속기관들도 서로 견제하며 투명성(+공정성)을 유지하는 방향으로 작동했다. 본래 사업관리와 계약관리는 불가분의 연속선상에 있기 때문에 '하나의 팀(IPT)'을 이루는 것이 마땅하다. 그럼에도 방위사업청 조직 설계 시 사업관리기능을 '둘'로 쪼개어 상호 독립적인 2개의 소속기관(사업관리본부 vs 계약관리본부)으로 이원화한 것은 다음과 같은 이중(二重) 효과를 겨냥한 것으로 분석된다.

첫째, 방위사업청 개청의 연착륙을 위해서는 당시 통합대상 인원의 1/4에 해당하는 군무원들의 순조로운 신분 전환과 안정적 통합이 절실했다. 이에 각군 사업단 출신 군인들로 사업관리본부를 구성하고 조달본부 출신 군무원 중심으로 계약관리본부를 별도로 만들어 외청 출범의 연착륙을 도모했다.[51]

둘째, 처음부터 의도하지는 않았지만, 사업관리와 계약관리 기능이 서로 견제하며 사업추진과정의 투명성·공정성을 높이는 데 일정 부분 기여한 것으로 풀이된다. 통합사업관리팀(IPT)의 업무분장에 계약기능이 빠져 있었기 때문에 사업부서에서 한 일이 계약부서로 넘어오면 이를 다시 한 번 점검해 관리부실도 방지하고 투명성·공정성도 높일 수 있었던 것으로 판단된다. 이렇듯 양 본부가 서로 견제하며 사업관리의 투명성과 완전성 제고에 기여한 것이 사실이지만, 상대방의 견제를 의식하여 매사 보수적으로 판단하고 책임을 상대방에게 전가하는 현상도 나타나 효율성을 저해하는 요인이 되기도 했다.[52]

---

51 당시 조달본부를 비롯한 통합대상 조직에 근무하는 군무원은 총 647명으로 전체 통합 인원의 25.7%에 해당했다. 군무원들의 일반직 공무원으로의 순조로운 전직은 방위사업 개청 이후 업무의 연속성과 조직 통합의 안정성을 유지하는 데 매우 중요한 변수였다. 하지만 정부조직법 및 국가공무원법 등에서는 군무원의 중앙행정기관 근무를 금지하고 있었다. 이에 현행 법령상 특례를 인정, 조달본부 및 각군 사업단 소속 군무원 647명을 특별채용 방식으로 공무원으로의 신분 전환을 추진하는 한편, 특별 채용 후 인사상·금전상 불이익이 최소화되도록 방위사업법에 '군무원 특별채용에 관한 특례'를 신설했다. 『개청백서』, 159~161쪽.

견제와 균형의 원리는 방위사업추진위원회(이하 '방추위')의 운영 및 국방과학연구소(ADD)의 지휘체계에도 반영되어 국방부장관과 방위사업청장이 서로 견제하며 상대의 독단을 제어하는 모양새가 되었다. 물론 이것도 처음부터 의도한 것은 아니었다. 처음에는 의사결정 권한이 일원화되도록 방추위가 설계되었으나 입법과정에서 여야 간 정치적 타협의 산물로 책임과 권한이 어긋나도록 배분되었다.[53] 결국 방추위 위원장직은 국방부장관에게 주고 최종 결재권은 부위원장인 방위사업청장에게 주어 지휘권의 분할이 제도화되었다.[54]

본래 방추위의 '법적 지위'는 방위사업 관련 주요 정책과 재원의 운용 등을 '심의·조정'하는 일종의 '자문기구'이지만, 방추위의 실질적 위상은 사실상의 구속력을 갖는 '최고 의결기구'로 작동한다. 이처럼 방추위의 법적 지위와 실질적 위상이 어긋나는데 이는 방추위의 '위원장직'은 국방 전반에 대해 실질적 권한을 행사하는 국방부장관에게 주고, 방추위 심의결과에 대한 '최종결재권'은 방위사업에 관해 자율성을 갖는 방위사업청장(방추위 부위원장 겸임)에게

---

52 업무의 특성상 사업관리부서는 시간에 쫓겨 하루빨리 계약해주도록 독촉하는 반면, 계약관리부서는 책임문제가 뒤따를 것을 의식하며 보수적으로 접근하여 계약의 완전성을 추구하는 경향이 있었다. 이 같은 배경하에 사업과 계약 부서는 사안에 따라 긴밀히 협조하기도 하고, 서로 견제하며 상대에게 책임을 미루기도 하는 미묘한 관계를 유지해왔던 것으로 전해진다.

53 방추위의 구성과 관련하여, 방위사업법 최초안에는 방위사업청장이 방추위 위원장을 맡는 것으로 설계되었으나 야당(한나라당)의 요구에 따라 장관을 위원장으로, 청장을 부위원장으로 조정했다. 이는 당시 외청 설립에 반대하던 야당의 요구를 들어주는 것이 방위사업법 제정에 도움이 될 것이라는 판단하에 정부-여당이 일보 양보한 것으로 알려졌다. 『개청백서』, 91쪽.

54 이에 대해 국방장관과 방위사업청장 모두 문제를 제기할 수 있다. 국방장관은 방위사업 관련 최고 심의기구의 위원장이면서도 심의결과에 대한 최종결재권이 없기 때문에 기껏해야 회의를 주재하는 명목상의 '위원장' 역할밖에 할 수 없음을 지적할 수 있다. 한편, 방사청장은 방추위 심의결과에 대한 최종결재권자이지만, 이는 명목상의 권한일 뿐, 실제로는 방추위 심의결과에 불복하여 다른 결정을 할 수 없음을 문제점으로 제기할 수 있겠다.

주는 엇박자에서 비롯되었다. 그런데 권한과 책임의 엇박자도 알고 보면 국방부장관의 실질적 권한과 방위사업청장의 독립성을 절묘하게 배합하여 어느 누구도 독단적으로 결정할 수 없도록 설계된 것으로 분석된다.

ADD에 대한 지휘감독권도 이원화되어 지휘권(command)은 국방부장관이 갖고 감독권(supervision)은 방위사업청장이 행사하도록 설계되었다. 이와 관련하여, 국방부장관은 국가안보상 중요한 전력증강사업에 대한 책임이 있기 때문에 ADD에 대한 '포괄적 의미의 지휘권'을 행사하는 것이 마땅하지만, 국방연구개발과 국방획득사업의 연계성 및 예산집행 절차 등을 고려하면 ADD의 '일상적 업무에 대한 관리·감독권'은 방위사업청장에게 이관하는 것이 바람직한 것으로 분석되었다.[55] 이에 따라 국방부장관은 '국방과학연구소법' 제7조에 의거 ADD를 지휘·감독하도록 규정해놓고 '동법 시행령' 제20조에 따라 ADD의 일상적 업무, 즉 연구개발사업 전반에 대한 감독권을 방위사업청장에게 위임했다.[56]

이런 '엇박자'로 인해 양대 기관의 기본개념과 추진방향 등이 서로 다를 경우 혼선과 갈등이 내재화될 가능성이 없지 않다. 예를 들어, 방추위에서 심의 조정한 결과에 대해 방위사업청장이 반대할 경우 일종의 갈등 국면에 들어갈 수도 있겠고, 또한 국방연구개발에 관한 국방부와 방위사업청의 생각이 다를 경우 ADD는 이중의 지휘관계 속에서 혼란스러울 수밖에 없을 것으로 예상된다.

이상에서 살펴본 바와 같이, 시대에 뒤떨어진 '기능의 분산'과 '견제의 원리'

---

55 『개청백서』, 113쪽.

56 국방부장관은 ADD 및 방위사업청에 대한 지휘권 행사는 물론 ADD 이사회의 이사장으로서 인사, 조직, 중요 사안 결정·승인 등을 통해 포괄적인 지휘통솔권을 행사하고 있다. 한편, 방위사업청장은 ADD 기관운영 예산편성, 기관평가 및 경영진단, 연구개발사업의 관리 감독 등을 통해 ADD의 일상적 업무 전반에 관한 감독권을 행사해왔다.

는 불공정거래를 차단하고 투명성을 확보하는 데 일조했을지는 몰라도 관계 기관 간의 소통과 협업을 축소하고 책임전가의 빌미로 작용하며 국방획득 시 스템의 효율성을 저해하는 역기능을 초래한 것으로 판단된다.

(3) 집단적 의사결정

방위사업의 의사결정 시스템은 방위사업청을 비롯한 어떤 기관도 독단(獨斷)·독주(獨走)할 수 없도록 '집단적 의사결정제도(위원회)'로 낙찰되었다. 이는 기능의 집중이 자칫 '권한의 집중'으로 이어지고 나아가서는 '부정·비리의 산실'로 변질될 것을 우려하여 주요 의사결정은 관계기관 대표들로 구성된 '위원회'에서 투명하고 공정하게 심의·조정하도록 법제화했다.

2010년대 중반 방위사업청에 설치된 각종 위원회는 무려 56개이며 분과 위·실무위까지 포함하면 78개에 이른다(부록 #5). 위원회 구성에 있어서도 관계부처 및 민간전문가 등 외부 인사를 다수 포함하여 군 내부의 밀실행정이 아닌 개방적이고 투명한 의사결정이 되도록 제도화했다.[57]

방위사업 관련 각종 위원회 중에서도 최종 심의기구는 국방부장관을 위원장으로 하는 '방위사업추진위원회'이고, 예하에 4개의 실무분과위원회(2018년 기준)가 있었다(〈그림 14〉).[58] 전술한 바와 같이, 사실상 최고 의결기구에 해당하는 방추위는 국방부장관 예하에 설치되어 방위사업 추진과 관련된 주요 정책과 재원의 운용 등에 대해 '심의·조정'하는 기능을 수행하고 있으며, 이를

---

57 2018년 기준 최고심의기구인 '방위사업추진위원회(방추위)'는 총 25명으로 구성되며 그 가운데 군 관련 인사가 15명이고 외부전문가는 관계부처 3명과 민간전문가 7명 등 10명이다. 방추위 예하의 4개 실무분과위원회는 공히 20명의 위원으로 구성되며 외부 인사 4~5명(20% 이상)이 포함되어 있었다.

58 총사업비 3,000억 원 이상의 대규모 사업은 소관 분과위원회를 거쳐 방추위에 상정되고, 3,000억 원 미만 사업은 분과위에서 종결되었다.

〈그림 14〉 **방위사업추진위원회 의사결정구조(2018)**

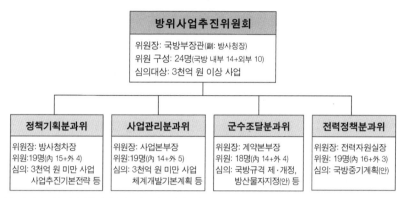

```
┌──────────────────────────────────────┐
│          방위사업추진위원회            │
│  위원장: 국방부장관(副: 방사청장)      │
│  위원 구성: 24명(국방 내부 14+외부 10) │
│  심의대상: 3천억 원 이상 사업          │
└──────────────────────────────────────┘
```

정책기획분과위	사업관리분과위	군수조달분과위	전력정책분과위
위원장: 방사청차장 위원:19명(內 15+外 4) 심의: 3천억 원 미만 사업 사업추진기본전략 등	위원장: 사업본부장 위원:19명(內 14+外 5) 심의: 3천억 원 미만 사업 체계개발기본계획 등	위원장: 계약본부장 위원: 18명(內 14+外 4) 심의: 국방규격 제·개정, 방산물자지정(안) 등	위원장: 전력자원실장 위원: 19명(內 16+外 3) 심의: 국방중기계획(안)

주: 2019년 9월 정책기획/사업관리/군수조달분과위원회는 '방위사업기획·관리분과위원회'로 통합되었다. 분과위
원장은 방위사업청 차장이 맡고 위원은 26명(외부 11)으로 구성된다.

통해 수요(소요군)-공급(방사청)의 불일치를 해소하고 서로 균형을 이루며 추진
될 수 있도록 일종의 가교 역할을 맡고 있었다.[59]

　'위원회'에 의한 집단적 의사결정은 특정 개인·기관의 독단적 결정을 막고
다수인의 의사가 반영된 '집단 지성(collective intelligence)'의 산물이라는 점에

---

[59]　방추위 심의 대상은 3,000억 원 이상의 사업에 대한 사업추진기본전략, 체계개발기본계획,
구매계획, 협상대상업체 선정, 기종결정, 초도양산계획 등이다. 방추위는 또한 조정기능을
통해 현안문제와 관련하여 특히 소요군과 획득기관의 입장이 서로 다를 경우 이를 합리적
으로 조율하고 권위 있게 조정하여 사업의 원만한 추진을 뒷받침해준다. 사실, 방추위의 조
정기능이 실효적으로 작동하는 이유는 국방 전반(군정+군령)을 통괄하는 국방부 장관이 방
추위 위원장직을 맡고 있기 때문인 것으로 풀이된다. 국방부장관이 비록 방추위 심의결과
에 대한 최종결재권이 없더라도 군정·군령을 아우르는 지위에 있기 때문에 방추위 위원장
직의 겸임을 통해 국방획득과정을 효과적으로 조정 통제할 수 있는 것이다. 만일 방위사업
청장이 방추위 위원장직과 최종 결재권을 모두 갖게 되면, 제도적으로는 명실상부한 의사
결정시스템이 되겠지만, 실제로는 외청의 내재적 한계로 인해 군별·기관별로 다양한 입장
을 조율하고 서로 다른 이해관계를 종합·조정·심의할 수 없다. 국방기관 간의 입장 조율
및 이해관계 조정은 역시 각군·기관을 지휘 통제할 수 있는 국방부만 할 수 있는 영역이기
때문이다.

서 의사결정과정의 객관성·합리성과 투명성·공정성을 확보할 수 있다는 장점이 있다. 하지만 위원별 책임의 한계가 모호해 책임회피 현상이 나타날 수 있고 신속한 의사결정을 제한하는 등의 문제가 있음에 유의해야 한다.

(4) 절차·규제의 덫

율곡사업 시절, 사업관리가 법률·원칙이 아닌 연고와 재량에 좌우되는 동안 사업추진과정이 혼탁해지고 이를 틈타 부정·비리가 끊이지 않았다. 이런 현상을 되풀이하지 않기 위해 방위사업청 신설을 계기로 재량행위를 엄격히 통제하고 그 대신 '시스템'에 의해 돌아가도록 전력획득체계를 재정비했다.

대규모 자금이 투입되는 무기획득사업과 관련하여 재량행위(+자의적 판단)의 여지가 클수록 각종 이해관계에 의해 지배되고 '검은 손'에 의해 흐려지기 쉽다. 이에 방위사업이 사람의 손이 아닌 가치중립적(value-free)이고 자전적(自轉的)인 시스템에 의해 공정·투명하고 합리적으로 추진되도록 각종 기준·원칙·절차·규정이 세밀하게 갖추어졌다. 이제 어느 누구도 방위사업 추진과 관련하여 자의적·독단적으로 의사결정을 하지 못하도록, 그래서 부정·비리가 발붙이지 못하도록, 사업추진단계·절차마다 디테일한 기준과 규제의 장벽이 촘촘히 세워졌다.

그런데 절차와 규정의 세분화는 투명성과 효율성을 모두 겨냥한 것이었지만, 결과적으로 보면 절차적 투명성을 얻은 대신 효율성을 잃은 것으로 분석된다. 문제는 절차와 규제가 너무 많아지고 복잡해지다보니 사업의 촉진보다는 사업의 지연·중단·실패를 초래하는 '덫'으로 작용하고 있었다는 점이다. 현행 절차와 규정을 따르다 보면, 특정 무기체계가 소요로 제기되고 전력화될 때까지 빨라야 5~6년, 보통 10~15년, 늦으면 20~25년도 걸려서 실전에 배치되자마자 구형무기가 되어버리는 아이러니에 직면하게 된다. 이런 시스템으로는 나날이 변화와 혁신을 거듭하는 과학기술을 따라갈 수도 없고 곧바로 첨단 무기체계 개발에 적용할 수도 없다는 또 다른 문제에 봉착하게 된다.

방위사업청 설계자들은 당시 불필요한 절차가 너무 많고 통제 위주의 업무 수행으로 인해 최신기술을 적기에 활용할 수도 없고 사업기간도 너무 오래 걸린다는 사실을 직시하고 특히 국내 개발절차의 간소화를 핵심과제로 제기 했었다.[60] 그런데 개청 이후에 절차가 줄어들기는커녕 오히려 증가되었다.[61] 그 결과 방위사업 추진절차는 너무 많고 미로와 같이 복잡하게 얽혀 있어서 사업추진의 걸림돌이 되고 있었다.

실무 차원의 사업추진 절차를 세어보면, 〈그림 15〉와 같이, 2018년 기준 국내개발사업은 공식적으로 74단계에 140개 절차를 밟아야 하고[62] 구매사업 은 비교적 단순하여 35단계에 60개 절차를 거쳐야 하는 것으로 조사되었다.

사업추진절차의 정교화는 〈표 8〉에서 보듯이 효율성과 투명성을 동시에 증진시켜줄 것으로 기대되었지만, 지나치게 많고 복잡한 절차는 오히려 사업 의 지연은 물론 이권개입의 통로가 될 수 있음에 유의할 필요가 있겠다.

---

60 『개청백서』, 29, 61쪽.

61 방사청 개청 이후에 신설된 절차로는 선행연구, 사업추진기본전략 수립, 사업타당성 조사, 소요 검증, 방위사업 검증 등이 있다. 선행연구는 군의 소요가 결정된 이후에 방위사업청 '선행연구과'가 주관하고 기품원 예하 국방기술진흥연구소가 합참에서 결정한 전력소요를 어떤 방법으로 획득해서 언제 공급해줄 것인가 등 무기체계 획득방법과 사업추진 기본방향 을 설정하는 방위사업의 첫 단추에 해당한다. 사업추진기본전략은 선행연구의 결과를 토대 로 사업추진방법을 구체화한 문서이다. 소요검증은 군에서 제기하고 합참에서 결정한 소요 (총사업비 1,000억 원 이상)에 대해 국방부 차원에서 소요의 적절성, 사업의 필요성, 소요 의 우선순위 등을 KIDA를 통해 검증하는 과정이다. 사업타당성 조사는 기획재정부가 매년 예산편성 이전에 사업비의 합리적 조정으로 재정의 효율성을 제고한다는 명목하에 총사업 비 500억 원 이상 사업에 대해 KIDA를 통해 시행하는데 조사 내용과 중점은 위의 다른 조 사 분석들과 유사하다. 방위사업검증은 방위사업청 감독관실이 사업추진과정의 '적법성' 여부를 가려내는 데 중점을 두고, 연구개발사업의 경우 핵심단계 검증 8회 및 계약 관련 승 인 3회를 수행했다.

62 연구개발절차 140개 가운데 18개는 탐색개발(8) 및 체계개발수행단계(10)에 설계된 체계 공학(System Engineering) 차원에서 표준화된 기본절차이다.

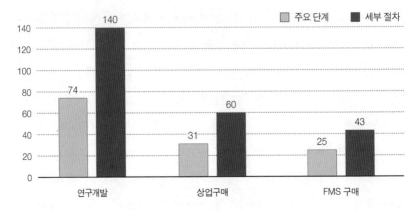

〈그림 15〉 **방위사업 추진방식별 주요 단계와 절차(2018)**

〈표 8〉 **절차·규제의 장단점 분석**

구분	장점	단점
절차	◆ 사람의 손이 아닌 시스템(기준+절차)에 의한 사업 관리, 자의적 판단배제, 공정성에 대한 시시비비 불식 ◆ 업무수행체계의 정교화, 중복된 검증으로 사업관리의 부실·시행착오 예방 ➢ 투명성 + 효율성 제고	◆ 절차가 많을수록 시간·노력·비용 증가 ◆ 절차 하나하나가 반드시 지켜야 하는 사실상의 규제로 작동, 사업추진의 디딤돌이 아닌 걸림돌로 작용 ◆ 각각의 단계·절차는 로비·이권 개입의 창구로 전락될 개연성 상존 ➢ 비효율성 + 불투명성의 통로
규제	◆ 인치(人治)가 아닌 법치 행정 구현 ◆ 인간의 자의적 판단(+재량의 범위) 축소, 비리가 틈탈 공간 소멸 ➢ 투명성·공정성 증진	◆ 규제의 장벽으로 시간·노력의 낭비 + 인간의 창의성 말살 ◆ 사업관리의 유연성 소멸(경직화) ➢ 효율성 저하

　　수많은 절차 가운데 특히 사업의 지연을 초래하는 절차로는 2011~2013년 사이에 도입된 선행연구, 사업타당성 조사, 소요 검증, 각종 시험평가(DT&E, OT&E, FT, IOC)[63] 등이다. 선행연구 등 3개의 절차는 신규사업의 타당성·효과

63　연구개발의 시험평가(T&E) 중에 개발시험평가(DT&E)는 연구개발 주관기관이 시제품의 요구성능과 개발목표 등에 대한 충족 여부를 시험 평가하는 것이고, 운영시험평가(OT&E)는 소요군(시험평가단)이 3계절에 걸쳐 개발장비 시제품의 ROC 충족여부, 군 운용 적합성,

성·적정성 등을 정밀 분석 평가하여 제한된 국방예산의 효율성을 극대화하려는 취지로 도입되었고, 시험평가의 중복 추진은 성능과 품질 보장을 위한 조치였던 것으로 보인다. 이런 절차들은 본래 낭비요소를 막고 시행착오를 줄여 방위사업의 효율성을 높이려는 취지에서 도입되었지만 오히려 전력화를 지연시켜 국방의 효율성을 저해하는 부메랑으로 작용하고 있었다.[64]

그렇다고 절차의 세분화가 투명성을 보장해주는 것도 아니다. 투명성을 높일 목적으로 절차를 많이 만들수록 아이러니하게도 부정·비리가 싹틀 개연성은 점점 더 커지는 모순에 빠질 수 있다는 것이 전문가들의 연구 결과이다. 율곡사업처럼 의사결정(+사업관리) 기준과 절차가 미분화되고 모호하여 재량의 범위가 넓어도 비리·부패의 틈으로 작용하지만, 이와 반대로 절차와 규제가 너무 많고 복잡해도 각각의 단계·절차가 오히려 부정·비리 개입의 창구로 악용될 수 있기 때문이다.[65] 국방비리 관련 연구에 의하면, 소요결정 이후에 진행되는 일련의 획득과정은 선행연구로부터 제안요청서 작성, 입찰·공고, 제안서 평가 및 업체선정, 시험평가, 기종결정, 예산집행·계약체결, 양산·배치에 이르기까지 주요 단계별로 비리개입의 모양과 방식·정도는 서로 다르지만 각종 로비와 이권 개입의 통로로 작용하는 것으로 분석되었다.[66]

전력화 지원요소 등을 검토하여 전투용 적합성 여부를 평가하는 것이다. 전투용 적합성 여부에 대한 최종 판정은 합참(시험평가부)에서 하고 국방부장관의 결재로 완결된다. 야전운용시험(FT)은 소요군(분석평가단)이 초도양산 물량을 대상으로 야전운용시 전력발휘의 제한사항 등을 식별하는 것이고, 전력화평가(IOC)는 소요군이 후속양산(또는 후속구매) 물량을 전력화한 이후 1년 내에 부대 임무수행과 관련된 사항을 분석, 미비점을 찾아 보완하고 차기 전력에 반영할 소요를 식별하는데 중점을 둔다.

64 일반적으로 선행연구에 6~12개월, 사업추진기본전략 수립에 2~3개월, 소요 검증에 7~8개월, 사업타당성 조사에 7~8개월, 운용시험평가(3계절 평가)에 10~12개월, 구매시험평가에 5~6개월(3계절 평가 시 10~12개월), 방위사업검증(국내개발사업의 경우)에 최소 8개월이 소요되는 것으로 파악되었다.

65 박영욱·권재갑·이종재, 앞의 책, 25쪽.

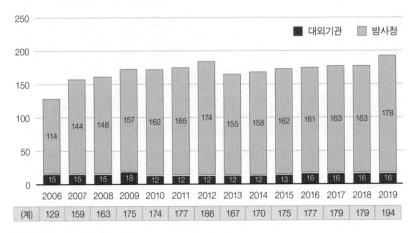

〈그림 16〉 **방위사업청 소관 법규 현황(2006~2019)**

	2006	2007	2008	2009	2010	2011	2012	2013	2014	2015	2016	2017	2018	2019
방사청	114	144	148	157	162	165	174	155	158	162	161	163	163	178
대외기관	15	15	15	18	12	12	12	12	12	13	16	16	16	16
(계)	129	159	163	175	174	177	186	167	170	175	177	179	179	194

주: 세부내역은 부록 #6 참조.
자료: 방위사업청, 『2020년도 방위사업통계연보』, 2020, 278쪽.

〈표 9〉 **방위사업 관련 법규의 소관별 현황(2018)**

방위사업청 소관	◆ 법령: 법률 3, 대통령령 5, 국방부령 8	16
	◆ 규정: 방위사업청 훈령 68, 청 예규 85, 청 고시 10	163
국방부(+합참) 소관	◆ 국방부 훈령 8, 합참 규정 3, 국방부 지시 4	14
기획재정부(+조달청) 소관	◆ 법령: 법률 4, 대통령령 5, 기획재정부령 5	14
	◆ 규정: 기재부훈령 1, 규정 2, 계약예규 15, 고시(조달청) 5	23

　방위사업은 이처럼 수많은 단계와 절차를 밟는 것으로 끝나지 않고 각 단계·절차마다 규제의 장벽을 높이 세워놓고 조심조심 통과하도록 설계되었다. 이는 어떤 단계·절차에서도 자의적 판단과 사적 이해관계가 개입하지 못하도록 규제하기 위함이었던 것으로 이해된다.

　〈그림 16〉은 방위사업청 소관 법규의 증감 추이인데 개청 이후 무려 50%(2006년 129건 → 2019년 194건) 늘어났음을 보여주고 있다. 2018년 기준, 방위

66　박영욱·권재갑·이종재, 위의 책, 24~25, 35~41쪽.

사업수행과정에서 지켜야 할 법령은 방위사업청 소관 179건을 비롯하여 국방부 소관 14건 및 정부공통법령 37건 등 총 230건에 이른다(〈표 9〉). 결국 방위사업청은 개청 10여 년 만에 각종 법규에 포위된 형국이 되고 말았다.[67]

각종 규정과 절차의 정비는 방위사업이 시행착오 없이 효율적이고 투명하게 추진되어 소기의 목적을 달성하려는 데 기본취지가 있다. 돌이켜보면, 방위사업청이 생기기 전까지는 모든 사업에 일관되게 적용할 법령과 원칙, 명백한 기준과 세부절차가 미흡해서 문제였다. 기준·절차·규정의 빈틈은 사업추진과정에 모호성을 낳았고, 이는 곧 이해관계가 파고들어 부정·비리·부실을 낳는 공간으로 작용했다. 이런 빈틈이 지난 10여 년간 방위사업청의 세밀한 손에 의해 메워졌다. 틈새마다 각종 기준·원칙·규정이 들어서고 사업추진과정 곳곳에 세부 절차가 세워졌다.

하지만 과유불급이란 말도 있듯이, 절차와 규제가 너무 많아서 사업추진의 디딤돌이 아닌 걸림돌로 작용하고 있었다. 자칫 '절차(+규제)의 덫'에 한번 걸려들면 사업의 흐름을 질식시켜버리는 '무덤'이 되기 일쑤였다. 이는 결국 사업의 중단·지연·실패로 이어졌다. 방위사업과정에 수많은 절차를 세워놓고 주요 길목마다 각종 법령과 규정이 지키고 있기 때문에 어느 한 곳이라도 어긋하면 사업의 지연은 불가피한 수순이 될 수밖에 없었다.

사업관리자 입장에서 보면, 복잡한 절차와 수많은 규정 가운데 어느 것 하나라도 위반하면 자동적으로 처벌과 제재의 덫에 걸리게 되는 위험에 처하게 되었다. 이에 따라 방위사업관리자들의 하루하루 삶은 '복잡한 절차와 수많은 규정과의 싸움'인 동시에 '제한된 시간과의 전쟁'이 되었다.

먼저, 시간의 문제부터 보면, 사업추진 단계·절차마다 일정한 시간을 필요

---

67 이로 인해 방산업계를 비롯한 외부의 눈에 비친 방위사업청은 '방위사업규제청', '방위사업감독청'으로 인식된 것으로 알려졌다. 김관용, "말 뿐인 방위산업 진흥 정책 ⋯ 업계의 절규", ≪이데일리≫, 2018.12.5.

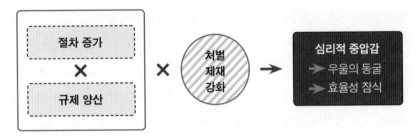

로 하기 때문에 절차가 늘어나는 만큼 시간도 많이 걸리기 마련이다. 이에 따라 사업관리의 효율성을 좌우하는 3대 변수 '시간·비용·성능' 가운데 하나('시간')에 적신호가 들어온다.[68] 통상 특정 사업이 모든 절차를 밟으려면, 빨라야

---

[68] 방위사업의 미션은 제한된 '시간'과 제한된 '예산'으로 소요군이 요구하는 '성능'의 무기체계를 공급해주는 데 있는 만큼 '시간·비용·성능'은 방위사업의 성패를 좌우하는 3대 변수이다. 이 가운데 어느 하나라도 충족하지 못하면 실패의 길목에 들어서게 된다. 특히 소요군이 기대하는 시간(전력화 시기)과 성능에 문제가 생기면 사업 실패로 끝나기 쉽고, 비용에 문제가 생기면 수사·감사의 대상이 되기 쉽다. 그런데 투명성을 높이기 위해 도입된 각종 규정과 절차들이 '시간을 잡아먹는 하마'로 돌변했다. 이와 관련하여 어느 실무 전문가는 '방위사업관리자들은 절차에 함몰되어 시간의 소중함을 잊고 있다'며 다음과 같이 강변하고 있다. "사업관리의 3대 핵심요소는 시간과 비용 그리고 성능이다. 이 세 가지를 조화롭게 관리하는 것이 사업관리의 처음이자 끝이다. 비용을 절감하기 위해 성능을 양보하기도 하고 성능을 보장하기 위해 시간을 양보하기도 하고. 시간을 단축하기 위해 성능과 비용을 양보할 수도 있다. 이 셋은 동등한 수준으로 관리되어야 한다. 경우에 따라서 시간은 유한한 자원이므로 가장 중요하게 다루어져야 한다. …… 그러나 우리의 현실은 이와 반대였다. 방위사업이 비리의 덫에 걸려 감사·수사가 일상화되는 동안 사업관리자들은 시간을 잠식하는 절차에 함몰되어 시간의 중요성을 잊고 살았다. 현재 우리는 시간을 소중히 여기지 않고 있다. 시간 단축을 위해 노력하기보다는 절차에 빠져 있다. 시간의 중요성을 인식하고 절차를 간소화할 경우 감독·감사기구로부터 긍정적 평가를 받기보다는 오히려 비리 의혹을 받다 보니 더욱 절차에 매달릴 수밖에 없었던 것으로 보인다. 차제에 시간의 지연에 따른 손실이 비리에 의한 손해보다 훨씬 더 클 수 있음을 인식하고 시간을 중시하는 방향으로 방위력개선업무의 획기적 혁신이 절실하다." 고윤수, 「방위력 개선업무 실상: 시간을 중심으로」, 2017.12.14.

5~6년, 늦으면 15년 20년도 걸린다. 절차 하나하나가 일사천리로 진행되는 경우는 별로 없다. 수많은 단계·절차 가운데 어느 한 곳에라도 문제가 생기면 그만큼 늦어지기 때문이다. 그렇다고 소요군이 이런 시간의 소요를 감안하여 충분한 사업기간을 주는 것도 아니다. 대체로 군이 요구하는 전력화 시기는 실제 소요시간보다 짧은 경우가 많다. 이에 사업관리자들은 늘 시간에 쫓기기 마련이다.

문제는 이것으로 끝나지 않았다. 전력화 시기는 고정되어 있는데 넘어야 할 절차와 지켜야 할 규제가 많다 보니, 방위사업과정은 수많은 지뢰와 암초가 깔린 위험지대를 통과하는 '장거리 장애물 경기'와 같다. 사실, 사업관리팀(IPT) 입장에서는 절차 하나하나 규정 하나하나가 모두 넘어야 할 장애물이다. 사업추진 일정이 촘촘히 짜여 있는데 어느 하나라도 어긋나면 사업 전체 일정에 차질을 초래할 수밖에 없다. 실제로, 선행연구부터 양산까지 수많은 절차 가운데 한두 곳에서 문제가 생기는 일은 비일비재했다.

이런 일들이 누적되면 IPT는 시간에 쫓기게 되고, 시간에 쫓기면 서두르게 되고, 서두르다 보면 넘어지기 쉽듯이 수많은 절차·규정 가운데 어느 하나를 넘어뜨리거나 놓치거나 뛰어넘는 경우가 생기기 마련이다. 절차상 하자나 규정 위반은 감사의 빌미 또는 수사의 대상이 된다. 감사·수사의 끝에는 무거운 처벌·제제가 기다리고 있기 때문에 방위사업인들의 일상은 신중에 신중을 기하며 긴장에 긴장을 높여가는 스트레스의 연속이라고 해도 과언이 아니다.

이를 육상경기에 비유하면, 방위사업은 '각종 장애물을 뚫고 달리는 마라톤경기'와 같지만, 이를 달리는 선수들(IPT 팀원)은 '100m 경주'하듯이 허겁지겁 달려야만 주어진 시간 안에 목적지에 도착할 수 있다.[69] 와중에 수많은 절

---

[69] 방위사업관리자들이 제한된 시간 안에 난마처럼 얽혀 있는 각종 규정과 미로처럼 꼬여 있는 절차를 지키며 군에서 요구하는 높은 성능의 무기체계를 군이 원하는 시기까지 공급해 주려면, 장거리 장애물경기를 '단거리 육상선수'처럼 달릴 수밖에 없다.

차·규정 중에 어느 하나라도 위반하면, ▷ 감사·수사로 이어지고, ▷ 감사·수사는 책임자의 처벌과 해당 업체의 제재를 동반하고, ▷ 처벌·제재는 제도 개선의 명분 아래 규정·절차를 낳았고, ▷ 규정·절차의 증가는 시간의 부족, 일의 서두름, 규정 위반, 처벌의 강화 등으로 연계되는 악순환을 초래했다.

이상에서 본 바와 같이, 방위사업청은 '투명성'에 일차적 가치를 두고 관련 제도를 정비해왔지만, 아이러니하게도 수많은 절차와 규정의 함정에 빠져 방위사업의 최종 지향점이 되어야 할 효율성을 놓치고 말았던 것으로 보인다.

수많은 절차와 규제가 사업추진에 얼마나 큰 걸림돌이 되는지 쉽게 확인해볼 수 있는 단계는 '예산편성 및 집행단계'이다. 〈표 10〉에서 보듯이, 예산편성 이전에 반드시 거쳐야 할 선행조치 4개를 완료하는 데 평균 18~26개월이 걸리고, 예산이 편성된 이후 계약체결까지 7개 절차를 거치는데 통상 9개월이 소요되는 것으로 파악되었다. 이는 모든 절차가 일사천리로 추진된 경우이고 중간에 어느 한 곳에서라도 어긋나면 회계연도 내의 계약체결은 사실상 불가능해진다. 이로 인해 특히 신규사업의 집행률은 지난 5년간(2013~2017) 평균 68.8%였고, 심지어 2017년의 경우 7.1%에 불과했다.[70]

이렇듯 방위사업은 예산 획득도 어렵지만 집행도 쉽지 않다. 이는 대형 장기 계속사업이 많고, 사업계획 변경, 연구개발의 불확실성, 엄격한 3계절 시험평가, 업체의 납품지연, 선진국의 수출통제, 외국업체와 협상 장기화 등 방위사업의 특수성에서 비롯되며, 과도한 절차와 규제도 한몫하는 것으로 분석된다. 사실, 특정사업이 예산편성단계까지 오는 데 수많은 단계와 절차를 거쳐야 하고 특히 마지막 관문인 재정당국과 국회의 높은 문턱을 넘어 어렵게 예산을 확보하더라도, 지금처럼 수많은 절차와 규제가 예산집행의 길목을 지

---

70 국회입법조사관이 작성한 「국방상임위원회 결산 검토보고서」의 연도별 자료를 분석한 결과임.

<표 10> **방위사업 예산편성 전후의 업무수행 절차(2018)**

예산편성 선행조치	예산편성 후속조치	
	연구개발사업	구매사업
① 선행연구(6~12월)	① 제안요청서 작성(2~3월)	① 제안요청서 작성(2~3월)
② 사업추진 기본전략 수립(2~3월)	② 입찰공고(40일)	② 입찰공고(40일)
③ 사업타당성 검증(7~8월)	③ 제안서 평가(15일)	③ 제안서 평가(15일)
④ 체계개발기본계획 또는 구매계획	④ 우선협상자 대상 선정(1월)	④ 대상장비 선정(15일)
수립(3월)	⑤ 협상(2월)	⑤ 구매시험 평가(2~3월)*
	⑥ 체계개발 실행계획 수립(2월)	⑥ 기종 결정(1월)
	⑦ 계약 체결(1월)	⑦ 계약 체결(1월)
18~26개월 소요	9~11개월 소요	8~10개월 소요

주: 구매시험평가는 사업의 규모, 대상장비, 시험장소(국내 vs 해외) 등에 따라 소요기간이 달라지지만 3계절 평가가
    아닌 한 시험평가계획수립부터 실제 시험평가 및 결과작성/판정에 이르기까지 적어도 5~6개월 소요되는 것으
    로 파악되었다. 이에 연도 내에 계약체결까지 완료할 수 있도록 다른 절차와 병행하여 추진하고 있다.

키고 있는 한 회계연도 내에 정상적으로 집행한다는 것은 사실상 불가능에
가깝다.

(5) 징벌 위주의 비리근절 대책

투명성 대책은 비리사건이 터질 때마다 진화하며 정교화되었다. 하지만 예
방적·근원적 처방보다는 대증적 처방에 무게중심이 두어졌다. 이는 앞에서
보았던 견제장치의 매설과 규제·절차의 양산을 넘어 처벌·제재 수위의 강화
등 징벌 위주의 대책으로 나타났다. 이에 따라 처벌·제재의 수위는 나날이
높아진 반면에, 과중한 책임에 상응하는 인센티브나 보호장치는 미흡했다.
와중에 중대한 과실 또는 고의가 아닌 성실수행의 실패도 인정하지 않는 '무
관용의 원칙'이 작동하면서 '상벌의 불균형'이 제도화되었다. 그 불균형 속에
서 방위사업인들의 업무수행 의지와 열정은 점차 식어갔다.

통영함 사태를 계기로 내놓은 정부의 방산비리 근절 대책의 중점은 '징벌
적 조치'에 두어졌다. <표 11>에서 보듯이, 금품수수, 향응, 재산상 이익 등

<표 11> **방산비리 관련 처벌·제재 강화 동향**

> ➤ [개인] 비리행위자 처벌 강화
> - 금품·향응수수, 군납비리 등과 관련된 비리 공직자는 무조건 중징계 의결 요구 및 2년간 근무성적 최하위 평가 (2016.7.)
> - 부패행위자의 인사상 불이익 강화(2014.12.)
>   - 공무원: 징계처분 후 3년간 사업·계약 등 주요부서 보직 금지 및 성과금 지급 중지
>   - 군인: 징계부가금 부과(금품·향응수수, 공금횡령·유용금액의 5배 이내),[71] 징계시효 연장,[72] 기밀유출시 징계 감경·유예 불허
>
> ➤ [업체] 비리업체 제재 및 투명성 강화 대책
> - 청렴서약제 적용 대상업체 확대: 방산업체 → 군수품무역대리점 + 하도급/재하도급 업체
>   - 군수품무역 대리점의 등록 및 수수료 신고제 도입(2016.5.)
>   - 하도급/재하도급 업체의 청렴서약서 제출 의무화(2017.3.)
> - 청렴서약 위반 시 방산업체 지정취소(2006.1.) + 군수품무역대리업 등록 취소(2016.5.)
> - 비리업체의 입찰참가자격 제한기간 연장: 1년(2006.1.) → 2년(2014.5.) → 5년(2016.12.)
> - 부당이익에 대한 징벌적 가산금 확대: 부당이득 상당(1배) → 2배(2016.12.)
>
> ➤ 군산유착 근절 대책
> - 퇴직공직자 취업제한 대상기관 확대(2020.6.): 자본금 10억/외형거래액 100억 이상 업체 → 모든 방산업체 + 최근 3년 이내에 200만 달러 이상 방위사업의 중개/대리 업체
> - 취업심사 대상자 확대 및 불법취업 여부 정기조사 실시
>   - 방위사업청: 대령/서기관 → 중령/사무관(2011)
>   - 출연기관(ADD/기품원): 본부장급 → 수석급 이상 직원(2020.6.)
> - 취업제한 공직자를 고용한 방산업체 제재(2016.12.)
>   - 취업심사 여부를 확인하지 않고 고용 시 500만 원 이하의 과태료 부과
>   - 취업제한 공직자를 무단 고용 시 방산업체 지정 취소 가능
> - 방위사업청 직원의 외부 이해관계자 사적 접촉 신고제 도입(2018.4.)

---

71 징계부가금은 군인·공무원이 공금을 횡령·유용하거나 금품 또는 향응을 받을 경우 징계처 분과 별도로 수수금액의 5배까지 부과할 수 있는 일종의 징계벌이다. 이는 금품비리, 특히 형사처벌 대상이 되지 않는 소액 금품비리 발생 시 징계만으로는 충분한 제재가 될 수 없다 고 판단, 징계의 실효성을 확보할 목적으로 2010년 공무원에 처음 적용되었고 군에는 2014 년 12월에 도입되었다.

72 징계시효는 일반비위와 금품비위로 구분, 적용하고 있다. 일반비위의 경우 공무원은 1973 년 2년에서 2012년 3년으로 늘어났고, 군인은 1989년 2년에서 2014년 3년으로 연장되었 다. 금품·향응 수수, 횡령, 유용 등 금품비위의 경우 공무원은 1973년 2년, 1991년 3년, 2008년 5년으로 늘어났고, 군인은 1989년 2년, 1995년 3년, 2008년 5년으로 늘어났다.

금전적 비리와 관련된 공직자는 무조건 중징계하고 2년간 최하위 등급의 성과평가를 하도록 규정했으며, 기밀누설 및 뇌물공여는 5년 이하의 징역(+10년 이하의 자격정지)에 처하도록 했다. 비리 업체에 대한 제재도 강화되어, 입찰참가 제한 기간이 최대 2년에서 5년으로 늘어났으며, 부당이득의 징벌적 가산금은 1배에서 2배로 확대되었다. 금품·향응을 제공하거나 또는 군사기밀을 제공 받은 업체는 방산업체 지정을 취소할 수 있도록 했다.

아울러 뇌물수수, 공문서 위변조 등 악성비리는 1.5배 이상의 가중처벌과 징벌적 가산금 부과는 물론 비리업체의 공소시효도 현행 7년에서 10년으로 늘리는 방안이 논의되었다.[73] 심지어 군용물 관련 뇌물죄는 무기 또는 7년 이상 징역형을 부과하도록 관계법령에 명시하고 부당이득 과징금으로 부당이득의 10~50배로 부과하자는 의원입법안이 발의되기도 했다.[74]

군산유착의 근절 대책도 대폭 강화되었다. 특히 1970년대 율곡사업 시절부터 대규모 해외구매사업에 암약하던 형태의 무기중계상들(brokers)이 아직도 대형 외국업체의 로비스트로 활약하며 방산비리를 유발하는 정황이 드러났기 때문이다.[75] 이들은 주로 전관(前官) 예비역 인맥을 통해 주요 방위력개

---

73 공소시효 연장문제는 형법개정 사항이고 다른 범죄와의 형평성을 고려해 추진을 중단했다.

74 2016년 6월 변재일 의원 외 21인이 발의한 '방산비리척결법안'에 의하면, 군형법과 방위사업법 일부 개정을 통해 군용물 관련 업무 수행자가 뇌물 등의 비리를 저지른 경우 '무기' 또는 '7년 이상'의 징역에 처하도록 했는데 이는 일반이적죄(사형, 무기 또는 5년 이상의 징역형)보다 더 무거운 벌이고 특히 '7년 이상'의 징역형은 집행유예가 불가능한 중형이다. 박해준, "변재일 의원, '방산비리척결'법안 제출", 대한뉴스, 2016.6.11., 05:47.

75 1990년대 율곡사업 비리와 백두사업에 연루된 린다김 사건 등에서 보았듯이, 권력형 군납비리사건의 배후에는 외국업체의 브로커(무기중개상)가 개입되었는데 2010년대에도 사회적으로 크게 이슈화된 방산비리 사건들은 대부분 무기중개상(브로커)이 연루된 해외구매사업에서 발생했다. 2014~2017년간 검찰에 의해 기소된 방산비리 혐의자 가운데 국외구매사업이 33%로 가장 많았고, 이어서 국내구매사업 24%, 국내 연구개발사업 23%, 군수 및 시설사업 21% 순이었다.

선사업의 의사결정과정을 왜곡하고 고액의 중개수수료(+로비자금) 만큼 사업비를 부풀려 국방재원의 낭비와 국방력의 약화를 초래하는 것으로 파악되었다. 이에 정부는 방산 브로커의 부당개입을 방지하기 위한 군수품무역대리점 등록제 및 중개수수료 신고제 등을 도입했다.

그 밖에도 방위사업 분야에 근무하다가 퇴직한 공직자들의 재취업 제한 규정이 강화되었다. 먼저, 재취업 제한 대상기관이 일부 방산업체에서 모든 방산업체(외국업체의 한국지사 포함)와 방위사업중개업체로 확대되었다. 다음, 퇴직 공직자의 재취업제한 기간은 3년에서 5년으로 연장하고 취업심사 대상도 중령/5급 이상에서 소령/7급 이상으로 확대하려는 방안이 검토되기도 했다.[76] 아울러 재취업금지 대상 공직자를 채용한 방산업체에 대해서는 과태료 부과는 물론 방산업체의 지정을 취소할 수 있도록 처벌의 수위를 한층 높였다.

처벌과 제재 위주의 투명성 대책은 '억울한(?)' 피의자(개인+단체)를 양산했고 이는 곧 '소송전'으로 이어졌다. 〈그림 18〉에서 보듯이, 2010년대 중반 방위사업 관련 소송이 매년 증가하는 추세에 있었다. 이에 따라 방산 분야는 변호업계의 새로운 블루오션(Blue Ocean)으로 떠오르고 있다는 소문이 나돌기까지 했다.[77]

소송의 종류별로 보면, 2013~2017년간 민사소송이 행정소송의 약 2배 정도 많았다. 민사소송 가운데는 '지체상금(遲滯償金)' 관련 소송이 약 1/5을 차지했고,[78] 행정소송 중에는 부정당업자제재에 대한 다툼이 약 4/5로 단연 으

---

76 하지만 특히 젊은 나이에 전역하게 되는 소령의 경우, 전역 후 재취업을 제한하면 차후 생계유지에 심각한 어려움이 있을 것으로 예상되었고 또한 타 기관과의 형평성 문제가 있어 재취업 제한을 하지 않기로 결정했다.

77 방위사업청은 소송전에 휘말려 지난 5년간(2015~2019) 21건의 사건에 대한 변호사 비용으로 60.5억 원을 지불하고도 전부 승소한 것은 별로 없는 것으로 조사되었다. 최기성, "최재성, 로펌에 60억 퍼준 방위사업청 … 승소율 0%", YTN 뉴스, 2019.10.6., 17:46.

78 지체상금은 방산업체가 정당한 사유 없이 납기(納期)를 준수하지 못할 경우 부과하는 일종

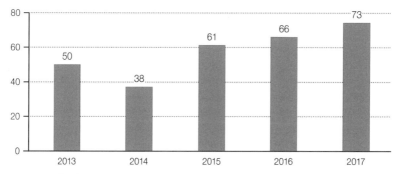

〈그림 18〉 **방위사업 관련 소송 추이(2013~2017)**

주: 소송건수에 중재건수도 포함되었음.

뜸이었다.

소송이 많은 것은 결코 좋은 일이 아니다. 소송은 대화로 해결할 수 없을 때 선택하는 '최후의 수단'이다. 이런 뜻에서 방위사업과정이 소송전으로 얼룩져 있다는 것은 그만큼 소송당사자들의 관계가 최악의 상태에 이르렀음을 반증한다.

그렇다고 처벌과 제재의 실효성이 높은 것도 아니었다. 이는 소송전에서

의 벌금이다. 이는 계약상대자로 하여금 납기를 준수하도록 하고, 혹시 지체하더라도 최대한 빠른 시일 내에 납품하도록 강제하려는 데 근본 취지가 있다. 특히 군사적으로 전력화 시기(=납품 시기)는 노후장비 교체 시기에 맞물려 있기 때문에 하루라도 납품이 늦어지면 그만큼 전력의 약화로 이어지고, 나아가서는 유사시 군사작전의 실패를 초래할 수 있다는 데 논리적 근거를 두고 있다. 하지만 방위사업의 특수성으로 인해 지체상금이 무한정 늘어날 가능성이 크다. 먼저, 정부 입장에서 보면, 특정업체가 납기를 지체하더라도 조달원이 한정되기 때문에 다른 곳으로 쉽게 옮길 수도 없고, 만약 재조달하려면 오랜 시간이 걸려 전력화 시기만 계속 늦어지기 때문에 계약해지를 결단하기도 어렵다. 다음, 업체 입장에서는 이미 많은 자금을 투자했기 때문에 중도에 포기할 수 없어 끝까지 가다보니 지체상금만 눈덩이처럼 불어나는 딜레마에 빠지게 된다. 그나마 시제품을 생산하는 연구개발의 경우 지체상금의 상한선이 계약금액의 10%로 설정되어 있어 그 이상 늘어나지 않지만, 양산단계에는 상한이 없어 무한정 늘어나 심지어는 계약금액을 초과한 사례도 없지 않았다. 이 같은 배경하에 지체상금 관련 소송은 전체 민사소송의 상당부분을 차지했다.

<표 12> **방위사업비리합동수사단 기소 및 재판 결과(2018.9.30. 기준)**

대상사업	기소 현황			구속기소 재판결과		
	구속기소	불구속기소	계	1심 무죄	2심 무죄	무죄율(2심)
통영함 등 주요 8개 사업	34	13	47	11	17	50%(17/34)

자료: 최기일, 「방위사업 비리 관련 처벌 현황진단 및 분석 연구」, 안규백 국방위원장 주최, 한국방위산업확회 주관,
'건전한 방위산업 생태계 조성과 육성을 위한 대토론회' 발표자료, 국회의원회관, 2018.10.8.

<표 13> **방위사업청 대 방산업체의 소송 결과(2011~2017)**

구분	소송건수	소송 완료(확정된 사건)			소송 진행중
		계	방사청 승소	방사청 패소	(+조정건수)
행정소송	123	84(100%)	60(71.4%)	24(28.6%)	38
민사소송	220	141(100%)	90(63.8%)	51(36.2%)	79

자료: 최기일, 앞의 글(2018.10.8.), 16~17쪽.

정부 측의 높지 않은 승소율로 나타났다. 먼저, 개인 차원의 소송 현황을 보면(〈표 12〉), 2015년 방위사업비리합동수사반이 8대 방산비리로 기소한 47명 가운데 34명을 구속기소했지만, 2018년 9월 30일 기준, 1심 무죄 11명, 2심 무죄 17명으로 나타났다. 이처럼 구속 후 무죄 선고율이 50%에 이르는데 이는 일반 형사소송 무죄율 3%, 그리고 권력형 비리의 구속 후 무죄율 6~7%에 비해 무려 10~20배 높은 수준이었다.[79]

다음, 정부 대 기업의 소송에서도 정부 측의 승소율이 높지 않았다. 〈표 13〉을 보면, 방위사업청이 2011~2017년간 방산업체와 벌인 민사소송 141건 중

---

79   최경운, "방산비리 무죄율 50%", ≪조선일보≫, 2018.10.9., A26면; 김보형, "청 특명에 방산비리 수사 4년, 털고 또 털어도 절반이 무죄", ≪한국경제≫, 2018.11.5. 군의 주요 인사에 대한 무죄 판결은 "ATS-31 통영", https://ko.wikipedia.org/wiki/ATS-31(검색일: 2019.3.8.); 유한구, "최○○ 전 합참의장 '방산비리' 무죄 확정", ≪한국일보≫, 2018.10.27. 참조.

51건(패소율 36%)에서 패소했고, 행정소송에서도 84건 중 24건(패소율 28%)에서 진 것으로 집계되었다.[80] 이렇듯 정부 측 소송상대자(개인+기업)에 대한 법원의 무죄선고율이 높거나 정부 측 승소율이 낮은 것은 '무리한 수사' 또는 '과도한 행정처분'의 산물일 것이라는 보도가 잇따랐다.[81]

한편, 소송전은 당사자 양측 모두 '지는 게임'이 된다. 일단 소송에 들어가면, 업체는 납품(또는 사업) 중단에 따른 직접비용은 물론, 금융비용, 소송비용, 보증비용 등 각종 간접비용이 눈덩이처럼 불어나 자칫하면 재판이 끝나기도 전에 폐업하는 경우가 없지 않다고 한다.[82] 정부 측도 변호사 비용은 물론 패소에 따른 소송배상금도 적지 않은 것으로 알려졌다. 감사원 감사 결과, 지난 5년간(2015~2019) 방위사업청은 소송배상금으로 연평균 300억 원을 집행한 것으로 나타났다.[83]

더욱 심각한 문제는 처벌(+벌금) 위주의 환경 속에서 첨단 신무기 개발은 기대할 수 없다는 점이다. 미국의 F-35 스텔스전투기 개발은 당초 계획보다 6년 늦어졌고 비용은 60% 이상 늘어났으며, V-22 오스프리 다목적 수직이착륙기는 15년 지연에 143%의 비용 증가가 있었다. 유럽의 유로파이터 전투기도 8년 늦어졌다. 하지만 해당업체들에 대한 지체상금은 면제되었다.[84] 만약 우리처럼 과중한 지체상금이 부과되었다면 해당업체들은 도산하고 첨단무기

---

80 한편, 감사원 감사 결과 2006년 이후 방위사업청은 전체 소송에서의 패소율(일부패소율 포함)은 55%(177건 중 97건)이고 중재 패소율은 78%(9건 중 7건)인 것으로 집계되었다. 임형섭, "방사청 5년간 소송배상 1,500억 원 무기체계 예산서 충당키도", 연합뉴스, 2020. 3.10.

81 조성식, "실적주의 감사·수사가 방산 발전 걸림돌", 《신동아》, 2018년 6월호; 송상현, "방산환경, 개혁수준으로 바꾸라", 《News1》, 2019.10.6. 참조.

82 조성식, 위의 기사.

83 임형섭, 앞의 기사.

84 김관용, "규제중심 방위산업, 이제는 바꾸자", 《이데일리》, 2020.4.9.

체계는 세상에 나오지 못했을지도 모른다.

처벌·제재의 한계는 이것으로 끝나지 않는다. 아이러니하게도 처벌·제재 위주의 사업관리는 방산업체들의 편법(+도덕적 해이)을 조장하여 법제도의 효력을 무실화하고 있었다. 예를 들어, 비리업체로 부정당제재를 받으면 일정 기간(5년) 공공입찰에 참여할 수 없지만, 해당업체는 법원에 '집행정지 가처분 신청'을 통해 합법적으로 법망을 빠져나가는 경우가 적지 않았다. 이런 행태가 되풀이되면 도덕적 해이를 낳고 이에 내성(耐性)까지 생기면 더 크고 더 위험한 부정·비리에 손을 댈까 우려되었다.

3. 감사·수사의 일상화와 트라우마

2014년 통영함 사태는 '방산업계의 세월호 사건'으로 일컬어질 정도로[85] 일파만파의 파장을 낳으며 방위사업을 총체적 위기로 몰아넣는 발단이 되었다. 2014년 4월 세월호 사건으로 빚어진 '국민의 공분'이 해군 구조함 '통영함' 음파탐지기(소나)의 납품비리 문제로 비화되면서, 방위사업(+방위산업) 전체에 '비리의 족쇄'가 채워졌고, 이는 곧 국가 차원의 대대적인 감사·수사로 이어졌다. 먼저 범정부 차원의 방산비리대책이 속출했고 이를 집행하기 위한 별도의 감시감독기구가 사정기관별로 발족되어 전방위 사정활동에 들어갔다.

---

85 양욱, "방산이 무너지면 국방도 무너진다", 《한국일보》, 2014.12.4., A31면.

1) 감시감독기구의 과잉현상

2015년 7월 '방위사업비리합동수사단'의 중간 수사결과 발표를 계기로 일련의 방산비리 근절 대책이 나왔다. 2015년 10월 국무총리실 '반부패혁신단'이 '방위사업 비리 근절을 위한 우선 대책'의 일환으로 △ 청장 직속의 방위사업감독관실 신설, △ 방위사업청에 파견된 각군 소속 군인에 대한 인사의 독립성 강화, △ 방위사업청 소속 공무원의 퇴직 후 취업제한기간 연장, △ 비리업체 제재 강화 등을 내놓았다.[86] 이를 토대로 국방부 산하의 '방위사업혁신 TF'가 2016년 3월 방산비리대책을 내놓았는데 △ 감시·감독 강화, △ 비리 네트워크 차단, △ 비리행위 처벌·제재 강화, △ 투명한 업무체계 구현 등 4개 분야에 걸친 구체적인 방안들이 제시되었다(부록 #7).

정부 대책은 감시감독기능의 강화에 방점이 두어졌다. 이에 따라 방위사업청에 국(局) 단위의 '방위사업감독관실'(1국 4과 70명)이 신설되고 감사관실에 사업감사과 1개가 추가되었다.[87] 물론 감사원과 검찰청도 일부 조직개편 또는 업무이관을 통해 방위사업 감사·수사를 계속했다.[88]

당시 방위사업 전담 사정기관을 종합해보면, 〈표 14〉와 같이 4개 기관 소속의 약 290명의 사정 인력이 방위사업청 안팎에서 촘촘하게 감찰하고 있었다. 이는 감사·수사의 일차 대상이 되는 방위사업청 사업관리본부 인력의 43%, 방위사업청 소속기관(사업+계약본부) 인력의 26%에 해당한다. 이를 두

---

86 이주형, "정부, '방위사업비리 근절을 위한 우선대책' 발표: 다층적인 감시강화 비리 발붙일 곳 없다", 《국방일보》, 2015. 10. 30., 6면.

87 2015년 12월 31일 방위사업감독관실이 2년 기한의 한시조직으로 출범했고, 감사관실의 고객지원담당관실이 폐지되고 그 대신 '사업감사2담당관실'이 신설되었다.

88 2014년 통영함 사건을 계기로 출범했던 감사원의 방산비리 특별감사단과 검찰(서울중앙지검 산하)의 방위사업비리합동수사단은 약 1년간의 활동을 마친 다음에는 감사원 국방감사국과 서울중앙지검의 방위사업수사부로 각각 개편, '상시' 감사·수사 체제로 들어갔다.

<표 14> **방위사업 사정 전담 조직·인력 현황(2017~2018)**

구분	사정기구(조직)	인원
방위사업청	감사관실(1국 3과) + 방위사업감독관실(1국 4과)	약 120명
국방부 소속	2092기무부대 + 국방조사본부 방위사업범죄수사대	약 40명
정부기관	감사원 국방감사국 + 검찰 방위사업수사부	약 130명

<표 15> **청 단위 자체감사기구 비교(2017)**

구분	정원	감사인력	구분	정원	감사인력
조달청	982	12	병무청	1,887	11
특허청	1,625	9	문화재청	948	12
통계청	2,156	13	산림청	1,608	16
농촌진흥청	1,847	14	기상청	1,291	12

고 정치권 일부에서는 '일하는 사람보다 감시하는 사람이 더 많다'며 대폭 줄일 것을 주장하기도 했다.

다른 정부기관과 비교해보면 국방 관련 감사인력이 얼마나 많은지 쉽게 알 수 있다. 감사원의 경우 정부 부처별로 1개과가 담당하고 있는데 비해 국방 분야는 1개국이 전담하고 있었다. 정부기관별 자체 감사기구의 경우도 청 단위 기관은 대개 10여 명 규모의 과(課) 단위 감사조직이 있는 데 비해, 방위사업청은 2개 국 단위 조직에 120여 명 규모의 인력이 포진해 있었다(〈표 14/15〉).

2) 피감인·피의자의 트라우마

'조직'은 살아 움직이는 생물과 같기 때문에 한번 만들어지면 생존(+번영)하려는 조직의 생리가 작동하며 소기의 목표 달성에 진력(盡力)하기 마련이다. 방사청 자체 감시기구의 활약은 말할 것도 없거니와 대외 기관들도 전방위 사정활동을 통해 상당한 성과를 거두었던 것으로 보인다. 예를 들어, 감사원은 2015~2017년간 20여 차례 감사를 실시했고 검찰은 2014~2017년간 방산비리 혐의로 100여 명을 기소한 것으로 파악되었다.[89] 와중에 방위사업인들은 불안과 공포의 나날을 보냈던 것으로 전해진다.

특히 방위사업청 직원들에게 압박의 대상이 된 것은 조직 내부에 들어와 있는 사정기관의 인력이었다. 방위사업청 감사관실은 주로 감사원 출신 공무원이 국장직을 승계했고, 새로 생긴 '방위사업감독관실'은 검찰·감사원 출신 간부의 지휘하에 주요사업의 추진과정과 동향을 감시·감찰·검증하는 업무를 수행하고 있었다. 감사원은 방위사업청(과천청사)에 별도의 사무실을 상설감사장으로 설치하고 일정 인원이 상주하며 전방위 감사활동을 벌이고 있었다. 그 밖에도 국군기무사령부의 파견부대가 들어와 청 내부 동향을 실시간 감시하고 있었다.

"감사원 감사를 받고 나면 영혼이 바뀐다!" 이는 한때 방위사업청 직원들 사이에 회자(膾炙)되었던 언어이다. 감사범위도 특정되지 않은 채 전수감사의 형태로 모든 사업을 점검하다가 문제가 발견되면 본격적인 감사에 착수했고 감사 중에 피의사실이 드러나면 즉시 검찰에 수사 의뢰를 했던 것으로 알려졌다. 문제의 사업 관련자들은 수시로 감사장 또는 검찰에 피의자 또는 참고인 신분으로 불려다녔는데 한 번 조사를 받고 나오면 공황상태(Panic)에 빠져 아무 것도 할 수 없었다고 전해진다.

특히 감사의 향방과 표적을 가늠하기 어려운 감사원의 특정감사(일명 '정책감사')가 공직자들에게 공포의 대상이었던 것으로 전해진다.[90] 언론보도의 의

---

89 감사원 감사 결과 당시 3년간(2015~2017) 형사대상 고발·수사 또는 징계 요구된 방위사업청 직원은 총 44명이었는데 이는 과거 3년간(2012~2014) 인원에 비해 4배 이상 늘어난 것이었다. 안영수, 「최근 방산위기의 원인과 대응방안」, 국회국방위 3당간사 공동토론회발표자료(2019.5.8.). 한편, 검찰이 기소한 자들을 기소장, 언론보도 내용 등을 토대로 집계해 본 결과, 비리 혐의로는 문서위변조와 뇌물수수가 주종을 이루었고 기밀유출과 원가조작이 뒤따랐으며, 기관별로는 방산업체, 각군, 방위사업청, 출연기관의 순으로 산재해 있었다.

하면, 정책감사로 인해 공무원들은 늘 감사에 대한 두려움과 공포, 즉 '감사포비아'에 사로잡혀 있었다고 한다.[91] 이런 현상은 방위사업청에서도 그대로 재연되며 일종의 조직문화로 자리매김하고 있는 것 같아 걱정스러웠다.

돌이켜보면, 2014년 통영함 사건을 빌미로 방위사업 전체가 '비리의 온상'으로 매도되면서 방위사업청 직원들은 얼굴을 들고 떳떳하게 다닐 수 없을 정도로 치욕을 감수했다고 전해진다. 하루가 멀다 하고 피의자 또는 참고인 신분으로 감사장·검찰청에 불려다니느라 일에 집중할 수도 없었고, 자칫 범죄자로 몰리면 수십 년 쌓은 공든 탑이 하루아침에 무너질 판이었다.[92] 이제 살길은 각자가 스스로 찾는 수밖에 없었고 그 길은 매사에 조심하는 것뿐이었다. 사업추진 단계마다 어떤 결정을 하더라도 무거운 책임이 뒤따르는 상항에서는 조심 또 조심하는 것이 상책이었기 때문이다.

2017년 9월 방위사업청 직원들을 대상으로 직무만족도를 자체 조사한 결과, 응답자의 절반 정도(50%)가 만족하지 못하는 것으로 나타났다(〈표 16〉).

---

90 감사원의 '특정감사'는 '경제·사회적 현안에 대해 문제점을 파악하고 그 원인과 책임 소재를 규명하여 개선대책을 제시한다'는 규정에 의거, '사후잣대'로 정책의 당위성·적정성을 재단(裁斷)하는 감사로서, 재무감사·성과감사와 달리, 감사의 대상과 범위가 '사실상' 제한이 없을 정도로 매우 포괄적인 것으로 알려졌다. 공직사회 일각에서는 특정감사를 "감사원이 들고 다니는 도깨비 방망이"로 인식하고 "아예 책임질 일을 만들지 않는 것이 상책"이라는 복지부동 현상이 만연되었던 것으로 알려졌다. 2019년 국회에 제출된 '2018년 감사연보'에 의하면 감사원의 특정감사는 2016년 72건에서 2017년 101건, 2018년 123건으로 늘어났으며, 이것이 전체 감사에서 차지하는 비중도 2016년 52.9%에서 2018년 68.7%로 확대되었다. 서민준·박재원·오상헌, "툭하면 정책감사 … 규제개혁·혁신성장 꿈도 못 꾼다", ≪한국경제≫, 2019.4.22.

91 이와 관련하여, "대부분의 공무원은 새로운 정책을 준비할 때 제일 먼저 감사에 걸릴지 따진다. 감사 포비아로 인해 자기 검열에 빠진 공무원이 많다"는 것이다. 서민준·박재원·오상헌, 위의 기사.

92 당시 방위사업청 직원들에 의하면, 자신들은 방위사업청에 전입해 '열심히 일한 죄'밖에 없는데 하루아침에 범죄 혐의를 쓰고 수사기관에 불려다니고 변호사 비용 때문에 가산을 탕진해가며 재판을 받아도 어느 누구도 거들떠보지 않으니 억울할 수밖에 없었다고 술회했다.

〈표 16〉 **방위사업청 직원의 직무만족도 조사 결과(2017.9.)**

▶ 만족도= 높다 13% vs 낮다 50%

　* 낮은 이유: 수사·감사 > 승진 적체 > 비리 매도 등

▶ 근무환경 = (타 부처에 비해) 좋다 10% vs 안 좋다 55%

　* 안 좋은 이유: 수사·감사 > 비리 매도 > 규정 복잡 > 승진 적체 등

▶ 업무 관련 = 어려움이 있다 37% vs 없다 21%

　* 어려운 이유: 수사·감사 > 책임전가 > 소통 제한 > 규정 복잡 등

▶ 전출희망 = (타 기관으로의 전출을) 희망한다 43%

　* 희망 이유: 수사·감사 > 승진 적체 > 경직된 조직문화 등

〈표 17〉 **방위사업청 직원 스트레스 원인(2017~2018)**

구분	스트레스 원인(%)			'업무' 스트레스 원인(%)			
	업무	대인관계	기타	감사·수사	의사소통	승진 문제	기 타
2017	43.6	26.3	30.1	27.9	23.2	21.3	27.6
2018	46.0	23.0	31.0	22.5	27.6	16.2	33.7

주: ① 방위사업청이 과천공무원상담센터(2017년 '마음의숲', 2918년 '휴노')에 의뢰하여 직원 910명(2017년) 및
　　1,176명(2018년)을 대상으로 온라인 설문조사를 실시한 결과이다.
　② 업무상 스트레스의 주요 요인이 2017년 '수사·감사'에서 2018년 '소통의 문제'로 순위가 바뀌었으나 중간관
　　리자들(과장·팀장급)은 2018년에도 여전히 수사·감사를 1순위로 꼽았다.

　다른 정부기관에 비해 근무환경도 나쁘고 업무수행에 어려움도 많다면서, 다른 곳으로 전출하기를 희망하는 자가 43%나 되었다. 직원의 40% 이상이 떠나고 싶어 한다는 것은 '문 닫기 직전'의 심각한 상태가 아니고 무엇인가! 이와 관련하여, 여러 이유가 있지만, 수사·감사가 '으뜸 원인'인 것으로 조사되었다.

　또한 2017/2018년 방위사업청 직원들의 스트레스를 진단해본 결과, '업무'로 인한 스트레스가 주종을 이루고 있었으며, 그중에서도 '감사·수사'와 '소통의 문제'로 인한 스트레스가 가장 큰 원인으로 지목되었다(〈표 17〉).

3) 감사·수사가 남긴 빛과 그림자

세상 모든 일에는 각각 나름대로의 빛과 그림자가 있듯이 방산비리 관련 전방위 감사·수사도 예외가 아니다. 방위사업에 대한 감사·수사의 장기화·일상화는 사업추진과정의 투명성을 제고하여 '깨끗한 사업 풍토'를 조성하는 데 결정적 역할을 한 것이 틀림없지만, 그 대가도 적지 않았던 것으로 생각된다. 〈그림 19〉가 상징하듯이, 감사·수사의 장기화에 따른 그림자(비효율성)가 빛(투명성)의 절반을 가리고도 남을 만큼 깊고 짙게 드리우고 있었다.

2010년대 중반 방위사업에 대한 전면적 사정활동은 소기의 성과를 거둔 것으로 평가된다. 무엇보다도 지난 수십 년간 무기조달과정에 드리워졌던 부정·비리의 그림자가 사라지고 투명성·공정성의 빛으로 채워졌다. 장기간에

〈그림 19〉 **감사·수사의 일상화가 남긴 빛과 그림자**

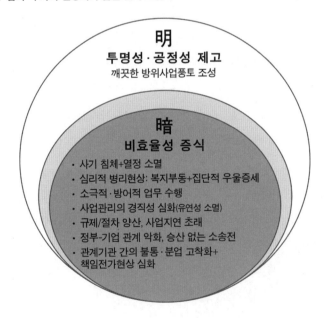

걸친 사정의 칼날에 방산비리의 뿌리는 단절되고 새싹과 줄기는 고사(枯死)된 것 같았다. 특히 강도 높은 처벌과 제재 위주의 사정활동이 장기간 지속되는 동안 방위사업인들의 심중에 '비리에 대한 공포·혐오·기피증'이 심어져 부정·비리의 근처에도 가지 못하도록 예방하는 효과를 낳았다.

아울러 구조적 차원의 방산비리를 차단하기 위한 그물망이 점점 촘촘하게 처지고 있어 권력형 비리가 비집고 들어갈 틈이 사라지고 있었다. 방위사업청 개청 이후에 드러난 비리유형을 보면, 군 수뇌부가 개입된 권력형 비리는 줄어들고 실무급 직원들이 연루된 실무형 비리가 늘어난 것으로 분석되었다. 전문가들에 의하면, 이런 변화는 방위사업청 개청 이후 사업관리 절차와 기준이 정교하게 정비되고 개방형 의사결정체계가 도입되어 어느 누구도 사업 추진과정을 독단할 수 없게 되자 권력형 비리는 더 이상 발붙일 수 없었던 것으로 보고 있다.[93]

그럼에도 국방비리가 근절되지 않고 모양만 바뀐 이유는 그동안 비리의 토양이 되었던 군의 기밀성과 폐쇄성 등 구조적 특성이 잔존하고 있기 때문인 것으로 풀이된다.[94] 실제로, 최근 국방비리는 국방획득체계에 내재하는 구조적 한계와 경직성·폐쇄성 등에서 비롯되는 △ 기밀유출, △ 문서 위·변조, △ 원가 부풀리기, △ 시험평가·품질검사 시 업체 봐주기, △ 성능미달·품질미흡 물자 납품 등 '실무형 비리'가 주종을 이루고 있었다.[95]

그런데 감사·수사의 장기화는 예기치 못했던 후유증을 동반했다. 이는 다름 아닌 '비효율성'이었다. 강도 높은 처벌·제재 속에서 방위사업인들의 사기와 열정이 소멸되고 소극적·방어적 업무 행태가 일상화되기 시작했으며, 책

---

93 박병수, "끝없는 방산비리 … '군사기밀' 장막 뒤 '군피아' 놀이터", 《한겨레》, 2015.7.19.
94 박병수, 위의 기사.
95 박병수, 위의 기사.

임회피와 불통, 비협조 등 온갖 병리현상이 나타나 방위사업과정의 비효율성을 증식해나갔다.

첫째, '열심히 일하면 손해'라는 비정상이 사업관리팀원들의 생각을 지배하면서 복지부동의 행태가 현실화되고 있었다. "열심히 일하지 않은 사람 가운데 처벌받은 사람은 없다. 처벌받은 사람은 100% 열심히 일한 사람이다. 살아남으려면, 열심히 일하지 않는 수밖에 없다." 이는 사실 여부를 떠나 당시 일부 직원들 사이에 전염병처럼 번지며 조직 전체의 활력을 집어삼켰다.

둘째, 감사·수사에 따른 심리적 압박감이 시공을 초월하여 '미래에 대한 불안감'으로 확장·중첩되면서 방위사업인들의 사기는 땅에 떨어지고 열정은 점차 식어갔다. 감사·수사의 끝에는 항상 크고 작은 책임과 처벌이 기다리고 있기 때문에 일단 피의자로 지목되면 '실패한 공직자로 끝날지도 모른다'는 강박관념에 시달렸고, 다행히 현직에서는 무사했더라도 퇴직 이후에 감사원·검찰의 소환장을 받을지도 모른다는 악몽에 시달리는 것으로 알려졌다. 이처럼 감사·수사에 대한 강박관념이 오늘로 끝나는 것이 아니라 미래로 무한정 연장되는 심리적 압박의 중첩으로 인해 불안·초조·우울의 늪에 빠지게 되었던 것으로 해석된다.[96]

셋째, 중간 결재라인에 마비 현상이 나타났다. 혹시 결재 한 번 잘못했다가, 나중에 감사원·검찰에 불려다닐 일이 생길지도 모른다는 걱정이 앞서다

---

96 특히 미래에 대한 불안감으로 인해 사업관리자들은 현직에 있을 때 '일거수일투족이 투명하고 공정해야 한다' '추호의 시비(是非) 거리도 남겨둬서는 안된다'는 강박관념에 사로잡혀 매사에 살얼음 걷듯이 조심조심하는 행태가 일반화되었다. 이제 그들은 주어진 여건에서 최선을 다해 합리적으로 판단하고 소신껏 결심하여 책임지고 사업을 추진하기보다는 항상 감사·수사·처벌을 의식하여 작은 흠만 예상되어도 의사결정을 늦춰가며 소극적·방어적으로 일하는 버릇이 생겼던 것으로 보인다. 감사의 일상화에 따른 감사피로도가 누적되고 미래의 감사·수사에 대한 심리적 압박감이 오늘의 스트레스로 현실화되는 가운데 방위사업청 직원들의 우울지수 고위험군 비중이 급격히 올라갔던 것으로 풀이된다.

보니, 어떤 일이든 쉽게 결심하기 어려웠던 것으로 보인다. 이에 따라 팀장-부장-본부장으로 이어지는 중간간부들의 결재가 지연·정체·중단되는 사례가 나타났던 것으로 전해진다. '책임질' 의사결정은 최대한 미루는 것이 상책이라고 판단했던 모양이다.

넷째, 책임전가 현상이 만연해졌다. 감사·수사에 잘못 걸려들면 인생 망치는 수가 있는데 어떤 일이든 자신의 책임으로 자인(自認)하기 쉽지 않았을 것이다. 특히 방산비리 관련 사정활동의 범위가 방위사업청·방산업체를 넘어 국방부·합참·각군·출연기관 등 국방커뮤니티 전체로 확장되면서 수사·감사로부터 자유로운 곳은 더 이상 존재하지 않았다. 문제의 사업과 관련된 조직·인력은 언제든지 수사·감사의 대상에 올라 피의자·참고인 신분으로 소환될 수 있는 처지가 되었던 것이다. 와중에 책임을 전가하거나 회피하는 현상이 나타나 관련기관 간의 소통은 단절되고 협업도 줄어들었다. 이는 결국 방위사업의 성공적 추진을 가로막는 지름길이 되었다.

이렇듯 감사·수사에 대한 개인 차원의 심리적 압박감이 조직 차원으로 확장되는 가운데 관계기관 간의 불통과 불신, 비협조와 책임전가 현상 등을 낳으며 현안 해결의 부진(不振)과 전력화의 지연, 그리고 나아가서는 방위사업 전체를 위축시키는 악순환의 단초가 되었던 것으로 판단된다.

다섯째, 강도 높은 처벌과 제재 속에서 자주국방을 지향한 도전정신이 나날이 위축·소멸되어갔다. 국방의 미래는 실패를 두려워하지 않는 도전정신에 달려 있으며 이는 국방연구개발에 의해 개척되고 방산기업들에 의해 현실화된다. 그런데 '실패불용'의 문화풍토 속에서 도전적 연구개발은 질식되고, 비리의 프레임으로 굴레 씌워진 방산업체들은 크게 위축된 채 숨죽이고 있었다.

이상에서 보았듯이, '비리척결'을 앞세운 대대적인 사정활동은 뜻밖의 역효과를 내며 방위사업의 효율성을 잠식하는 어두운 그림자로 작동하고 있었다. 수사·감사가 장기화될수록 비효율성의 그림자가 점점 커지며 투명성의 빛을 갉아먹는 모양새가 되어 방위사업 전체가 어두운 그림자에 갇히는 형세에 이르렀다.

하지만 '하늘이 무너져도 솟아날 구멍이 있다'는 속담이 있듯이, 필자는 먹구름 속에 감추어진 한줄기의 빛 "Silver Lining"을 감지할 수 있었다. 그것은 다름 아닌 인고의 세월 속에서 영글어가는 IPT 팀원들의 참을성과 지혜, 그리고 어떤 난관도 뛰어넘을 수 있는 잠재역량이었다. 이는 부정적 파급효과를 덮고도 남을 만큼 귀중한 자산이 아닐 수 없었다. 한겨울의 모진 한파를 뚫고 새싹이 돋아나듯이, 오랜 질곡 속에서 응축된 지혜와 노하우는 성공과 발전의 에너지로 승화되어 장차 방위사업을 명실상부한 군사력 건설의 중심으로 다시 세우는 데 주춧돌이 될 것으로 믿어 의심치 않았다.

4. 경직성·획일성에 파묻힌 국방획득시스템

방위사업이 진퇴양난의 위기구조에 빠지게 된 것은 국방획득시스템에 내재된 경직성·획일성에도 일단의 책임이 있었다. 환경이 바뀌면 제도·규정도 계속 바뀌며 진화되어야 하는데 방위사업 관련 법·제도는 한번 만들어지면 '불변의 상수(常數)'로 남아 사업추진과정을 완고하게 지배하며 사업의 원활한 추진을 방해하는 걸림돌이 되곤 했다.

방위사업은 살아 움직이는 '생물'과 같기 때문에 길고 복잡한 과정을 넘어 당초의 사업목표를 달성할 수 있으려면 '적자생존의 자연법칙'에 따라 환경변화에 유연하게 적응하며 진화를 거듭해야 한다. 하지만 방위사업청은 개청 이후 첫 10여 년간 관련 법·제도의 정비, 사업추진 기준·원칙·절차 등 제도적 인프라 구축에 바빴던 것 같다. 제도·절차·규정만 만들어놓으면, 방위사업은 '일관된 시스템'에 의해 자동적으로 돌아갈 것으로 상정했던 모양이다.

하지만 세상은 하루가 다르게 바뀌며 사업추진과정에 크고 작은 영향을 주고 있었다.

그럼에도 당시 국방획득체계로는 의미 있는 여건의 변화를 유연하게 담아내어 성공과 발전의 동인으로 승화시키기에는 내재적 한계가 있었다. 어쩌면 사업관리의 유연성은 처음부터 관심 밖이었던 것 같다. 그 결과 국방획득시스템이 정교화·제도화되면 될수록 사업관리의 유연성·융통성은 점차 사라지고 경직성·획일성이 이를 대체해나갔던 것으로 보인다.

1) 금과옥조(金科玉條)가 되어버린 군의 작전요구성능(ROC)

특히 2014년부터 방산비리에 대한 감사·수사가 전방위적으로 전개되면서 방위사업관리의 융통성은 완전히 사라지고 말았다. 이제 한 번 만들어진 제도·절차·규정은 말할 것도 없거니와, 심지어 ROC도 한번 결정되면 무조건 지켜야 하는 '금과옥조(金科玉條)'가 되고 말았다. 사실, 방위사업으로 착수되기도 전에 결정된 ROC는 길고 복잡한 사업추진과정에서 끊임없이 변하는 기술·정보·예산·시간 등 사업여건에 맞추어 유연하게 조정되어야 당초 기대치에 도달할 수 있다. 그럼에도 ROC의 수정이 '업체 봐주기'를 가장한 재량의 남용 또는 일탈로 간주되고 처벌·제재가 뒤따르는 상황에서 '하늘의 별 따기' 만큼 어려워졌다.

이를 획득과정에 대입해보면, 먼저, 소요기획단계에서 군은 국내기술 또는 가용 재원에 비해 과도한 ROC를 설정·요구하는 경향이 있었다. 유사시 전쟁을 직접 수행하는 군의 입장에서는 '최고수준의 성능'을 가진 무기체계를 '최대한 빠른 시기'에 획득·공급해주기를 원하는 것이 당연할지도 모른다. 하지만 우리의 기술수준과 예산·인력 등 현실적 여건은 군의 요구조건(높은 성능 + 짧은 시간)을 따라가기 어렵다는 데 문제가 있었다. 실제로, 군의 ROC는 주어진 여건에 비해 지나친 경우가 많았는데 이는 방위사업이 출발하기도 전에 이미 문제의 소지를 안고 있음을 뜻했다.

그렇다고 사업 추진 중에 여건의 변동을 반영하여 소요를 수정하기 쉬운 것도 아니었다. 특히 소요 대비 기술이 부족하여 ROC를 충족하기 어려운 경우 소요를 다소 하향 조정해서라도 사업을 적기에 추진, 전력화 시기를 군의 요구에 맞추는 것이 개발·생산자는 물론 소요군에도 유리할 수 있다. 물론 소요 조정의 주체는 사업을 관리하는 방위사업청이 아니라 소요를 제기하고 결정한 각군과 합참의 몫이다. 하지만 대부분의 경우 현실적 여건에 맞게 소요를 수정하는 것은 불가능에 가까웠다. 제도적으로는 소요수정 절차가 있지만 기대했던 만큼 순조롭게 작동하지 않았다. 이는 두 가지 이유에서 비롯되었다. 첫째, 군의 ROC는 소요의 필요성과 운용개념에 맞추어 결정한 것이므로, 만약 ROC를 하향 조정하게 되면, 해당 무기체계의 필요성과 운용개념 자체도 변경해야 하는 어려움(+번거로움)이 있었다. 둘째, 사정당국은 ROC의 수정을 '업체 봐주기'로 예단하고 책임을 추궁하는 경향이 있었다. 이로 인해 어느 누구도 소요수정에 선뜻 동의할 수 없었던 것으로 이해된다.[97]

소요군 관계자는 결국 여건 변화에 맞추어 소요를 수정해주는 것보다는 아무 것도 안하고 그대로 놔두는 것이 상책이라고 판단할 수밖에 없었을 것으로 짐작된다. 이에 따라 사업환경이 아무리 변해도 한번 결정된 ROC는 어떤 일이 있어도 반드시 지켜야 하는 '사실상의 금과옥조'가 되어 사업진행과정을 지배하며 사업의 운명과 함께 했다.

과도한 ROC는 각종 시험평가(DT&E, OT&E, FT, IOC)에도 '교조적으로' 적용되어 사업관리의 유연성을 말살했다. 사실, 한반도 전장 환경에 맞는 시험평

---

97 혹시 소요수정에 동의해주었다가 '업체 봐주기'의 혐의를 받게 되면 어떤 형태로든 책임(+처벌)이 뒤따르는 문제로 귀결되다 보니 어느 누구도 쉽게 동의해주지 못했을 것으로 판단된다.

가기준이 미흡하다보니 세계 전역의 혹독한 전장환경(혹서기 섭씨 +43도, 혹한기 -32도)을 대상으로 만들어진 미국의 MILSPEC을 준용하는 경우가 많았다. 더욱이 감사·수사가 일상화되는 상황에서 군의 시험평가부서는 나중에 책임이 뒤따를 것을 우려해 평가기준을 한반도 환경에 맞추어 현실화하지 못한 채 한 번 설정한 기준을 고수하려는 경향을 보였던 것으로 전해진다.

결국 끊임없이 변화하는 위협양상과 재원배분, 과학기술 수준 등 새로운 현실을 반영하여 ROC를 유연하게 조정할 수 있는 여지가 대폭 줄어들었다. 이로 인해 방위사업청이 처음 생길 때 이미 축소되었던 재량의 여지는 더욱 축소되고 그 대신 경직성과 획일성이 방위사업과정을 지배하게 되었다.

2) ROC의 높낮이 = 사업 성패의 결정인자

군의 소요(ROC)는 비현실적인데 이를 현실에 맞게 조정하기 어려운 구조적 딜레마가 방위사업과정에 내장(built-in)되면서 사업의 성패는 이미 사업의 출발점(소요결정단계)에서 예고된 것과 다름없었다. 사업추진 간에 소요 수정의 기회가 없는 한, 당초 소요의 수준이 현실여건보다 같거나 낮으면 성공하고, 반대로 현실을 넘어서면 실패할 수밖에 없었기 때문이다. 이런 의미에서 무리한 ROC로 출발한 국내개발사업의 경우 처음부터 시행착오와 지연·부실·실패의 씨앗을 품고 출발하는 셈이 되었다.

군의 요구와 현실여건의 차이는 시간이 흐를수록 점점 커질 수밖에 없었고, 현실과 이상의 틈을 비집고 시험성적서 조작, 문서위변조, 각종 청탁과 로비 등 변칙과 편법이 동원될 수 있었으며, 나아가서는 성능 미달과 품질 결함, 사업 중단과 실패, 전력화 지연 등을 낳으며 21세기형 첨단기술군 건설에 차질을 빚어왔던 것으로 보인다.

그 밖에도 과도한 ROC는 방산물자의 국내조달보다는 국외조달로 눈을 돌리게 만드는 원인이 되기도 했다. ROC(+전력화 시기)가 일단 결정되면 유연하게 조정할 수 없는 현실적 여건에서 군의 높은 요구 성능과 짧은 전력화 시기를 모두 충족하려면 국제무기시장에서 성능이 검증된 무기체계(+핵심부품)을 조달하는 것이 가장 안전하고 손쉬운 방법이었기 때문이다.[98]

한편, 소요수정이 극히 제한된 상황에서 방위사업의 성과 평가는 '성공' 아니면 '실패'라는 이분법적 흑백논리에 지배되었다. 이제 ROC의 100% 충족이 아니면 '계약불이행', '사업의 실패'로 귀결되었고, 계약불이행은 〈계약해지·해제 및 사업 중단 + 부정당업자 제재 → 투자비 환수 + 계약이행보증금 몰수 (또는 지체상금 부과)[99] → 소송〉으로 이어지는 악순환에 빠져들곤 했다. 여기에서 이기는 자는 아무도 없고 정부·기업·소요군 '모두 지는 게임'이 되고 말았다. 물론 사업 중단과 동시에 사업이 재추진되는 경우도 있었지만, 사업 재추진은 그야말로 처음부터 모든 절차를 다시 밟아야 하기 때문에 상당한 시간과 예산 및 노력의 낭비가 뒤따르고, 전력화 시기도 그만큼 지연되었다. 이에 따른 손해는 일차적으로는 소요군으로 돌아가고 궁극적으로는 국방서비스의 최종고객인 국민에게 돌아가게 된다.

〈그림 20〉은 '비현실적인 ROC'로부터 출발한 국방획득사업이 경직된 구조 속에서 시행착오를 거듭하다가 실패하게 되면, 이는 곧 '계약위반'이 되어 사업 중단과 부정당제재로 이어지고, 기업이 이에 불복하여 소송을 제기하

---

98 황지호, 「우리나라 국방 R&D혁신을 위한 이슈진단과 개선방향」, KISTEP Issue Paper 2019-20, 한국과학기술기획평가원, 2019.12.30., 10쪽.

99 계약이행보증금제도는 계약 불이행시 손해배상을 담보하기 위해 계약체결 시 계약금액의 10% 이상을 납부하도록 하는 제도이다. 이는 또한 지체상금의 상한선을 상향조정하는 기준이 된다. 지체상금이 계속 쌓여 계약보증금 상당액에 도달하면 그 시점에 계약 해지·해제 여부를 검토하고, 계약유지 결정시 10%의 계약보증금을 증액하게 된다. 이렇게 지체상금이 계약보증금에 도달할 때마다 10%씩 반복 증액하다 보면 계약금의 100%를 넘는 경우도 발생할 수 있다.

〈그림 20〉 **국내개발사업의 악순환 구조**

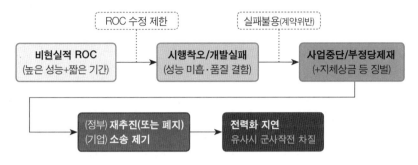

〈표 18〉 **차기전술교량사업 추진과정(2003~?)**

> ➢ 2003~2004 소요결정: 가설교량 길이 60m(세계최고 수준)
> → (2007~2013) 방산업체 H 주관으로 53m급 교량 개발
> → (2014) ROC 미충족(사업실패)으로 계약해제, 착·중도금/이자/계약보증금 등 국고 환수
> → (2016) ROC 목표치를 낮추어 실현 가능한 수준으로 하향 조정, 소요 다시 제기/결정
> → (2017~) 신규사업으로 재추진 중(선행연구부터 다시 시작)
> * 선행연구 → 소요 수정 → 소요 검증 → 사업추진기본전략 수립 → 사업타당성 조사 → 업체 선정 → 체계개발

면, 승산 없는 길고 지루한 '소송전'에 휘말리게 되는 일련의 과정을 도식화해
본 것이다.

2015년 이후 3년간 17개 사업이 군의 요구수준(ROC)을 충족하지 못해 계
약이 해제 또는 해지되었다. 그중에 과도한 ROC로 인해 실패한 대표적인 사
례로 '차기전술교량사업'을 손꼽을 수 있다(〈표 18〉). 전문가들에 의하면, 전
술교량의 길이는 50m만 되어도 군사적 운용에 문제가 없을 것으로 보았다.
그럼에도 우리 군은 교량길이를 '세계 최고수준'인 60m로 설정했고[100] 체계

---

100 2018년 기준 해외 유사장비의 교량길이를 조사해본 결과 56m가 가장 긴 것이었다. 영국
BAE사가 개발한 GSB는 기본형이 32m이고 케이블로 보강하면 44~52m로 늘릴 수 있었다.
영국 WFEL사의 BSB는 47.7m, 독일 Cassidian사의 Euro Bridge는 46m, 그리고 스웨덴
Kockuns사의 Fast Bridge가 56m였다.

업체는 6년간 연구개발해 여섯 차례 시험평가를 했지만 53m 수준에서 끝나 결국 요구수준에 미치지 못해 실패하고 말았다. 이로 인해 해당업체는 계약보증금과 착·중도금 등을 국고에 반환했고 소요군은 10년 이상 전력화 시기를 놓치고 말았다.

만약 군당국이 체계업체의 최대 역량을 감안해 교량길이를 53m 수준으로 낮추어 당초 예정했던 시기에 일단 전력화부터 하고 나중에 성능개량사업으로 계속 추진했으면 업체와 군 모두 Win-Win할 수 있었을 것으로 보인다.[101]

3) 획일화된 사업추진방식

경직성의 문제는 이것으로 끝나지 않았다. 이는 또한 '획일화된 사업추진방식'으로 이어져 모든 방위력개선사업은 규모와 기술적 난이도, 우선순위와 경중완급(輕重緩急) 등 사업별 특성에 대한 고려 없이 천편일률적으로 똑같은 절차를 밟고 있었다.[102] 연구개발은 74단계(140개 세부절차), 상업구매는 35단계(60개 세부절차)의 표준화된 절차를 따르다 보니, 큰 사업이던 작은 사업이

---

101 실제로 군 당국은 2016년에 국내기술수준(TRL 4)을 고려하여 실현가능한 수준으로 ROC를 하향 조정했고 2019년에는 진화적 개념을 적용하여 2단계(Block-I 44m → Block-II 52m)에 걸쳐 목표성능에 도달하는 방향으로 구체화했다. 만약 처음부터 현실성 있는 ROC가 결정되었더라면 이미 오래전에 전력화되고 성능개량단계로 진입할 수 있었을 것이다. 강천수, 「한국 국방조직의 개선방안 연구」, 박사학위 논문, 2021.6., 90쪽; 김영후, 「진화적 ROC적용 보장을 통한 획득체계의 혁신」, 방위사업청 블로그 '밀리터리 칼럼', 2018.2.7., http://blog.naver.com/PostView.nhn?blogId=dapapr&logNo=221203042117 참조.

102 다만, 2019년 3월 25일에 개정된 방위사업관리규정 등에 의하면, 사업관리자들은 상황과 여건에 따라 일부 절차를 생략하거나 선택적으로 적용할 수도 있고, 필요시 수의계약도 가능하지만, 실제로는 책임이 뒤따르지 않을 '안전한 길'을 선택하여 표준절차를 그대로 따르고 수의계약도 곧바로 하지 않고 '유찰수의계약(1차 공고 유찰, 재공고 유찰시 수의계약)'을 선호하는 것으로 알려졌다. 이에 따른 시간의 낭비와 사업 지연은 불가피하겠다. 강천수, 위의 글, 104쪽.

던, 급하던 아니던 무조건 똑같이 오랜 시간과 많은 노력(행정소요)을 들이게 되어 제한된 국방자원(예산 + 시간 + 인력)의 낭비를 초래하고 있었다.

심지어는 급박하고도 중대한 안보위협에 대응하기 위해 조기 전력화가 절실한 '긴급 소요전력'도 적기 전력화에 실패하는 경우가 대부분이었다. 긴급소요는 길고 복잡한 사업추진절차를 과감히 단축하여 획득시기를 앞당겨야 하는데 말처럼 그렇게 쉽지 않았기 때문이다.[103]

그 밖에도 ROC는 높고 시간은 부족해서 무기체계의 성능·품질을 기대수준에 맞추지 못해 전력화 시기를 놓치는 경우도 적지 않았다. 무기체계의 품질·성능이 미흡해서 전력화가 늦어진 대표적인 사업들로는 K-2전차(파워팩 문제), K-11 복합소총, TICN 전술정보통신체계(TMMR 개발), KCTC 과학화전투훈련장 사업(모의장비 기술문제), 한국형 헬기 수리온 사업(체계결빙 문제) 등을 손꼽을 수 있겠다. 이처럼 무기체계의 성능 미달 또는 전력화의 지연은 부대개편 및 전력증강계획에 일정부분 차질을 초래했다.

국방획득체계의 경직성은 기술진보의 템포에 맞추어 무기체계를 도약적으로 업그레이드할 수 있는 가능성 자체를 차단해버린다는 데 또 다른 문제가 있다. 새로운 무기체계가 개발되기까지는 오랜 기간(통상 7~10년)이 소요되는데 그 기간 중에 전혀 다른 신기술이 개발되더라도 이를 당시 추진 중인 R&D 프로세스에 적용, 업그레이드하는 것은 불가능에 가깝다.[104] 일단 ROC(+전력화 시기)가 결정되고 사업이 한번 출발하면, 중간에 수정하기 어렵기 때문이

---

103 앞에서 적시했듯이, 2년 이내에 전력화하려는 긴급소요제도가 실현되려면 선행연구, 사업타당성조사, 소요검증 등 시간이 많이 소요되는 절차를 생략할 수 있도록 관련규정부터 개정해놓고 추진해야 하는데 실제로는 이런 선행조치 없이 긴급소요를 제기했기 때문에 전력화시기를 맞출 수 없었다.

104 장원준 외, 『4차 산업혁명에 대응한 방위산업의 경쟁력 강화 전략』, 산업연구원 연구보고서 2027-858, 2017.12, 43쪽.

다. 최근 4차 산업혁명과 함께 신기술의 태동 기간도 빨라지고 신기술이 실용화되어 신제품으로 나오는 데도 얼마 안 걸린다. 하지만 현행 국방획득체계는 각종 규정과 절차에 묶여 있기 때문에 나날이 진화하는 과학기술을 유연하게 적용, 군사력의 도약적 증강을 도모하는 데 내재적 한계로 작용한다.

5. 사업관리의 전문성 미흡

모든 일은 사람이 한다. 일의 성패도 결국 사람의 역량에 달려 있다. 인간의 역량은 '능력과 의지의 승수관계(능력×의지)'로 단순화할 수 있다.[105] 그런데 2010년대 후반 방위사업인들의 열정과 의지는 길고 어두운 '우울의 동굴' 속에 갇혀 거의 소멸 직전에 있었다. 이제 기댈 곳은 '능력'밖에 없는데 이것마저 기대에 미치지 못했다.

특히 사업관리능력을 좌우하는 '전문성'이 아직 기대한 만큼 높은 수준에 이르지 못했던 것으로 평가되었다. 사실, 획득기능이 군으로부터 분리, 외청으로 독립되다 보니, 한편으로는 군과의 연계성이 사라져 군사적 전문성을 활용하기 어려워졌고, 다른 한편으로는 일반 행정조직의 특성상 기술적 전문성도 부족하고 순환보직제에 묶여 중장기 사업을 처음부터 끝까지 책임지고 관리할 수도 없었다. 그렇다고 전문화된 직무교육이 체계적으로 실시되지도 못했고, 전문성의 심화·축적에 도움이 되는 방향으로 인사관리가 이루어지지도 못하고 있었다.

---

105 역량(competence)은 여러 요소로 구성되겠지만 필자는 '능력(capability)'과 '의지(will)'로 단순화하고 둘의 관계는 '승수관계'로 정의하고자 한다. 능력이 아무리 많아도 의지가 없으면 역량은 제로(0)가 되고, 반대로 의지가 아무리 강해도 능력이 없으면 역량은 제로(0)가 되는 셈법이다.

1) 직무교육의 허실(虛實)

국방당국이 사업관리의 전문성에 대해 관심을 갖게 된 것은 방위사업청이 설립되면서부터이다. 2006년 개청을 계기로 각군·기관에 흩어져 있던 획득 인력이 한 곳에 집중되고 각군·기관별로 쌓은 독특한 경험과 노하우가 하나로 통합·집적(集積)되면서 통합사업관리 차원의 전문성으로 승화되었다. 제도적으로는 국방획득 관련 선진제도와 과학적 사업관리기법이 도입되었고 사업관리정보시스템이 구축되었다. 인적자원의 전문성 증진은 획득전문형 직위 신설, 보직자격제 시행, 직무교육과정 신설 등으로 추진되었다.

직무교육의 경우 '방위사업교육센터'에서 신규 전입자 입문과정을 비롯한 45~50개 과정이 개설되어 매년 2,100여 명의 교육이수자를 배출하고 있었다(〈표 19〉). 이처럼 직무교육이 양적으로는 크게 성장했지만, 질적으로는 아직 심화 단계에 이르지 못한 것으로 평가되었다. 모든 직원이 관심 분야를 골라 배울 수 있는 '일반화된 교육과정'이 대부분이고, 분야별·직책별로 체계화된 '단계적 심화교육과정'은 갖추어지지 않았다.

또한 직원 누구나 의무적으로 이수해야 할 연간 교육 시간으로 100시간이

〈표 19〉 **방위사업 직무교육 현황(2014~2018)**

구분	2014	2015	2016	2017	2018	연평균
교육과정	45	49	46	49	49	47.6
교육생	1,619	1,627	2,097	2,752	2,557	2,130
- 방사청 직원	1,353	1,057	1,161	1,370	1,297	1,247
- 외부 교육생	266	570	936	1,382	1,260	883
강사진	601	517	320	324	383	429
- 전문교수	6	6	6	6	6	6
- 내부 강사	260	202	104	99	140	161
- 외부 강사	335	309	210	219	237	262

자료: 방위사업청, 『2019년도 방위사업통계연보』, 2019, 296~298쪽.

배정되어 있어 업무수행 중 일정한 시간을 쪼개어 교육에 할애하고 있었다. 이에 따라 방위사업청 근무기간이 늘어날수록 방위사업 전반에 걸친 광범위한 지식을 함양할 수는 있겠지만, 특정 분야에 대한 전문성을 체계적·단계적으로 심화시켜나가기는 어려운 구조였다.

무엇보다도 이론과 실무를 겸비한 교수진이 취약하여 내실 있는 직무교육을 시행하기에는 구조적 한계가 있었다. 전문교수는 사업·계약·정책 분야별로 각 2명씩 총 6명뿐이고, 나머지 강사진은 방위사업청 실무진 및 정부출연기관, 소요군, 방산업체, 연구기관 등 외부 전문가로 채워지고 있었다.

미국의 경우 1980년대 유례없는 '방산비리 스캔들'을 겪으며[106] 획득 전문인력 양성의 필요성을 절감하고 1991년 '국방획득대학교(DAU: Defense Acquisition University)'를 설립, 획득인력의 전문성을 체계적으로 고도화시켜나가고 있다. 우리는 1990년대 율곡비리를 비롯한 대형·권력형 비리를 겪고 난 다음에 방위사업청을 신설했지만, 투명성 확보에 치중했을 뿐, 전문인력 양성에 소홀했다. 그 결과, 개청 이후 10여 년이 지났지만 획득인력의 전문성 심화를 위한 교육훈련시스템이 미비했다. 사실, 방위사업청은 개청 이후 기회가 있을 때마다 '한국형 DAU'와 같은 방위사업전문교육원 설립을 주창했지만 관계기관 간의 주도권 다툼 등으로 인해 현실화되지 못했다.

결국 방위사업 직무교육은 겉모습만 갖추었을 뿐 실질은 채워지지 못했다. 2010년대까지 방위사업 교육제도는 지식·경험의 '수평적 확장'(넓이)에는 기여했지만, '수직적 심화'(깊이)에는 별 도움이 되지 않았다. 이에 따라 방위사

---

106 1980년대 미국은 전력획득 비용의 과다 지출, 전력화 지연, 성능 미달, 품질 결함 등의 문제가 자주 발생했다. 특히 1988년 미국 연방정부 조달역사상 최대의 스캔들이 터졌다. 당시 FBI 조사 결과, 망치 1개당 436달러를 지불했을 정도로 방산비리가 심각했으며, 이에 연루되었던 미 국방부 고위관계자와 방산업체 간부 60여 명이 유죄선고를 받았다. EBS(Early Birds Study), "방위사업 개혁과 연계한 획득전문인력 효율적 양성 방안", 2018.7.26.

업추진과정에서 일어나는 각종 이슈에 대한 '전문가적 해법'을 찾는 데 한계가 있었다.

한편, 방위사업청은 전력·획득 관련 장교들의 집합소이기 때문에 10년 이상 실무경험을 쌓은 실무자들이 많다. 하지만 이론과 실무를 겸비한 진정한 의미의 전문가는 찾아보기 어려웠다. 평균 2~3년 주기의 순환보직으로 인해 한 곳에 5년, 10년 이상 근무하며 특정 사업을 처음부터 끝까지 관리해본 실무자는 찾아보기 힘들었다. 특히 비용분석, 원가산정, 감항인증, 규격관리, 기술기획·보호·통제 등의 업무는 고도의 전문성과 일관성을 동시에 요구하기 때문에 순환 보직되는 공무원 또는 군인이 맡기에는 내재적 한계가 있었다.

심지어 개인별 실무경험과 노하우를 한 곳에 쌓아둘 '지식 창고'도 없고 직원 상호간에 전수해주고 공유할 시스템도 갖추어져 있지 않았다. 그래서 개개인이 방위사업청을 떠나면 각자의 실무경험도 함께 사라지고 말았다. 유감스럽게도 직원 개개인이 평생 값비싼 대가를 지불하고 쌓은 귀중한 경험과 노하우가 조직 차원의 '지식(knowledge)'으로 집약되고 일반화된 '이론(theory)'으로 승화되지 못한 채 사장(死藏)되고 있었다.

한편, 조직 내부에 전문가가 없을 때는 외부의 전문가를 활용, 내부의 한계를 보완하면 된다. 방위사업은 '다품종 소량생산'의 특성을 갖고 있기 때문에 모든 세부 분야의 전문가를 육성할 수는 없다. 그런 만큼 외부의 전문가를 최대한 활용하는 것이 바람직하다. 이는 방위사업의 효율성 증진은 물론 투명성 확보에도 도움이 되기 때문이다. 하지만 투명성·공정성의 덫에 걸려 '진짜' 전문가를 쓸 수 없는 경우도 있었다. 예를 들어, 제안서평가를 제대로 하려면 사계의 최고 전문가들을 평가위원으로 위촉해야 하는데 그런 인사들은 이미 특정 업체와 관련된 유사한 분야에서 연구용역을 수행했거나 자문위원으로 활약하고 있어 평가위원의 대상에서 제외할 수밖에 없었다. 이는 평가의 공정성을 잃을 수 있다는 기우에서 비롯되지만, 이로 인해 '진짜' 전문가들이 모두 제외되면, 결국 전문성이 낮은 인사들을 위촉할 수밖에 없는 딜레마에 빠지곤 했던 것으로 전해진다.

2) 정부조직의 태생적 한계와 폐쇄적 인사시스템

방위사업청은 중앙행정조직으로서 전문적 사업관리에 태생적 한계를 지니고 있다. 공무원은 기본적으로 사업을 직접 관리하는 데 적합한 직업군(職業群)이 아니다. 공무원은 해당분야의 문제를 풀어낼 정책방향과 대안을 기획하고 콘텐츠를 구체화, 집행하는 데 최적화된 인력이다. 공무원은 일정 주기별 순환보직을 통해 폭넓은 경험(+노하우)을 쌓도록 훈련되고 관리된다. 하지만 방위사업은 아무리 빨라도 5~7년의 선행기간이 필요하기 때문에 순환보직제에 묶여 있는 일반직 공무원이 담당하기에는 무리이다.

그럼에도 투명성의 논리가 무리하게 적용되어 방위사업의 효율성·전문성을 저해하는 방향으로 작용했다. 먼저, 방사청-소요군-업체 사이의 인적 연결고리를 차단하고 군산유착이 생성될 틈을 주지 않으려면, '사업담당인력을 자주 교체해야 한다'는 단순논리로 귀결되어 장기보직자를 교체하고 보직순환주기를 2년으로 단축했다.[107] 사실, 2~3년마다 보직을 순환하는 인사제도에서는 특정 분야에 대한 전문성을 쌓을 수도 없고 중장기 사업을 책임지고 일관되게 관리할 수도 없다.

방위사업청 직원들 중에는 개청 당시부터 10년 이상 근무한 직원들이 많지만, 특정사업을 처음부터 끝까지 책임지고 주관해본 사람은 거의 없었다. 주요사업의 경우 통상 7~8년 이상 걸리는데 담당인력의 보직은 2~3년, 길어야

---

107 조달본부 시절 장기보직에 따른 군산유착과 부정비리를 거울삼아 2년마다 무조건 사업관리-계약관리본부 간 순환보직하는 것을 원칙으로 설정하고, 장기보직이 필요한 원가부서 등에 한해 예외적으로 1년을 연장. 최대한 3년까지 한자리에 근무할 수 있도록 했다.

5년만에 교체되기 때문이다. 국방사업을 제대로 관리하려면 한곳에서 오랫동안 근무하며 끊임없이 변화하는 사업여건에 맞추어 유연하게 관리하면서 당초의 사업목표 달성에 전념할 수 있는 인사시스템이 선행되어야 한다.

이렇듯 방위사업청 공무원은 순환보직으로 인해 전문성의 심화에 한계가 있었고, 현역군인은 방사청 내부에 갇혀 군사적 전문성의 지평을 넓혀나가는 데 한계가 있었다. 방위사업개청 당시 사업관리의 전문인력은 각군 사업단으로부터 올라온 현역군인들이었다. 이들은 사업관리 경험과 군사적·기술적 전문성을 겸비한 인력으로서 방위사업청 정원의 50%를 점유하며 사업관리의 주축으로 기능했다. 그런데 방위사업청에 배속된 군 인력은 소속군과의 인사교류가 극히 제한되는 '폐쇄적 인사시스템'으로 인해 군·청 간의 소통과 협업채널로서의 역할이 점차 줄어들고 군사실무 차원의 현장감각도 둔화되었다.

심지어 개청 초기에는 투명성(+공정성) 절대주의에 빠져 출신군이 아닌 타군사업을 맡도록 교차 보직하여 군별 전문성을 상쇄하는 방향으로 인력을 운영한 적도 있었다. 예를 들어, 육군사업은 해군장교가, 해군사업은 공군장교가, 공군사업은 육군장교가 맡는 방향으로 보직을 조정했다. 이는 잠깐 시행해보고 곧 폐지되었지만, 각군의 특성에 맞게 개인별로 축적해온 오랜 경험과 노하우 및 전문성을 말살하는 주먹구구식의 발상이 아닐 수 없었다.

또한 2014년 통영함 사태를 계기로 방위사업청과 방산업체, 예비역과 현역간의 비리 네트워크(인적 연결고리)를 차단하고 투명성을 높여야 한다는 명제하에 방위사업청의 인력구조를 군인·공무원 균형편성(5 : 5)에서 민간공무원 중심(3 : 7)으로 급격히 조정해나갔다. 특히 국방문민화의 명분 아래 3년만(2015~2018)에 군 전문인력 300명이 자군으로 복귀하고 그 자리에는 방위사업 관련 경험이 부족한 다양한 출신의 경력직 공무원들로 채워졌다.

한편, 순환보직에 비해 장기보직이 전문성 축적에 유리하지만, 그렇다고 한곳에 무한정 오래 근무한다고 전문성이 심화되는 것은 아님에 유의할 필요가 있다. 한곳에서 한 가지 업무만 담당하면 자칫 우물 안 개구리가 될 수 있기 때문이다. 방위사업관리에 정통한 전문가가 되려면 방위사업의 출발점에 해당하는 국방정책·군사전략에 대한 조예(造詣)가 있어야 하고 글로벌 차원의 과학기술 동향과 첨단 신무기개발 추세, 그리고 우리 방산역량 등에 대한 포괄적 식견을 갖추고 있어야 한다. 이를 위해서는 국방획득 관련 기관 간의 폭넓은 인사교류가 필요하다. 하지만 방위사업청과 소요군-출연기관-방산업체 간의 인사교류는 제도적으로 차단되어 있고, 심지어 국방부와 방사청 간의 인사교류도 극히 제한적으로 이루어지고 있었다. 이로 인해 국방획득 관련 기관들이 방위사업에 관한 올바른 이해와 인식을 바탕으로 서로 다른 경험과 노하우를 접목하여 방위사업의 실효성을 극대화하기에는 내재적 한계가 있었다.

3) 사업관리인력 부족

사업관리인력의 부족은 방위사업의 부실을 낳는 주요 원인이 되기도 했다. 방위사업의 숫자는 나날이 늘어나고 무기체계의 첨단화와 함께 사업관리의 난이도는 크게 증대되고 있는 추세이다. 그럼에도 사업관리인력은 제자리걸음하거나 심지어 축소되었다. 〈그림 21〉을 보면, 2006년 개청 당시에 비해 2018년 기준 무기체계 획득사업예산은 2배(5.6조 원 → 11.3조 원) 늘어났고 사업의 숫자도 2015년까지 1.7배(122개 → 205개) 증가했다. 그런데 사업관리인력은 오히려 7%(731명 → 680명) 감소했다.

선진국들의 방위사업 전담기관 인력과 비교해보아도 방위사업청 인력의 규모는 매우 작은 편이다. 〈표 20〉에 의하면, 2017년 기준 방위사업청의 정원은 1,680명으로 영국 국방획득지원본부(DE&S) 2만 2,000명, 독일 국방기

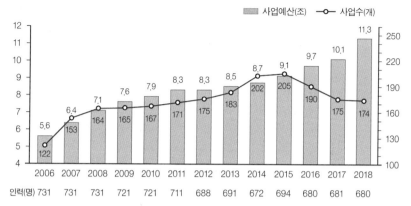

〈그림 21〉 **무기체계획득사업의 예산과 인력 추이(2006~2018)**

주: 2016년 이후에도 예산은 계속 늘어났는데 사업숫자가 대폭 줄어든 이유는 대형 복합무기체계 획득사업이 크게 늘어났기 때문이다. 2018년 인력은 3월 30일 기준임.
자료: 방위사업청, 『2019년도 방위사업통계연보』, 2019, 48~49쪽.

〈표 20〉 **주요국 방위사업 전담기구 현황(2017)**

구분	한국	영국	프랑스	미국
기관명	방위사업청	DE&S	DGA	AT&L
인력규모 (A)	1,680명	22,000명	9,700명	180,000명
방위력개선비(B)	108억 달러	192억 달러	195억 달러	1,840억 달러
1인당 사업예산(A/B)	640만 달러	87만 달러	201만 달러	102만 달러

주: 한국의 원화예산(12조 1,970억 원)은 당시 원·달러환율(1130.5)을, 프랑스의 유로화 예산(174억 유로)은 당시 유로·달러 환율(0.89)을 적용, 각각 달러로 환산했다.
자료: Yongjin Jo, 2021.4.1., p.46; 주불 국방무관, 2022.1.28.

술조달청(BWB) 1만 1,400명, 프랑스 병기본부(DGA) 9,700명 등에 절대 못 미치는 수준이다. 이를 1인당 사업예산으로 환산해보면, 한국은 640만 달러로 영국·프랑스·미국의 5배 수준에 해당한다. 이는 우리 실무자들의 사업관리 부담이 그만큼 크다는 것을 의미한다.

결국 인력의 부족은 IPT의 업무 부담을 늘려 치밀한 사업관리를 제한하는 요인으로 작용했고, 사업관리의 부실은 성능미달·품질결함·방산비리 등을 낳았으며, 이는 곧 감사·수사와 처벌·제재로 이어지는 악순환을 낳는 단초가 되었던 것으로 분석된다.

6. 소통의 단절과 칸막이형 분업구조

방위사업청은 방위사업 전담조직으로 설립되었다. 하지만 방위사업은 방위사업청 홀로 잘 할 수 없다. 이는 방위사업이 권력형 비리로 물들었던 율곡사업의 어두운 역사를 되풀이하지 않도록 설계되었기 때문이다. 앞에서 보았듯이, 먼저 '소요-획득-운영'으로 이어지는 국방획득체계가 '획득기능의 분리독립'으로 인해 핵심기능 간의 연계성이 끊어지고 칸막이가 설치되었다. 이제 방위사업의 출발점(소요기획)과 종착점(시험평가)은 방위사업청이 아닌 군 당국이 관장하고 그 중간에 있는 획득과정은 외딴섬처럼 되고 말았다. 다음, 소요기획 이후에 진행되는 일련의 방위사업추진과정도 주요 단계별로 서로 다른 기관에 의해 추진되도록 분업구조가 제도화되었다. 그 밖에도 방위사업청이 사업추진과정을 독단하지 못하도록 재량의 범위를 대폭 축소하고 집단적 의사결정체계를 도입하는 한편, 견제와 균형의 원칙에 입각한 각종 견제장치를 곳곳에 설치했다. 이제 방위사업은 방위사업청을 넘어 국방부로부터 출연기관·방산업체에 이르기까지 국방커뮤니티가 한 몸을 이루며 유기적으로 협업해야만 소기의 목적을 달성할 수 있게 되었다.

1) IPT의 협업채널

〈그림 22〉는 사업관리팀(IPT)이 사업추진과정에서 반드시 확보해야 하는 협업 채널이다. 이렇게 많은 채널 가운데 어느 한 곳이 막혀도 사업이 멈추기

〈그림 22〉 **사업관리팀(IPT)의 협업 채널**

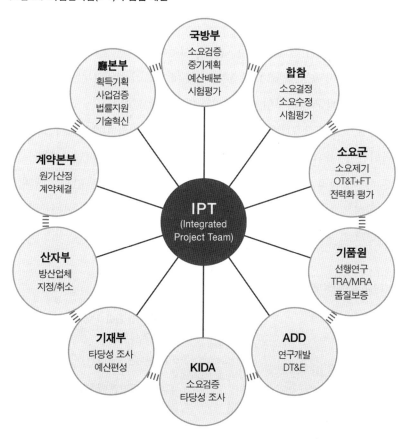

때문에 IPT는 관계기관(+부서)과의 협업채널을 항상 열어놓고 긴밀히 소통하
며 사업일정에 맞추어 필요한 협조를 이끌어내는 데 최선의 노력을 기울여야
한다.

2) 소통·협업을 가로막는 여러겹의 단층(斷層) 구조

그런데 관련기관 간의 소통과 협업은 서로의 사이를 갈라놓고 있는 '복합적 단층(斷層) 구조'로 인해 매우 낮은 수준에 머물러 있었다(〈그림 23〉). 이는 국방부-합참/각군-방위사업청-출연기관-방산업체로 이어지는 일련의 국방획득체계에 내재된 갑을관계에 문화·제도·심리적 장벽과 이해관계의 엇박자가 중첩되면서 나타나는 현상인 것으로 풀이된다. 더욱이 2014년 통영함 사태 이후 사정당국의 활동이 전방위적으로 전개되면서 관계기관 간의 소통과 협조의 문은 닫히고 상호 책임회피(+책임전가) 현상을 드러내며 불통과 비협조의 극단으로 치닫고 있었다.

〈그림 23〉 **방위사업 관련 소통·협업의 단층(斷層) 구조**

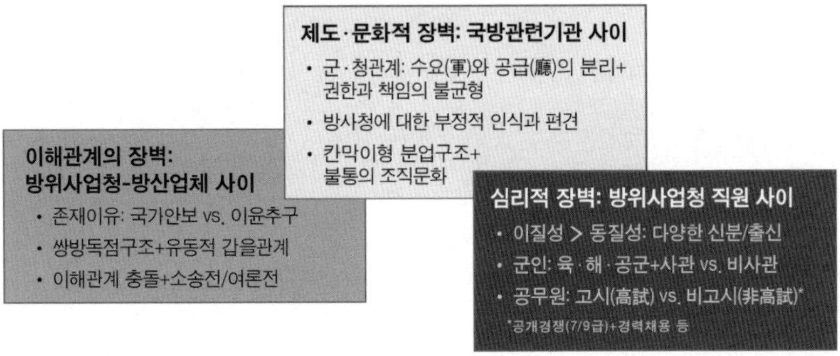

(1) 소요군 vs 방위사업청

본래 막힘없는 쌍방향 소통과 유기적 협업은 하나의 공동목표 또는 공통의 이해관계를 바탕으로 서로 신뢰하고 존중하는 인간관계의 기본이 전제될 때 비로소 가능하다. 그런데 소요군과 방위사업청의 관계는 동일한 목표를 지향하고 있었지만, 양자 간의 협동성보다는 각각의 독립성·자율성이 강조되는 가운데 상호 존중과 배려의 래포(rapport)가 형성되지 못해 쌍방향의 진정한 소통과 자발적 협업을 기대할 수 없었다.

무엇보다도 방위사업청의 태동과정에서 나타났던 부정적 인식과 편견이 국방기관 간의 원활한 소통과 협업을 가로막는 데 한몫한 것으로 보인다. 방사청은 국방커뮤니티 내에서 환영받지 못하고 태어난 존재로 인식되는 가운데 군 당국은 방사청을 군에서 결정해준 ROC대로 무기체계를 획득·공급해주어야 하는 일종의 '종속변수'로 취급할 뿐 상호 대등한 입장에서 소통하고 협업해야 할 상대로 보지 않았던 것 같다.

군·청 간의 불통은 또한 양측 사이를 연결해줄 군의 인적자원이 없어졌다는 데도 일단의 원인이 있었다. 방위사업청 설계 당시 각군 사업단이 외청으로 흡수되더라도 각군에서 소요제기, 현안조율, 사업관리 지원 등 획득 관련 업무를 수행하며 방위사업청과 교량 역할을 맡도록 각군 획득 관련 편제인원의 80%만 방사청으로 넘어오고 나머지 20%는 각군에 남겨두었다. 그런데 개청 이후 각군은 잔여 인력의 상당부분을 야전직위 등으로 전환해버렸기 때문에 방사청과의 소통과 협업 채널이 사실상 사라지고 말았다. 이로 인한 관련기관 간의 불통과 비협조는 현안문제 해결의 지연으로 귀결되었다.

한편, 조직 문화적으로도 국방커뮤니티는 협업보다는 분업, 소통보다는 임무(+책임)에 방점을 두는 특성으로 인해 상하좌우 원활한 소통과 협업에 서투른 측면이 없지 않다. 이는 계급사회의 특성상 상명하복의 일사불란한 명령체계와 기밀유지를 중시하는 군사문화와 무관치 않아 보인다. 국방조직의 분할 구조적 특성은 국방획득체계에도 그대로 투영되어, 앞에서 보았듯이, 사업추진단계별로 '칸막이형 분업구조'가 정착되었고 이는 관계기관 간의 원활한 소통과 유기적 협업을 제한하는 구조적 장애물로 작동하고 있었다.

(2) 방위사업청 vs 방산업체

정도의 차이는 있지만 '방위사업청-출연기관-방산업체'로 연결되는 획득 관련 조직 안에서도 소통과 협업은 원활하지 않은 편이었다.

먼저, 방위사업청과 예하의 출연기관은 혼연일체가 되어 방위사업 본연의 목표 달성에 진력해야 하지만, 때로는 물과 기름처럼 서로 섞이지 않은 채 '보이지 않는 갈등과 대립구도'를 연출하고 있었다. 이는 특히 ADD에 대한 지휘권과 감독권이 국방부와 방위사업청으로 이원화되면서 나타난 자연발생적 불협화음이라고 볼 수 있겠다. 상호 존중과 배려 대신, 일방적 지시와 수용, 아니면 반발이라는 흑백논리가 작용하면서 심리적 대결구도가 조성되었던 것 같다.

다음, 정부와 기업의 관계는 훨씬 더 복잡하여 건강한 관계를 유지하며 긴밀한 협업을 이루어가기 쉽지 않아 보였다. 둘의 관계가 너무 가까우면 부정한 유착관계로 변질될 우려가 있고, 반대로 둘의 관계가 너무 소원해지면 공동목표를 달성하기 어려워지기 때문이다.

방위사업과 관련하여 정부와 기업의 관계는 '자주국방'이라는 공통분모 위에 세워졌다. 그렇다고 각자가 추구하는 존재가치가 같은 것은 결코 아니다. 정부는 '군의 소요 충족(+군사력 증강)'에 목적이 있고 방산업체는 '이윤추구'에 목적이 있다. 이렇게 존재 목적이 서로 다른 두 기능이 하나의 목표(자주국방)를 향해 가는 과정에는 끊임없는 긴장과 갈등이 존재하기 마련이다.

한편, 방산시장에서의 수요는 정부(군)가 독점하고 공급은 기업이 독점하는 '쌍방독점체제'이므로 이 둘의 관계는 세간에 알려진 것처럼 일방적 갑을관계(정부·甲 + 기업·乙)로 고정되어 있는 것이 아니라 상황에 따라 변하는 '쌍방향 갑을관계'를 유지하고 있다고 보는 것이 타당하다.[108] 이로 인해 정부-기

---

108 흔히 방산업체는 방위사업청을 '갑 중의 갑'이라고 불평하지만, 방산업체와 방위사업청의

업의 이해관계가 충돌하면, 소송전으로 돌입하기 일쑤였다.

　그렇다고 상대방을 원수처럼 대할 수는 없다. 소송전은 법무팀에 맡겨놓고 다른 사업 추진에 전념해야 하는 입장이다. 모든 사업은 시한이 정해져 있기 때문에 기업이든 정부든 손 놓고 있을 수 없기 때문이다. 결국 정부-기업의 관계는 한편에서는 싸우고 다른 편에서는 협조하는 '이중 구조'로 특징지어진다. 와중에 방위사업청과 방산기업은 이해관계의 득실을 놓고 좌충우돌하며, 끊임없는 갈등과 협조, 대립과 공감, 불통과 소통을 반복하면서 방위사업을 추진해가고 있었다.

(3) 방위사업청 내부의 위화(違和) 구조

　방위사업청 내 부서 간의 관계도 대외기관과의 관계보다 낫다고 볼 수 없었다. 부서 사이에도 보이지 않는 담벼락이 쌓여 소통과 협업을 방해하고 있었다. 이는 일차적으로 조직 구성원의 이질성에서 비롯되는 것 같았다. 방위사업청은 우리 정부 안에서도 가장 다양한 출신·신분으로 구성되어 있다.

　2018년 기준 방위사업청 직원은 1,600여 명이지만, 신분상으로는 군인과 민간으로 크게 나누어지고 각각의 신분은 다양한 출신들로 구성되어 있었다. 군인은 육·해·공군과 해병대로 구분되고, 군별로는 사관학교와 비사관학교 출신으로 나누어지며, 비사관은 3사, 학사, ROTC 등으로 또 나누어진다. 민간 공무원도 일반직과 경력직, 임기제, 계약직 등으로 구별되며, 그중에 주류를 이루는 일반직은 고시와 비고시 출신으로 갈리고, 비고시 출신은 7급·9급 출신과 경력채용 등으로 또 나누어진다.

관계는 고정되어 있지 않다. 서로가 상대방에 대해 갑일 때도 있고 을일 때도 있다. 정부와 기업의 영향력 행사 기점을 살펴보면, 특정 사업 관련 계약이 체결되기 전까지는 정부 측이 '갑'으로 보이지만, 일단 계약이 체결되고 나면 갑을관계가 역전되어 업체 측이 '갑'의 행세를 할 수 있는 여지가 생긴다.

민·군의 구분을 넘어 출신별로 세분화해보면 방위사업청은 총 25개의 서로 다른 출신으로 구성되어 있는데 이는 우리 사회의 다양성·이질성이 그대로 투영되어 있음을 뜻한다. 이에 더하여, 수직적으로는 여러 등급으로 또 나누어진다. 공무원은 1급부터 9급까지 9개 직급이 있고, 군인도 대위부터 소장까지 7개 계급이 있다. 정부조직 가운데 이처럼 다양한 신분·출신으로 구성된 조직은 찾아보기 힘들다.

조직 구성원의 다양성은 어떻게 관리하느냐에 따라 장점도 되고 단점도 될 수 있다. 이를 가름하는 결정인자는 역시 소통과 협업이다. 소통과 공감에 기초한 유기적 협업이 전제되면 '다양성의 우위(diversity advantage)'가 발현되어 국내 최강의 조직으로 탈바꿈할 수 있지만, 반대로 상호 불신과 견제, 불통과 비협조가 그들 사이에 끼어들면 다양성은 이질성·차별성(+심리적 격차)을 확대 재생산하며 조직을 와해시킬 수도 있다. 그런데 유감스럽게도 2010년대 방위사업청은 사면초가의 혹독한 시련 속에서 다양한 신분·출신 간의 이질성·차별성이 표출되며 불신·불통·불만으로 나타나고 있었다.

한편, 견제와 균형의 원리에 입각한 부서들은 언제 폭발할지 모르는 잠재적 갈등·대립의 씨앗을 품고 있었다. 먼저, 사업관리본부와 계약관리본부가 서로 견제하며 책임을 전가하는 모습을 보이고 있었다. 이는 물론 심각한 수준은 아니었지만, 그 저변에는 보이지 않는 견제심리가 작동하며 원활한 소통과 협업을 제약하고 있었다. 다음, 방위사업감독관실과 사업관리부서들은 '감독하는 자(甲)'와 '감시받는 자(乙)'의 관계로 출발했기 때문에 처음부터 원활한 쌍방향 소통과 수평적 협업은 기대할 수 없었다. 특히 사업추진 주요 단계마다 감독관실의 사전 검증 및 승인을 받아야만 다음 단계로 넘어갈 수 있는 사업관리팀(IPT)의 입장에서 보면 감독관실은 불편한 존재로 인식되었다.[109]

이렇듯 방위사업 관련기관들 사이는 '불통·불신'에 가로막히고 '보이지 않는 심리적 담벼락들'이 겹겹이 쌓여 어디를 보아도 나갈 틈이 보이지 않았다. 사방이 꽉 막힌 상태에서 방위사업이 제대로 추진될 수 없었다. 사업추진과 정에 중대한 현안이 발생해도 모두들 머리를 맞대고 협의·조율하기보다는 오히려 서로 책임을 전가하거나 남의 일처럼 수수방관하는 경향이 없지 않았 다. 이는 사업의 지연을 낳았고, 사업의 지연은 '항상 시간에 쫓기는' 사업관 리팀에게 직무 스트레스의 으뜸 원천이 되고 있었다.

7. 국방 R&D의 예지적(叡智的) 역할과 내재적 한계[110]

"전쟁이 기술혁신을 낳고 새로운 기술이 전쟁패러다임을 바꾸어놓는다." 이는 크고 작은 분쟁으로 점철된 인류역사를 통해 입증된 명제이다. 지금 이 순간에도 군사기술혁신이 전쟁패러다임을 바꾸고 새로운 전쟁양상이 기술혁 신을 낳는 '전쟁과 기술의 순환고리'가 이어지며 세계역사의 한 페이지를 기 록하고 있다. 이에 비추어 볼 때 군사기술혁신의 모태(母胎)에 해당하는 국방 연구개발의 진정한 가치는 첨단 신기술을 개발하여 전쟁의 판도(+승패)를 바 꾸고 나아가서는 전쟁패러다임의 변환을 견인하는 데 있다고 보는 것이 타당 하겠다.

---

109 방위사업감독관실은 주요사업에 대한 '사전검증'을 통해 사업추진과정의 적법성·합리성을 확보해주는 한편, 검증과정에서 부정·비위 행위가 발견되면 감사·수사를 의뢰하는 일을 병행하며 사업·계약관리의 부실과 비위의 사전예방 기능을 수행하고 있었다. 하지만, 항상 '시간에 쫓기는' IPT 입장에서 보면, 사업추진 주요 단계마다 감독관실의 검증을 받기 위해 일정한 시간을 소비해야 하고, 만약 승인을 얻지 못하면, 사업추진 자체가 불가능했기 때문 에 매우 불편한 존재로 여기고 있었다.

110 이 절과 제3장 8절은 전제국, 「국방연구개발 패러다임 전환: 소요추격형에서 소요선도형으 로」, ≪국방과 기술≫, 제522권, 2022a, 48~65쪽을 토대로 수정·보완·발전시킨 것이다.

이렇듯 국방 R&D가 신기술을 개발하여 국방의 앞길을 열어주면, 방위산업이 그 길로 들어가 무기를 생산해 군에 납품하고, 군은 이것으로 국가를 지키는 일종의 선순환 구조가 작동하며 자주국방의 꿈을 현실로 바꾸어나간다. 그런데 2010년대 우리의 국방 R&D는 실패 불용(不容)의 문화, 인력·예산·시간의 제약, 연구원들의 관료화 경향 등 내외생적 굴레에 묶여 불굴의 장인정신을 잃은 듯 '유리천장'을 깨뜨리지 못한 채 한계선상에 머물러 있었다.

1) 실패 불용(不容)의 문화

세상에 처음부터 완벽한 것은 없다. 사람 자체가 완전하지 않기 때문이다. 기술·경험 부족, 숙련도 미흡, 실수·오류 등으로 인한 부실과 흠결은 얼마든지 있을 수 있다. 다만, 끊임없는 연구와 개량의 과정을 거치며 부족함이 채워지고 미숙함이 덜어져 완성에 이르게 된다. 이런 뜻에서 연구개발은 실패의 가능성을 안고 출발해서 수많은 시행착오를 겪으며 고뇌와 실패의 눈물을 딛고 성공의 문을 열어가는 데 그 본질이 있다.

전문가들에 의하면, 군의 ROC를 단번에 충족할 수 있는 무기체계 개발 확률은 5%밖에 되지 않는다고 한다.[111] 첨단 신무기를 잉태하는 국방연구개발이 성공하려면, 적어도 '적정한 예산'과 '충분한 시간'이 보장되어야 하고, 나아가서는 '불굴의 도전정신'이 선행되어야 한다. 이 세 가지 중에 어느 하나라도 없으면 '기약 없는 시행착오'를 견디며 성공의 문을 열어나갈 수 없다.

먼저, 예산과 시간은 연구개발의 성패를 좌우하는 첫 단추에 해당한다. 연구개발은 한 번도 가보지 않은 새로운 길을 열어가는 모험의 길이기 때문에

---

111 김홍준, "세계 수출 6위 강국이지만 … 더 닦고 조여야 하는 한국 방산", 《중앙선데이》, 2019.8.3.; 임해중, "도약·퇴보 갈림길 선 韓 방산 … 미국·이스라엘에 답 있다", 《News1》, 2019.9.27.

〈그림 24〉 **국방 R&D 예산 증가율(2002~2018)**

단위: 전년 대비 %

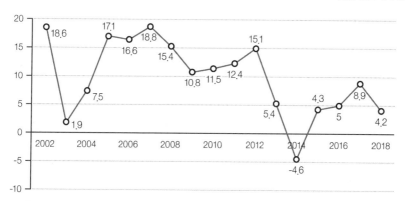

자료: 『방위사업청 세입세출예산 각목명세서』, 2001~2018 해당 연도별.

〈그림 25〉 **국방비 대비 R&D 예산 비중(2001~2018)**

단위: %

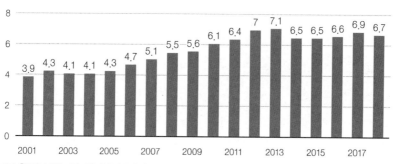

자료: 『방위사업청 세입세출예산 각목명세서』, 2001~2018 해당 연도별.

확실한 것은 아무것도 없다. 신기술 개발에 얼마나 많은 예산과 시간이 소요될지 아무도 모른다. 비록 충분하지는 않더라도 필요한 만큼의 적정 예산이 지원되어야 하고, 특히 여러 번의 시행착오를 감안해 충분한 시간이 주어져야 한다.

하지만 우리에게 예산과 시간은 일정하지도 충분하지도 않았다. 국방

R&D 예산은 〈그림 24〉와 같이 연도별로 불안정하게 증감을 되풀이하면서도 2005년부터 2012년까지 연평균 14.7%로 크게 증가하여 국방비에서 차지하는 비중이 2001년 3.9%에서 2012년 7.0%로 늘어났다(〈그림 25〉). 이후에는 연평균 5% 수준으로 증가하며 국방비 대비 평균 6.7% 수준을 유지하고 있다. 하지만 이 정도로는 장차 한반도의 지정학적 취약성을 뚫고 국방의 미래를 열어가는 데 필요한 '첨단 신무기 개발'에는 부족할 것으로 판단된다.[112]

국가 R&D 예산 중에 국방 R&D 투자가 차지하는 비중을 보아도 우리는 아직 선진국 수준에 크게 미치지 못한다. 지난 10년간(2009~2018) 평균 국가 R&D 대비 국방 R&D 투자 비중은 미국이 43.6%이고 OECD는 19.5%인 데 비해 한국은 14.1%에 불과했다.[113]

특히 미국과 한국의 연구개발 실태를 비교해보면, 서로 유사한 성능의 무기체계를 개발하더라도 거기에 투입되는 시간과 예산은 하늘과 땅 차이(天壤之差)이다. 〈표 21〉에 보듯이, 기간은 2~3배, 예산은 무려 15배까지 차이가 났다. 특히 예산의 불충분성은 '시험평가 물량의 축소'로 이어져 무기체계(성능·품질)의 완성도를 높이는 데 내재적 한계로 작용하고 있었다.[114]

---

112 국방 R&D 예산의 적정수준 관련 내용은 제5장 8절 2항 참조.

113 국방기술품질원,『2019 세계 방산시장 연감』, 2019.12., 34~35쪽;『2019 방위사업통계연보』, 2019, 69쪽.

114 오늘날 우리는 전쟁의 승패가 군사력의 양(量)이 아닌 질(質)에 좌우되는 시대에 살고 있다. 그런데 군사력의 질은 상당 부분 무기체계의 품질에 좌우되며 무기체계의 품질은 일정 부분 시험평가 수준에 좌우된다. 시험평가는 새로 개발된 무기체계의 흠결과 미흡을 찾아 끊임없이 수정·보완해가며 품질과 성능의 완성도(+신뢰도)를 높여가는 과정이기 때문이다. 이에 무기체계의 완성도(+신뢰도)는 시험평가 물량과 횟수에 비례한다고 해도 과언이 아니다. 그럼에도 한국의 시험물량은 미국의 1/15~1/30밖에 안 될 정도로 적게 배정되고 있다. 앞으로는 충분한 시험평가가 이루어질 수 있도록 시험평가 물량과 횟수의 적정선을 재판단하고 이에 필요한 시험장 시설·장비 및 전문인력 등 관련 인프라를 서둘러 구축해나가야 할 것이다. 오늘날 무기체계의 첨단화, 초정밀화, 고위력화, 장사정화가 급속히 진행되면서 기존의 시험장으로는 제대로 시험하기가 점점 어려워지고 있음에 유의해야 한다.

<표 21> **한·미 유사무기체계 연구개발 실태 비교**

구분		미국(A)	한국(B)	A/B
군단정찰용 UAV	사업(기종)	Gray Eagle	군단급 UAV-II	
	개발기간	14년(2005~2018)	10년(2012.12~2022.6)	1.4배
	개발예산	983.7M$(1.1조 원)	1,180억 원	9.3배
대함유도탄방어 유도탄(SAAM)	사업(기종)	RIM-116 RAM	해궁	
	개발기간	12년(1975~1988)*	5년(2011~2016)	2.4배
	개발예산	1.4조 원	945억 원(시제비)	14.8배
	시험발수	150발	10발	15.0배
장거리대잠어뢰 (ASROC)	사업(기종)	RUM-139 ASROC	홍상어	
	개발기간	12년(1980~1992)	8년(2000~2009)*	1.5배
	개발예산	3,000억 원	921억 원(시제비)	3.3배
	시험발수	138발	4발	34.5배

주: 미국의 RIM-116 RAM은 탐색개발 4년(1975~1979)과 체계개발 8년(1980~1988)이 걸렸고 한국의 홍상어는
　　탐색개발 2년(2000~2002)과 체계개발 6년(2003~2009)이 소요되었다.
자료: 한국방위산업진흥회, 「방산 생태계 정상화/제도개선 사항」, 2017.8.17.

　시간·예산에 못지않게 중요한 변수는 실패를 딛고 일어설 수 있는 '불굴의
도전정신'이며 장인의 열정과 의지를 담아낸 '개척자 정신'이다. 이는 국방의
앞길을 열어가는 국방과학기술자들에게 절실한 기본가치이기도 하다. 어떤
경우에도 실패나 비난을 두려워하지 않고 앞만 보고 달리는 초지일관의 '장인
정신'이야말로 미래 전장을 지배하는 신기술을 품어낼 수 있는 모태이기 때문
이다.

　그럼에도 우리는 군사장비의 완결성(100% 완성도)을 요구하는 '완벽주의의
오류'에 빠져 그 어떤 실수·실패·시행착오도 받아들이지 못하는 '무관용'의
원칙이 뿌리내렸다.[115] 현행법상 업체 주도 연구개발의 실패는 곧 '계약위반'

115　2014년 이후 방산비리가 보통명사처럼 사람들의 입에 오르내리면서 무기체계 성능·품질의
　　미달·흠결을 초래한 것은 무엇이든, 그것이 인력·기술·재원·시간 등의 부족에 따른 관리
　　부실이든, 아니면 조작의 실수와 오류 또는 시행착오이든, 무조건 '비리의 바구니' 속에 집
　　어넣고 질타하는 풍토가 조성되었다. 미국, 영국, 이스라엘 등 군사선진국들은 '성공한 5%'

이 되어,[116] 앞에서 보았듯이, 사업 중단과 계약이행보증금 몰수, 입찰참가자격 제한 등 무거운 제재가 뒤따른다.

한마디로 말해, 우리의 법·제도·문화에는 실패가 설 땅이 없다. 하지만 실패 없이 쌓아 올린 성공은 언제 무너질지 모르는 사상누각과 다름없다. 실패는 곧 처벌·제재로 이어지는 판국에, 과연 어떤 기업이 실패 확률이 높은 미래 도전기술 개발에 뛰어들겠으며, 과연 어떤 과학자가 열정을 다 바쳐 혼신의 노력을 기울이겠는가! 결국 이런 풍토에서는 새로움을 지향한 과감한 도전을 기대할 수도 없고 방위산업의 신성장 동력도 찾을 수 없다.

이렇듯 우리는 국방연구개발의 성공에 필요한 세 가지 요건 중에 어느 것 하나도 제대로 갖추지 못했다. 이는 '가난한 나라의 가난한 군대'로 태어난 한국군에게는 물질적·시간적 여유가 없었기 때문인 것으로 풀이된다. 20세기 후반 개발연대까지만 하더라도 국방연구개발의 실패를 포용할 수 있을 만큼 국가자원이 넉넉하지도 못했고 방위력개선사업의 순연(順延)을 되풀이할 수 있을 만큼 시간적 여유도 없었던 것이다.

특히 1970년대 남북한 군사력 격차는 점점 벌어지고 있는 가운데 주한미군은 언제 철수할지 모르는 풍전등화의 위기 상황 속에서 살아남으려면 하루빨리 자주적 방위역량을 키우는 수밖에 없었다. 하지만 자주국방에는 돈도 많이 들고 시간도 많이 소요된다. 유감스럽게도 당시 우리 경제는 빈약했기 때문에 제한된 국가자원을 쪼개어 국방에 투자하고 있었다. 그러므로 투자한

에 만족하고 실패한 95%로부터 배움(+역량)을 축적해가고 있는 데 비해, 우리나라는 성공한 95%는 당연한 것으로 간주하고 실패한 5%에 문제(+비리)가 있다고 예단하는 경향이 있는 것 같다.

116 일반적으로 시행착오와 실패를 거듭하며 진화적 발전을 도모하는 '연구개발'의 경우 계약이 아닌 '협약' 방식을 채택한다. 그런데 국방연구개발은 '계약방식'으로 추진되기 때문에 계약서상에 명기된 성능조건 가운데 어느 하나라도 못 채우면 계약위반이 되어 각종 제재에 직면하게 된다.

만큼 효과가 반드시 뒤따라야만 했다. 연구개발의 실패나 시행착오는 곧 제한된 자원과 시간의 낭비를 의미했기 때문이다.

2) ADD 50년의 공과(功過)

이런 한계에도 불구하고 우리 국방과학기술이 급속도로 진보한 것은 '국방과학연구소(ADD)'가 있었기 때문이다. 1970년에 창설된 ADD는 인력, 예산, 시설 등 모든 여건이 척박했지만, 이를 자주국방을 지향한 꿈과 비전, 열정과 의지로 극복하고 기적적 성공률을 기록하며 오늘날 세계 10위권의 군사과학기술의 산실로 탈바꿈했다.[117] 2018 기준 세계 국방과학기술수준을 보면, 미국이 단연 1위이고 프랑스와 러시아가 공동 2위이며, 이어서 독일, 영국, 중국, 일본, 이스라엘 순이며, 한국은 이탈리아와 함께 공동 9위였다.

〈표 22〉 **세계 주요국 국방과학기술 수준 비교(2018)**

구분	1	2	3	4	5	6	7	8	9	10
국가	미국	프랑스	러시아	독일	영국	중국	일본	이스라엘	한국	이탈리아
점수	100	90	90	89	89	85	84	84	80	80
순위	1위	공동 2위		공동 4위		6위	공동 7위		공동 9위	

주: 최고 선진국(미국) 기술수준을 100으로 놓고 각국의 상대적 기술수준 평가.
자료: 국방기술품질원, 『2020년 국방기술품질 통계연감』, 2020.8., 32쪽.

ADD는 지난 50년간 350개의 연구과제를 수행(종결)했으며 그 가운데 294개의 전력화를 완료하여 평균 84%의 전력화율을 기록했다. 특히 1990년대

---

117 ADD가 창설된 1970년대 우리의 군사기술은 군사선진국의 무기를 역설계하여 모방 생산하는 수준에 불과했지만 2000년대는 첨단기술을 바탕으로 T-50 고등훈련기, K-9 자주포, K-2 전차, 3천 톤급 잠수함, 각종 유도탄 등 첨단복합무기체계를 개발하며 명실상부한 '자주국방의 주춧돌' 역할을 감당하고 있다.

<표 23> **ADD의 연구개발 성과(1970~2019)**

구분	태동/성장기 20년 (1970~1989)	도약/성숙단계 30년 (1990~2019)	ADD 역사 50년 (1970~2019)
연구개발과제(A)	248개	102개	350개
전력화 완료과제(B)	201개	93개	294개
R&D의 전력화율(B/A)	81.0%	91.2%	84.0%

주: 1970~1980년대에는 비교적 단순한 소규모 과제들이 많았기 때문에 짧은 기간(20년)에 많은 과제(248개)를 수
행했고 1990년대 이후에는 대형 복합무기체계 개발과제가 늘어나다 보니 오랜 시간(30년)에 수행한 과제 숫자
는 오히려 적은 편(102개)이었다.
자료: 국방과학연구소, 「국방과학연구소 50년 연구개발 성과분석서」, 2020.8., 6~7쪽.

<표 24> **한국군 장비의 국산화율(완제품 기준, 2015~2020)**

구분	2015	2016	2017	2018	2019	2020
비율(%)	70.7	70.8	74.2	75.2	75.5	76.0

주: 장비 분야별 국산화율은 부록 #8 참조.
자료: 방위사업청, 『2021년도 방위사업통계연보』, 2021.6., 228쪽: 한국방위산업진흥회, "2020 국산화율 현황",
     https://www. kdia.or.kr/kdia/contents/defense-info25.do(검색일 2022.4.15.).

이후 도약·성숙단계에 이르러서는 전력화율이 무려 91%에 이른다(〈표 23〉).
이처럼 무기체계개발 성공률이 80%를 넘어 90% 이상에 이른다는 것은 '기
적'이 아닐 수 없다.

　ADD 성공의 역사에 힘입어 2018년 기준 한국군 장비의 국산화율은 완제
품 기준 75%를 넘어섰다(〈표 24〉). 이런 의미에서 ADD는 50년 전 자주국방
의 불모지에서 국가안보의 기적을 낳은 산실로서, 한국전쟁의 잿더미 위에
경제기적을 일궈낸 KDI(한국개발원)와 함께 쌍벽을 이루며 대한민국의 안정과
번영을 견인해왔다고 해도 과언이 아니다.[118]

---

118 박정희 대통령의 국가안보와 경제성장을 지향한 꿈은 홍릉에 ADD(1970)와 KDI(1971)를
　　나란히 창설하는 것으로 그 씨앗을 심었으며, 이는 1970~1980년대의 경제기적과 1990년
　　대 이후 자주국방을 낳는 초석으로 작동했다.

국방연구개발의 경제적 파급효과도 적지 않았다. 지난 50년간(1970~2019) 국방 R&D 투자비는 총 41.2조 원이지만, 이를 통해 정부예산절감, 전력증강, 수입대체효과, 기술파급효과 등 경제적 효과는 총 442.7조 원으로 투자비의 약 11배에 이르는 것으로 분석되었다.[119] 이는 분명 무(無)에서 유(有)를 창조한 '기적의 역사'임에 틀림없다.

하지만 ADD의 눈부신 발전상 뒷면에 드리운 짙은 그림자가 '제2의 도약'을 가로막고 있었다. 첫째, ADD는 실패 가능성이 높은 창의적·도전적인 연구개발은 기피하고 '성공이 보장된 기술' 개발에 집중해왔던 것으로 짐작된다. 국방전문가들 중에는 ADD의 연구개발 실패율이 10%도 안 되는 것을 놓고 "ADD에는 귀재(鬼才)들만 있거나 아니면 '실패할 수 없는 사업'만 골라서 연구했을 것"이라며 ADD의 성과를 폄훼하는 것을 본 적이 있다. 이는 물론 사실이 아니겠지만 귀담아 들을 가치가 있어 보인다. 이스라엘의 경우 국방연구개발 성공률이 30%밖에 안 되지만 기술수준은 우리보다 한 발 앞서 있는 것으로 평가된다.[120] 이는 성공률이 높은 것이 곧 능사가 아님을 반증한다. 우리도 이제는 성공률에 집착하지 말고 비록 시행착오를 겪더라도 세계 최고수준의 첨단기술 개발에 전략적 중점을 두어야 할 것이다.

둘째, 우리 국방연구개발의 또 다른 특징은 투자효과가 빨리 나오는 사업, 당장 실용화할 수 있는 체계개발사업에 집중 투자해왔다는 데 있다. 〈그림 26〉에서 보듯이, 지난 15년간(2006~2020) 평균 체계개발이 국방연구개발비의 절반 이상(51.9%)을 차지하고 기술개발은 1/3도 안 되는 28.7%에 불과했다. 더욱이 국방기술개발비 가운데 먼 앞날을 내다보며 장차 기초·원천기술의 씨

---

119 산업연구원(KIET) 분석에 의하면, 국방 R&D 투자에 따른 경제적 파급효과는 국가 차원의 예산절감 등 373조 원, 군의 전력증대 66.9조 원, 방위산업 기술파급효과 2.8조 원 등으로 추정되었다. 국방과학연구소, 『ADD 50 Years: THE WAY+』, 2020.6., 21쪽.

120 이석종, "국방 분야 진화적 R&D 시급", ≪아시아투데이≫, 2019.8.26.

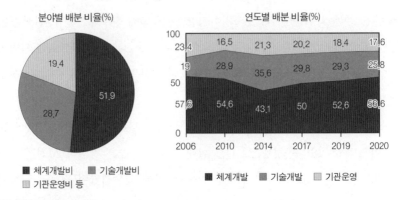

〈그림 26〉 **국방연구개발비의 분야별 배분현황(2006~2020 평균)**

분야별 배분 비율(%)

19.4
51.9
28.7

■ 체계개발비 ■ 기술개발비
■ 기관운영비 등

연도별 배분 비율(%)

	2006	2010	2014	2017	2019	2020
기관운영	23.4	16.5	21.3	20.2	18.4	17.6
기술개발	19	28.9	35.6	29.8	29.3	25.8
체계개발	57.6	54.6	43.1	50	52.6	56.6

■ 체계개발 ■ 기술개발 ■ 기관운영

주: 세부내역은 부록 #9 참조.
자료: 『방위사업청 세입세출예산 각목명세서』, 2006~2020 연도별.

앗을 품어낼 '기초연구'에 대한 투자는 2006~2020년 평균 겨우 1.4%에 불과
했고, 장차 미래전장을 지배할 수 있는 도전적이고 혁신적인 '미래도전기술'
개발은 2018년에 겨우 첫발을 떼었다.[121]

　전문가들에 의하면, 기초과학에서 새로운 개념이 나온 후 수십 년이 지나
야 새로운 무기체계로 태어난다고 한다.[122] 이렇듯 원천기술 개발은 언제 끝
날지도 모르고 실패 확률도 높으며, 또한 개발되더라도 당장 실용화된다는
보장도 없다. 그런데 우리 군은 북한의 도발을 억제해야 하는 절박한 상황에
항상 놓여 있었다. 이로 인해 우리의 국방연구개발은 당장 무기체계로 실용
화할 수 있는 기술개발에 집중할 수밖에 없었던 것으로 이해된다.

121　미래도전기술은 소요에 기반한 무기체계개발과 달리 소요가 예정되지 않았거나 또는 아직
　　소요가 결정되지 않은 무기체계에 적용할 목적으로 개발하는 혁신적이고 도전적인 국방과
　　학기술을 뜻한다. 자세한 내용은 제5장 8절 1항 참조.
122　신영순, 「국방 R&D에도 미친 과학자가 필요하다」, ≪국가안보전략≫, 제4권 제10호,
　　2015.11., 32쪽.

셋째, 우리 국방연구개발은 군의 소요(ROC)를 따라가는 종속변수에 지나지 않았다. 군에서 제기한 소요가 방위사업의 출발점이고 사업관리·시험평가의 절대적 기준으로 작용했다. 국방재원과 기술수준의 한계로 인해 당장 군의 소요를 채워주기도 바빴기 때문에 소요가 없는 연구개발은 곧 낭비라는 인식이 지배적이었다. 이에 따라 소요가 곧 기술개발의 전제조건이 되었다. 소요에 없는 도전적이고 혁신적인 연구개발은 있을 수 없는 일이었다. 이로써 국방 R&D는 결국 ROC 충족에 일차적 목표를 둔 '소요추격형'으로 자리매김했다.

이처럼 군의 소요가 기술개발의 상한선으로 작용하고 있는 한, 국방연구개발은 군의 ROC를 뛰어넘을 수 없는 한계에 머물러야 했다. 지금 당장 소요는 없지만, 장차 미래전의 판도를 바꾸어놓을 첨단 신기술 개발은 ADD 영역 밖의 일이 되고 말았다. 결국 '소요에 기반한 체계개발 중심'의 R&D 투자로는 ADD의 R&D 역량을 세계 최고수준으로 견인할 수도 없고, 미래 전장환경에 선제적으로 대응할 수 있는 핵심·원천기술을 확보할 수도 없었다.

한편, 군의 소요가 있더라도 우리 기술 수준에 비해 너무 높을 경우 해외도입으로 돌렸다. 우리 군의 소요는 군사선진국에서 이미 운용중이거나 현재 개발중인 첨단 신무기를 벤치마킹하는 경우가 대부분이기 때문에 국내기술 수준이 군의 ROC를 따라가기도 벅찬 경우가 많았다.[123] 이로 인해 군의 소요

---

123 ROC 설정과 관련하여, 우선, 해당 무기체계의 운용개념부터 명확하게 정립한 다음에 그 운용개념에 맞추어 최적의 작전요구성능이 설정되어야 한다. 그럼에도 한국군은 야전경험도 제한되고 소요에 대해 권위 있게 검토할 수 있는 공학적 전문성도 부족하다 보니 운용개념의 구체적 발전 없이 세상에 현존(+개발중)하는 선진 무기체계를 참조하여 '동급 최고 성능'을 요구하는 경향이 있었다. 우리 군의 소요는 결국 세계 최신무기 수준에 가까울 수밖에 없었고, 이로 인해 국제경쟁력이 부족한 국내 방산업체들이 고가의 첨단무기 획득사업을 수주하기 어려웠다. 군의 소요제기와 방산역량이 연계되지 못한 채 서로 분리되어 있는 한 방산의 자립적 성장은 기대할 수 없다. 장원근, 「저비용 고효율의 국방무기체계 획득 필요하다」, ≪국가안보전략≫, 제3권 제9호, 2014.10., 27쪽; 한남성·강인호, 「한국의 방위산

가 없거나 국내개발이 불가능할 것 같은 첨단 신기술이 국내개발 대상에서 배제되는 동안 첨단 신무기에 대한 수입수요는 줄어들지 않고 있었다.[124]

8. 한국 방위산업의 생장곡선(生長曲線)

방위산업은 국방과 기업이 손잡고 군사력의 실체를 만들어 자주국방의 실질을 채워주는 현장이다. 국방R&D와 방위산업은 국방획득의 처음과 마지막을 맡아 수레의 두 바퀴와 같이 서로 맞물려 돌아가며 자주국방의 꿈을 현실로 바꾸어나가는 동력이다. 국방연구개발이 첨단 신기술 개발로 국방의 앞길을 열어주면, 방위산업이 그 길로 들어가 신개념의 무기체계로 설계, 제작, 생산해 군에 납품하고, 군은 이것으로 국가를 지켜내는 선순환이 이루어진다. 방위산업이 무너지면 자주국방도 존재할 수 없는 까닭이 바로 여기에 있다.

1) 한국 방위산업의 태동과 성장

우리 방위산업의 역사는 ADD의 연구개발역사와 궤를 같이한다. 지난 50년간 국방과학기술의 발전은 방위산업 성장의 밑거름이 되어 또 하나의 기적을 일궈냈다.

우리 방위산업의 출발점은 일명 '번개사업'이었다. 이는 1971년 박정희 대통령의 지시로 ADD가 해외 기술자료(TDP) 도입과 역설계 등 일종의 모방개

업 발전전략」, 박창권 외, 『한국의 안보와 국방 2009』, 한국국방연구원, 2009, 533쪽.

124 특히 정보·항공 전력 등 미래전 대비 핵심체계의 해외의존도가 높은 편이며, 이는 곧 '기술의 종속'으로 이어져 독자적 연구개발과 방산수출을 가로막는 걸림돌로 작용하고 있었다.

<표 25> **방산업체/방산물자 지정 현황(2006~2018)**

구분	2006	2008	2010	2012	2014	2016	2018
방산업체(개)	85	90	91	96	95	100	91
방산물자(품목)	1,391	1,476	1,543	1,285	1,336	1,364	1,472

자료: 방위사업청, 『2020년도 방위사업통계연보』, 2020, 208~209쪽.

<표 26> **방위산업 고용현황(2012~2018)**

구분	2012	2013	2014	2015	2016	2017	2018	평균
인원(명)	31,408	33,162	33,915	35,739	36,175	36,953	32,609	34,280

주: 정부지정 방산업체와 1, 2차 주요 협력업체 등 300여 개 기업을 대상으로 조사한 결과이다.
자료: 장원준·송재필·김미정, 『2018 KIET 방위산업 통계 및 경쟁력 백서』, 산업연구원, 2019, 6쪽.

발을 통해 1개월 만에 번개처럼 만들어낸 소총, 기관총, 박격포, 수류탄, 지뢰, 유탄발사기 등 8종의 시제품이었다.[125]

1974년부터 율곡사업이 본격화되면서 소총, 박격포, 대전차로켓 등 기본병기의 국산화가 이루어졌고, 1980년대에는 전차, 장갑차, 자주포, 헬기 등 정밀병기의 생산기반이 구축되었다. 1990년대에는 K-9 자주포, 단거리지대공유도무기, 전자전장비 등 고도정밀무기의 개발에 성공했다. 21세기에 이르러서는 세계적 수준의 K-2 전차, T-50 고등훈련기, 7천 톤급 이지스함, 3천 톤급 잠수함, 군 위성통신체계, 정밀유도무기 등 첨단복합무기체계를 독자적으로 개발·생산·운용하고 있다.

2018년 기준 정부가 지정한 방산업체는 91개이고, 1차 협력업체 250개, 2~3차 협력업체(중소벤처기업)까지 포함하면 약 5,400개인 것으로 파악된다. 방산물자로 1,472개 품목이 지정되었고 방산부문에 고용된 인력도 3만 4,000여 명에 이른다(〈표 25/26〉). 방산물자의 국산화 비율은 75%를 넘어섰고 방산

---

125 국방과학연구소, 『국방과학연구소 50년사(1970-2020)』(대전, 2020.8.), 53-55쪽 참조.

매출액은 지난 10년간 2.5배 팽창했다. 이는 우리나라가 이룩한 경제-정치기적에 이은 '또 하나의 기적'임에 틀림없다. 방산 50년 만에 우리나라는 세계 10위권의 방산대국으로 성장했다.

2) 방산침체의 인과관계 탐색

그런데 우리 방산은 2010년대에 이르러 복합적 덫에 걸려 미증유의 침체기로 접어들고 있었다. 당시 방산업계가 크게 위축된 것은 여러 원인이 중첩된 결과이지만, 한마디로 말해, 우리 방산은 대정부 의존성에서 크게 벗어나지 못한 채 이미 포화상태(saturation)에 이른 내수(內需) 시장을 둘러싸고 출혈경쟁을 벌이고 있었기 때문인 것으로 분석된다.

방위산업은 특성상 첨단기술에 의해 뒷받침되고 일정수준의 수요가 있어야만 존립할 수 있다. 하지만 우리나라는 예산·시간·기술의 부족으로 '소요 이외'의 첨단 신기술 개발에 소홀했고 일정수준의 방산물량도 안정적으로 보장해주지 못했다.[126] 특히 내수시장의 포화와 국제시장의 높은 진입 장벽이 서로 맞물리는 동안 방산업체들은 좁은 내수시장을 둘러싸고 치열하게 경쟁할 수밖에 없는 한계선상에 이르게 되었다. 또한 투명성 중심의 각종 규제와 강도 높은 처벌·제재로 인해 운신의 폭이 좁아지면서 활로를 찾기 점점 어려워졌고, 비용 중심의 경쟁구조 속에서 연구개발에 소홀하다보니 국제경쟁력을 끌어올리는 데 한계가 있었다. 그 결과 2010년대 중·후반 방산업계는 침

---

126 방산물량은 오히려 줄어들었는데, 예를 들어, 전차는 1980~1990년대에 연간 80대를 생산했으나 2000년대 초반에는 평균 24대만 생산하고 있었으며, 자주포는 1980~1990년대의 연간 65문에서 2000년대 29문, 그리고 K-2 소총은 1990년대 연간 3만 6,000정에서 2000년대 7,000정으로 줄어들었다. 전제국, 『지식정보화시대의 전략환경과 국방비』, 한국국방연구원, 2005, 153쪽.

체국면에 접어들어 최소한의 생산라인만 유지하고 있을 정도였다.

(1) 기업 자체 연구개발과 기술혁신의 한계

근년에 이르러 방위산업의 성장이 둔화 내지 정체된 첫 번째 원인은 방산의 지속적 성장과 도약을 이끌어주어야 할 군사기술혁신(MTR)이 전략환경의 변화에 맞추어 적기에 이루어지지 못했기 때문이다. 앞에서 분석했듯이, 실패에 인색한 법·제도와 문화풍토 속에서 국방과학자들의 도전정신이 꺾이고, 이로 인해 미래의 창(窓)을 열어주어야 할 국방연구개발 자체가 정체되고 특히 소요에 기반하지 않은 '미래도전기술개발'에 소홀히 하는 동안 방위산업의 성장 잠재력과 국제경쟁력도 자연히 정체될 수밖에 없었던 것으로 보인다.

더욱이 국방연구개발은 정부출연기관 ADD가 주도하고 방산업체들은 ADD가 개발한 기술에 크게 의존해왔다. 이로써 〈ADD 개발 + 업체 생산〉이라는 이원화된 분업구조가 정착되었다. 다행히 방위사업청 개청을 계기로 방산업체의 연구개발투자비가 획기적으로 증액되었다. 예를 들어, 지난 10년간(2008~2017) 방산업체의 연구개발투자비는 연평균 12.1%로 늘어나 절대액 기준 2.3배 증가했다(〈그림 27〉). 방산매출액 대비 연구개발비의 비중도 2008년 5.6%에서 2017년 7.5%로 증가했다(〈그림 28 오른쪽〉).[127] 이에 따라 같은 기간 중 국방 R&D 예산 대비 비율도 28.3%에서 34.4%로 올라갔다(〈표 27〉).

이처럼 방산기업들의 연구개발투자가 늘어난 것은 방산업체의 독점적 지위를 보장해주던 전문화·계열화제도가 전면 폐지되고 정부정책이 개방·경쟁 기조로 전환되면서 방산기업들도 자체 연구개발 투자(+기술혁신)의 불가피성을 깨달았기 때문인 것으로 풀이된다.[128] 하지만 방산업체의 자체 연구개발

---

127 참고로, 선진국 주요 방산업체들의 연구개발비는 매출액의 10% 수준에 이른다. 장원준·김미정, 「주요 방산제품의 핵심기술 경쟁력 분석과 향후 과제」, 『KIET 산업경제: 산업경제분석』, 2017.2., 48쪽.

〈그림 27〉 **방산업체 신규 연구개발투자(2008~2018)**

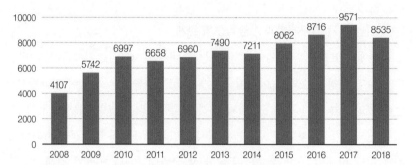

단위: 억 원

자료: 한국방위산업진흥회, 『방위산업실태조사』, 2008~2018 연도별 또는 "방위산업분석", 2008~2018 연도별, http://www.kdia.or.kr/content/3/2/51/view.do(검색일 2020.2.26.).

투자 추이를 보면, 방위사업개청 이후 3년간(2008~2010) 평균 29.1% 수준으로 대폭 증가했다가 2011년부터 증감을 되풀이하며 연평균 2.8% 증가에 그쳤다. 심지어 2018년 방산업체의 연구개발투자는 전년 대비 10.8% 감소했다(〈그림 28 왼쪽〉). 이로 인해 매출액 대비 1.2%p(7.5% → 6.3%), 국방 R&D 예산 대비 5.0%p(34.4% → 29.4%) 떨어졌다(〈그림 28 오른쪽/표 27〉).

---

128 1983년 6월 전문화·계열화제도가 도입된 이래 유치단계에 있던 방위산업을 보호·육성하고 분야별 전문성(+경쟁력)을 높이는 데 기여했다. 하지만 부작용도 적지 않았다. 특히 과도한 기득권 보장으로 인해 분야별·품목별 독점체제가 정착되면서 신규업체에 대한 진입 장벽이 높아지고 기술개발에 소홀해졌으며 업체 스스로 자립하려는 의지는 줄어들고 정부에 의존하려는 습성이 커지고 있었다. 또한 전문화·계열화 업체 분류 및 대상업체 선정과 관련된 특혜시비가 끊이지 않는 등 투명성·공정성 논란이 반복되었다. 결국 방산업체 간의 발전적 경쟁은 위축되었고 국내개발 대신 국외도입 위주의 국방획득으로 인해 핵심기술에 대한 대외의존도가 심화되고 있었다. 이에 정부는 2009년 1월 1일부로 전문화·계열화제도를 전면 폐지하고 방산정책방향을 폐쇄적 보호에서 개방적 경쟁기조로 전환했다. 이에 따라 경쟁계약의 비중도 2005년 3.7%에서 2015년 37%로 대폭 늘어났다. 이제 방산업체들은 정부의 보호막에서 벗어나 치열한 생존경쟁을 벌이며 생존과 번영을 도모하려면 '자체 혁신'은 선택이 아닌 필수가 되었다. 『개청백서』, 30, 42~43, 199~201쪽; 최성빈·고병성·이호석, 앞의 글, 107~109.

<그림 28> **방산업체 자체 연구개발투자 분석**

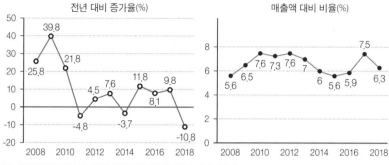

자료: 한국방위산업진흥회, "방위산업분석", 2008~2018 해당 연도별.

<표 27> **국방 R&D 예산 대비 방산업체 자체 R&D 투자**

단위: 억 원

구분	2008	2009	2010	2011	2012	2013	2014	2015	2016	2017	2018
국방R&D(A)	14,522	16,090	17,945	20,164	23,210	24,471	23,345	24,355	25,571	27,838	29,017
방산업체(B)	4,107	5,742	6,997	6,658	6,960	7,490	7,211	8,062	8,716	9,571	8,535
B/A(%)	28.3	34.0	39.0	33.0	30.0	30.6	30.9	33.1	34.1	34.4	29.4

주: 국방 R&D 예산(A)에도 일정부분 업체주관 연구개발과 국책 연구개발 등이 포함되어 있다. 방산업체(B) 자체
연구개발 투자는 업체별 방산 분야의 R&D 투자를 의미한다.
자료: 한국방위산업진흥회, 『방위산업실태조사』, 2008~2018 해당연도별.

장기적으로도 전문화·계열화제도의 폐지가 방산경쟁력 제고에 기여할 것으로 전망하기에는 내재적 한계가 있다. 미국·영국 등 방산선진국들은 세계무기시장을 계속 장악할 목적으로 기업 간 인수합병(M&A)에 의한 방산 대형화를 도모하고 있는 데 비해 우리나라는 이와 반대로 경쟁체제의 도입과 함께 소형화·분산화의 길로 접어들었다.[129] '승자독식 구조(winner-takes-all market)'의 국제무기시장에서 살아남으려면,[130] 끊임없는 기술혁신과 대형화·통합화로 규모의

---

129 김설아, 앞의 기사.

경제(economy of scale)를 이루며 독보적인 국제경쟁력을 유지해나가야 한다. 그런 만큼 방위산업은 어느 정도 독점적 지위를 보장해주어야 하는 특수성이 있어 보인다. 그럼에도 우리의 경우 2008년 전문화·계열화제도의 폐지와 함께 기존 업체에 주어지던 독점적 지위는 사라지고 신규업체에 동등한 기회가 주어지면서 방산생태계는 업체의 소형화·분산화 및 '저가 과당경쟁' 구조로 바뀌며 당분간 산업 전반에 걸친 침체를 초래하는 데 한몫했던 것으로 분석된다.[131]

(2) 내수시장 포화(+비용 중심의 경쟁구조)

첫 번째 원인에 못지않게 중대한 두 번째 원인은 내수시장이 이미 포화 상태에 이르렀다는 점이다. 일단 군의 기반전력 수요가 채워진 이후의 전력소요는 안보환경에 특별한 변화가 없는 한 노후장비 교체(+개량) 소요가 주종을 이루고 신규소요는 남은 재원의 범위 내로 제한되기 마련이다. 이제 방산업계는 내수시장만 바라보며 기업할 수 있는 시대가 끝나가고 있었다.

지금까지 우리 방위산업은 군사장비의 국산화에 목표를 두고 집중 투자해왔다. 그 결과 군의 필수소요가 채워지고 나니 신규소요는 대폭 줄어들었다. 지난 10년간(2010~2019) 평균 신규소요는 방위력개선비의 1.3%에 불과했다(〈표 28〉). 그것도 과거 5년간(2010~2014) 평균 1.9%에서 최근 5년간(2015~2019) 0.9%로 반감된 것으로 분석되었다.

그렇다고 신규소요가 대부분 국내기업의 몫으로 돌아오는 것도 아니었다. 신규사업은 신기술 기반의 첨단장비를 요구하는 경우가 많기 때문에 국내업체들이 경쟁입찰에서 사업을 수주하기 쉽지 않았다. 선진국 기업에 비해 국

---

130 방산시장은 강자는 더욱 강해지고 약자는 더욱 약해져서 결국 승자가 모든 것을 독차지하는 '승자독식의 시장구조'를 이루고 있다는 데 특징이 있다.

131 김설아, 앞의 기사.

<표 28> **방위력개선사업 중 신규사업 편성 현황**

구분	2010~2014 연평균	2015~2019 연평균	2010~2019 연평균
사업 수(개)	31	21	26
예산액(억 원)	1,852	1,062	1,456
총예산 대비(%)	1.9	0.9	1.3

자료: 국회입법조사관, 『국방상임위원회 결산검토 보고서』, 연도별.

<표 29> **국방조달 원천별 변화 추이(계약집행 기준)**

구분	2013~2018 연평균 증가율	예산 규모(억 원)			조달방식별 비중(%)		
		2013	2018	증감	2013	2018	증감
국방조달	5.4%	111,741	144,778	+29.6%	100	100	0
국내조달	3.3%	87,652	101,857	+16.2%	78.4	70.4	-8.0%p
국외조달	12.6%	24,089	42,921	+78.2%	21.6	29.6	+8.0%p

주: 국방조달은 방위사업청 소관의 방위력개선사업 및 위탁집행하는 전력운영사업을 포함한다.
　　세부 내역은 부록 #12 참조.
자료: 방위사업청, 『2018/2019년도 방위사업통계연보』, 2018/2019, 133/131쪽.

내기업은 기술성숙도, 가격경쟁력, 규모의 경제 등에서 게임이 되지 않았기 때문이다. 결국 우리 군의 첨단장비에 대한 소요는 대부분 굴지의 외국업체에 넘어가고, 비교적 낮은 기술기반의 일반무기체계 소요를 둘러싸고 국내업체들끼리 치열한 경쟁을 벌이는 형국이 되었다.

와중에 국방조달의 해외의존도만 늘어났다. <표 29>에서 보듯이, 2013~2018년간 국방조달 규모는 연평균 5.4% 증가했는 데 비해 국외조달은 매년 12.6%씩 증가했고 국내조달은 겨우 3.3% 증가에 그쳤다. 이에 따라 5년 사이에 국외조달은 78.2% 증가한 반면, 국내조달은 16.2% 증가에 그쳤다. 이는 결국 군수물자의 해외의존도 증가(21.6% → 29.6%)로 이어졌다.[132] 이와 관

---

132 이런 현상은 방위력개선사업에도 똑같이 나타났다. 지난 10년간(2010~2019) 방위력개선비는 연평균 5.9%로 증가했지만 국외도입예산은 거의 2배에 이르는 10.8%로 증가했으며, 최근 5년(2015~2019) 평균 24.6%로 급증했다. 이에 따라 국외도입이 방위력개선비 중에

련하여 방산업계 일각에서는 방위력개선예산이 많이 늘어나 봤자 외국기업들만 살찌우고 있다며 불평했다.

설상가상으로, 방산부문에 경쟁 개념의 도입과 함께 '비용 중심'의 경쟁구조가 심어지면서 덤핑식 출혈경쟁을 낳았고, 이는 품질 저하와 성능 결함 또는 사업의 실패로 이어지는 지름길이 되었다. 비용절감의 명목하에 비용중심의 경쟁체제가 도입되면서 입찰가격이 업체 선정의 결정적 기준이 되었다. 이제 기업이 살아남을 수 있는 유일한 길은 '최저가 입찰'밖에 없었다. 이에 따라 기업들은 기술개발·품질향상은 뒷전이고, 나중에 손해를 보더라도, 경쟁입찰에서 가장 낮은 가격으로 응찰하여 일단 이기는 것에 절대적 가치를 두었다. 이미 많은 방산업체들이 영업이익이 거의 없는 '제로 성장단계'에 이르렀음에도 불구하고, 살아남으려면 출혈경쟁을 할 수밖에 없는 한계선상에 내몰리게 되었던 것이다.[133]

전문가들에 의하면, 사업비보다 낮은 예정가와 최저가 입찰제도가 사업의 부실과 원가부정 및 방산침체 등을 낳는 주요 요인이라고 지적한다. 2010년 기준, 일부사업의 예정가는 실제 사업비의 70~80% 수준으로 책정되었고, 입찰과정에서 10%가 추가로 삭감되어 결국 사업비의 60~70% 수준에서 낙찰되었던 것으로 알려졌다.[134] 이처럼 '저가 예정가'에 기초한 '저가입찰제도'는 부실에 부실을 낳는 핵심 인자가 될 수 있다는 데 문제의 심각성이 있다.[135]

차지하는 비중도 2013년 12.4%에서 2019년 28.2%로 두 배 이상 증가했다. 자세한 내역은 부록 #13 참조.

133 저가입찰은 특히 중소기업에 치명적이었던 것으로 보인다. 중소기업 관계자들에 의하면, 저가입찰은 중소기업의 부실경영(+재투자 제한)을 초래하는 원흉이라고 강조한다. 중소기업 간의 경쟁입찰 시 낙찰가는 예정가격의 평균 85% 수준에서 결정되는데 이는 제조 원가 수준이므로 이윤이 거의 없는 상태에 해당한다. 심지어 '0원 입찰'도 있었다고 할 정도로 저가입찰제도의 문제는 심각한 것 같다.

134 박영욱·권재갑·이종재, 앞의 책, 74쪽.

이에 따른 방산제품의 부실은 결국 전력화 이후 잦은 결함과 하자 발생으로 이어져 군의 전력운영(작전수행)에 차질을 빚을 수 있음에 각별한 유의가 필요하다.

요컨대 비용중심의 경쟁체제는 '영업이익 포기 수준'의 저가입찰을 부추기고, 최저가 입찰로 선정된 업체는 사업 수익성의 악화로 인해 영업 손실을 보거나 또는 기술부족으로 ROC를 충족시키지 못해 사업실패와 전력화의 지연을 낳는 악순환의 단초가 되었다.

이처럼 방산업계가 생사의 갈림길에서 '물리적 생존' 확보에 매몰되다 보니, 미래지향의 연구개발 투자는 꿈도 꾸지 못한 채 겨우 생존을 영위하고 있었다. 와중에 방산기업들은 4차 산업혁명 물결에 편승하여 새로운 활로를 찾을 엄두도 못 내고 있었다. 2010년대에 이르러 글로벌 차원에서는 이미 4차 산업혁명과 함께 방위산업의 신지평이 열리고 있었지만 우리 방산업계는 과도한 규제와 경직된 사업추진체계, 투자비 부족, 내수중심의 산업구조 등에 묶여 4차 산업혁명의 뒤안길에 머물러 있었다. 2017년 산업연구원이 AI, IoT 등 4차 산업혁명 기술의 적용실태를 조사한 결과에 의하면, 일반제조업은 9점 만점에 평균 4.5점인 데 비해 방위산업은 1.9점으로 '초보 단계'에 머물러 있는 것으로 평가되었다.[136]

(3) 국제무기시장의 높은 진입 장벽

내수시장의 고갈로 인해 방위산업의 살길은 글로벌 시장에 있었지만, 무기

---

135 예를 들어, 관계당국이 예정가를 사업비보다 20~30% 정도 낮게 책정하면, 체계종합업체들은 '일단 사업을 수주하고 보자'는 식으로 저가 응찰을 하고, 낙찰 이후에는 협력(하청)업체들을 쥐어짜는 식으로 '납품가 후려치기'를 하면, 중소 협력업체들은 원가 부풀리기를 일종의 생존수단으로 선택했던 것으로 알려졌다. 박영욱·권재갑·이종재, 위의 책, 75~76쪽.

136 장원준 외, 앞의 글, 45쪽.

시장의 '승자독식 구조'의 장벽에 막혀 우리 기업들이 국제시장의 문턱을 넘기가 쉽지 않았다. 국제무기시장은 이미 미국, 영국, 프랑스, 독일, 러시아 등 군사선진국들이 선점하고 거의 독점적 지위를 유지하고 있는 가운데 21세기에 이르러 일본은 첨단기술을 앞세워 수출경쟁에 뛰어들고 있었으며, 중국, 터키 등 신흥 방산국들은 저가 공세로 틈새시장을 파고들고 있었다.

이처럼 국제무기시장은 나날이 경쟁이 치열해지고 있었지만, 우리 방위산업의 글로벌 경쟁력은 2018년 기준 제품경쟁력은 선진국의 85~90% 수준이고,[137] 기업 및 정부경쟁력은 이보다 훨씬 더 낮은 80% 정도에 불과했다(〈표 30〉). 한편, 연도별 변동 추이를 보면, 5년 전(2013)에 비해 크게 증가했지만, 1년 전(2017)에 비해서는 오히려 하락하는 모습을 보이고 있었다.

이 정도의 경쟁력으로는 방산선진국들과 나란히 국제무기시장의 중심에 들어가 경쟁하기에는 역부족이었다. 〈표 31〉에서 보듯이, 한국의 무기수출은 지난 20년간 세계랭킹 18위에서 12위로, 세계시장 점유율 0.33%에서 1.76%로 꾸준히 늘어났지만, 아직 선진국에 비해 낮은 수준에 머물러 있었다.

〈표 30〉 **한국 방위산업 경쟁력 평가(2013~2018)**

단위: 선진국(=100) 대비 %

구분		2013	2017	2018	2013~2018	2017~2018
제품 경쟁력	가격경쟁력	82.0	85.4	85.4	+3.4	0.0
	기술경쟁력	85.0	87.1	87.0	+2.0	-0.1
	품질경쟁력	88.0	89.6	89.1	+1.1	-0.5
기업경쟁력		77.0	80.5	80.4	+3.4	-0.1
정부경쟁력		72.0	80.1	80.1	+8.1	0.0

주: 기업경쟁력은 브랜드 가치와 마케팅 능력, 정부경쟁력은 수출지원 시스템을 분석한 것임.
자료: 장원준·송재필·김미정, 『2017/2018 KIET 방위산업 통계 및 경쟁력 백서』, 산업연구원, 2017/2019, 21/20쪽.

---

137 제품경쟁력 가운데 '가격경쟁력'이 가장 낮은데 이는 기업의 대정부의존성과 경영혁신 미흡, 규모의 경제 부족 등에서 비롯되는 것으로 보인다.

〈표 31〉 **한국 방산수출의 국제적 위상 변화(1999~2018)**

구분	1999~2003	2004~2008	2009~2013	2014~2018	20년 평균
세계시장 점유율	0.33%	0.61%	0.98%	1.76%	0.99%
글로벌 순위	18위	15위	13위	12위	14위

자료: SIPRI Arms Transfers Database(March 2020), http://armstrade.sipri.org/armstrade/page/toplist.php (검색일: 2020.3.1.).

〈표 32〉 **국제 방산시장구조 해부(1999~2018)**

순위	최근 5년(2014~2018) 국가	점유율	지난 10년(2009~2018) 국가	점유율	과거 20년(1999~2018) 국가	점유율
1	미국	35.9	미국	33.0	미국	32.8
2	러시아	20.6	러시아	23.5	러시아	23.9
(강대국)	2	(56.5)	2	(56.5)	2	(56.7)
3	프랑스	6.8	독일	6.2	독일	7.2
4	독일	6.4	프랑스	6.0	프랑스	6.8
5	중국	5.2	중국	5.3	영국	4.7
6	영국	4.2	영국	4.3	중국	4.0
(중견국)	4	(22.6)	4	(21.8)	4	(22.7)
7	스페인	3.2	스페인	3.1	이스라엘	2.4
8	이스라엘	3.1	이스라엘	2.6	이탈리아	2.3
9	이탈리아	2.3	이탈리아	2.5	스페인	2.2
10	네덜란드	2.1	네덜란드	2.0	네덜란드	2.1
11	한국	1.8	우크라이나	2.0	우크라이나	2.0
(신흥국)	5	(12.5)	5	(12.2)	5	(11.0)
12	우크라이나	1.3	한국	1.4	스웨덴	1.6
13	스위스	1.0	스웨덴	1.3	스위스	1.0
14	터키	1.0	스위스	0.9	한국	1.0
15	스웨덴	0.7	캐나다	0.7	캐나다	0.8
16	캐나다	0.6	터키	0.7	터키	0.5
17위 이하	67개국	3.8	62개국	4.5	72개국	4.2

주: 방산 선·후진성의 분류는 편의상 시장점유율 20% 이상은 강대국으로, 10%대는 실존하지 않으므로 4~7%를 중견국으로, 2~3%는 신흥국, 1%대 이하는 개도국으로 분류했다.
자료: SIPRI Arms Transfers Database, March 2020.

한편, 지난 5년·10년·20년 단위로 나누어 국제무기시장을 재조명해보면, 전형적인 양극화 현상을 보이며 승자독식구조를 유지하고 있었다(〈표 32〉). 방산강국인 미국과 러시아가 56% 이상을 차지하고, 나머지 44% 가운데 절반(22%)은 독일·프랑스·영국·중국 등 소수(4개)의 중견국들이 점유하고, 또 절반(22%)은 소수(5개)의 신흥국과 대다수(70여 개)의 개도국들이 치열하게 경쟁하며 나눠먹고 있는 형세였다. 우리나라도 세 번째 라인의 틈새에 끼어 시장점유율 '1%대'에 머물러 있었다.

물론 10~20년 전에 비하면 우리나라 방산수출이 크게 성장한 것이 사실이지만, 아직 방산 중견국들을 따라가기에도 벅차 보였다. 기껏해야 방산 선도국들이 남겨둔 20% 남짓한 틈새시장(niche market)을 둘러싸고 이스라엘, 이탈리아, 네덜란드, 스페인, 스위스, 스웨덴, 우크라이나 등과 치열하게 경쟁하고 있었다.

(4) 기업의 정부의존성

방위산업의 존재이유 자체가 우리 군의 전력소요를 개발·생산·공급해주는 데 있다 보니 방산업체들의 생존과 번영도 결국 일차적으로 '군의 소요'에 달려 있고, 따라서 방산기업의 정부의존성은 일정 수준 불가피한 측면이 없지 않다.

그런데 문제는 정부의존성이 경쟁력 제고에 걸림돌이 된다는 점이다. 정부는 일찍이 방위산업을 육성할 목적으로 방산원가제도와 방산물자지정제도 등을 도입하여 방산업체를 보호·지원해왔다.[138] 이에 기업들은 스스로 기술·

---

138 방산물자는 시장에서 수급할 수 없기 때문에 정부는 1973년 방산물자 및 방산업체 지정제도를 도입하여 방산물자의 안정적인 조달원 확보 및 품질보증을 도모하는 한편, 1974년부터는 방산원가제도를 도입하여 방산물자 생산과정에서 발생하는 실제 비용을 원가로 보상해주고 있다.

경영혁신을 통해 지속가능한 성장을 도모하기보다는 정부에 의존하려는 습성이 배게 되었다.

방산기업의 정부의존성은 연구개발 분야에서 높게 나타난다. 신기술의 연구개발은 특성상 많은 초기 투자비용과 오랜 시간을 필요로 하면서도 성공 여부가 불투명하기 때문에 기업이 투자하기에는 위험부담이 크다. 이에 미국·영국·프랑스 등 방산 선진국에서는 기술개발은 정부가 주도하고 체계개발은 업체 주도로 추진하는 일종의 역할분담이 이루어져 있다. 하지만 우리의 경우 기술개발과 체계개발 모두 정부주도로 추진해왔다.

근년에 이르러 전략·비익·비닉무기를 제외한 일반무기체계는 업체주도의 개발로 전환하고 있으나 우리 업체들은 비용과 기술적 한계로 인해 정부의존형에서 크게 벗어나지 못하고 있었다. 방산업체들은 주로 ADD가 개발한 기술을 이전 또는 전수받아 실패확률이 낮은 체계개발 위주로 참여해왔다. 사정이 이렇다 보니, 〈표 27〉에서 보았듯이, 방산업체의 R&D 투자는 정부 R&D 투자의 1/3 수준에 불과했다. 이에 우리 기업들이 국제무기시장의 높은 장벽과 매몰찬 풍파를 뚫고 그 중심에 들어가기에는 내재적 한계가 있을 수밖에 없었다.

(5) 산업구조의 양극화 현상

방위산업의 양극화 현상이 구조적 취약성으로 작용하며 산업발전을 가로막고 있었다. 특히 방위산업의 허리에 해당하는 중소기업이 2018년 기준 전체 방산업체의 77%를 차지하지만, 매출 11%, 고용 17%, 수출 2% 수준에 불과했다(〈그림 29〉). 이는 중소기업이 R&D 역량으로부터 인재확보·마케팅 등 모든 분야에서 뒤떨어지기 때문이다. 그렇지 않더라도 중소·벤처기업은 방산시장의 문턱을 넘기가 쉽지 않다. 이는 많은 자본, 오랜 시간, 높은 기술을 필요로 하는 방위산업의 특성 때문이다. 결국 체계종합업체는 대기업으로 돌

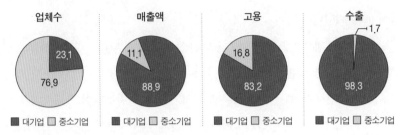

〈그림 29〉 **방위산업 구조(2018): 대기업 vs 중소기업**

업체수	매출액	고용	수출
23.1 / 76.9	11.1 / 88.9	16.8 / 83.2	1.7 / 98.3
■ 대기업 □ 중소기업	■ 대기업 □ 중소기업	■ 대기업 □ 중소기업	■ 대기업 □ 중소기업

자료: 한국방위산업진흥회, 『2019 방산업체 경영분석』, 35, 102, 123, 150쪽.

〈표 33〉 **방위산업과 일반제조업 비교(2018)**

구분	생산구조(매출액 기준)		고용구조	
	일반제조업	방위산업	일반제조업	방위산업
대기업	68.8%	88.9%	38.5%	83.2%
중소기업	31.2%	11.1%	61.5%	16.8%

주: 일반제조업은 법인 기준 대기업 1,650개(1.1%)와 중소기업 147,925개(98.9%)이며 방위산업은 체계종합업체
　　18개와 방산협력업체 70개를 대상으로 조사한 결과이다. 만일 방산조사대상에 일반협력업체(359개)까지 포함
　　하면 매출액은 대기업 79.3% 중소기업 20.7%, 고용구조는 대기업 66% 중소기업 34%가 된다.
자료: 한국방위산업진흥회, 위의 책, 35, 102, 123쪽; 중소기업중앙회, '중소기업 통계 DB', https://www.kbiz.
　　or.kr/(검색일: 2020.5.7.).

아가고 중소기업은 협력업체(하청업체)의 신세를 면하지 못하는 구조가 지속
되고 있었다.

　한편, 방위산업과 일반제조업을 비교해보면, 방위산업의 대기업 편중 현상
이 두드러진다. 2018년 기준 생산 및 고용구조에 있어서 대기업 대 중소기업의
비중이 일반제조업은 대략 7 : 3 및 4 : 6으로 중소기업의 존재감이 뚜렷한데
비해 방위산업은 9 : 1과 8 : 2로 대기업 중심구조를 이루고 있었다(〈표 33〉).
이처럼 방산중소기업이 상대적 취약성을 면치 못하는 이유는 무엇보다도 방
위사업은 '제한된 시간' 안에 고성능의 무기체계를 완제품으로 일괄 생산·공
급해야 하기 때문에 대기업 위주의 체계종합업체가 주도할 수밖에 없었던 것

〈표 34〉 **주요 무기체계의 부품숫자 및 협력업체 현황**

구분	K-1 전차	K-9 자주포	T-50 고등훈련기
부품숫자	1500여 종	8,000여 종	320,000종
협력업체	110여 개	100여 개	300여 개

이다. 그 밖에도 중소기업은 체계업체로부터 하청을 받는 과정에서 불공정하고 불합리한 거래를 감수해야 하고 심지어 독자적으로 개발한 기술을 탈취당하는 문제 등으로 인해 어려움이 많았던 것으로 알려졌다.[139]

그런데 문제의 핵심은 방산중소기업이 취약할수록 방산물자의 완전성은 떨어질 수밖에 없다는 점이다. 현대 무기체계는 수많은 부품과 소프트웨어로 연결된 '복합체'이므로 아무리 큰 대기업이라도 홀로 모든 것을 잘 할 수 없다. 적어도 수백의 협력업체가 분업과 협업을 통해 완제품으로 완성해나간다. 예를 들어, K-9 자주포는 100여 개의 업체가 10여 년간 협력한 결과물이며, T-50 고등훈련기는 300여 개의 업체가 협력하여 32만 개 부품을 개발, 결합해 만들어졌다(〈표 34〉).

최종 제품의 가치는 결국 부품과 소재 하나하나의 기술력에 좌우된다고 해도 과언이 아니다. 수많은 부품·소재 중에 어느 하나라도 품질·성능·로직에 결함이 생기면 전체의 결함으로 이어져 사업의 실패, 즉 '전투 부적합 판정'으로 귀결될 수 있기 때문이다. 더욱이 무기체계가 잘못되면 적군이 아닌 아군의 생명을 빼앗는 흉기로 돌변할 수 있기 때문에 부품 하나의 결함도 가볍게 볼 수 없다. 이런 의미에서, 방산부문의 대·중소기업은 경쟁대상이 아니라 '상생파트너'이다. 중소기업이 잘 되어야 대기업도 잘 되는 윈윈(Win-Win) 구조인 셈이다. 그럼에도 우리 방산구조가 양극화 현상을 벗어나지 못하고 있어

---

139 김설아, 앞의 기사.

무기체계의 질적 고도화(정밀화·첨단화)를 가로막는 주요 원인이 되고 있었다.

우리 방산의 또 다른 구조적 취약성은 전문방산업체가 너무 적다는 데 있다. 오늘날 무기체계는 수많은 하위시스템(sub-systems)과 수많은 부품(parts)을 하나의 시스템(a system)으로 통합하여 태어난 복합체계(system of systems)이다. 그런 만큼 무기체계의 첨단화에 비례하여 '전문화된 방산업체'도 많이 필요하다. 특정 무기체계의 성능과 신뢰도는 결국 주요 부품·소재를 개발·생산·공급하는 협력업체들의 전문성에 달려 있기 때문이다. 하지만 방산업체로 지정된 전문업체는 겨우 100여 개에 불과하여 수많은 부품을 필요로 하는 복합무기체계를 완성해내기에는 절대 부족한 실정이다. 특히 산업구조의 기층(基層)을 이루는 협력중소기업(1차협력업체)이 250여 개밖에 되지 않아 생산기반이 취약한 것으로 분석된다.[140] 물론 방산업체로 지정되지 않았어도 체계업체의 2차·3차 협력업체로 부품과 소재를 공급해주는 중소기업이 5,000여 개 있지만, 사업여건이 열악하고 전문성에 한계가 있기 때문에 복합체계의 조립생산에 완성도가 떨어지는 경우가 적지 않은 것으로 알려졌다.

이 같은 배경하에 특히 비용과 시간의 제약 속에서 완제품을 군에 공급해야 하는 체계종합업체의 입장에서는 불확실성이 높은 부품 국산화 대신 안전하고 믿을 수 있는 해외제품을 선호할 수밖에 없었던 것으로 이해된다. 만약 중소기업 중심의 부품 국산화가 시행착오 또는 실패를 되풀이할 경우 전력화 시기의 지연과 개발비용(+지체상금)의 증가 등을 초래하기 때문이다. 결국 개발비용 상승에 대한 부담과 촉박한 개발기간에 쫓겨 체계종합업체는 국산화 개발이 가능한 품목(부품)도 해외에서 구매하는 경우가 적지 않았던 것으로

---

140 우리 방산구조는 체계종합업체 10여 개, 전문방산업체 80여 개, 협력중소업체 250여 개로
     구성된 '탄두형'으로 형성되어 있어 수많은 부품으로 구성된 복합무기체계를 조립 생산하기
     에는 크게 부족한 것으로 판단된다. 안영수, 「방산 중소·벤처기업 육성방안」, 산업연구원
     보고서, 2017.10.31., 3쪽.

보인다.[141] 하지만 이는 부품 국산화의 지연과 중소협력업체의 생존성 위협, 군사장비의 해외의존도 심화 및 수입부품 단종 시 전력운영의 차질 등 악순환을 초래할 수 있음에 각별히 유의할 필요가 있다.

(6) 강도 높은 제재를 동반한 사정 한파

2010년대 중후반 방산위축의 또 다른 이유는 2014년 통영함 사건 이후 방산비리에 대한 대대적인 사정한파(司正寒波)가 몰아치면서 나타난 현상이었던 것으로 분석된다.[142]

방산업계에 대한 전방위 사정활동은 개인에 대한 처벌을 넘어 해당업체에 대한 가혹한 제재로 이어졌다. 특정 방산업체가 입찰담합 등 부정행위를 저질러 부정당업자로 지정되면, 2018년 기준, 부당이득금 및 가산금 환수, 방산

〈표 35〉 **부정당업자에 대한 제재기준(2018)**

부당이득금 및 가산금 환수	부당이득금의 2배에 해당하는 징벌적 가산금 환수
경영 노력 보상이윤 삭감	부정행위 발견시점부터 2년간 이윤 2% 삭감
인증 취소 및 이윤 환수	방산원가관리체계 인증취소 및 이윤 1% 소급 환수
	국방품질경영시스템 인증정지 및 이윤 1% 삭감
입찰참가자격 제한	6개월~2년
착/중도금 지급 제한	부정당제재 기간 중 착수금(선급금) 및 중도금 지급 정지
방산물자/업체 지정 취소	중대 사유로 부정당제재를 받은 경우 방산물자/업체 지정 취소
적격심사 입찰시 감점	2년간 최대 3점 감점 적용
제안서평가시 감점	신규사업 제안서 평가 시 과거 2년간 사업수행성실도 2~6점 감점
절충교역 참여시 감점	절충교역 참여업체 선정 시 최대 10점 감점

자료: 임해중, "갈길 먼 방산 强國 ④: 부정당업자 중복 제재 과도하다", ≪News1≫, 2019.10.3.; 김용훈, "국가안보 위협하는 방산 중복제재", ≪파이낸셜뉴스≫, 2019.10.17.

---

141 한남성·강인호, 앞의 글, 534쪽.

142 전문가들은 2017년 방산매출액과 영업이익률이 대폭 하락한 원인 중의 하나로 대대적인 감사에 따른 양산 지연과 수출마케팅의 어려움 등을 꼽고 있다. 장원준·송재필·김미정, 앞의 책(2019), 8쪽.

이윤 삭감, 입찰참가자격 제한, 착·중도금 지급 제한, 방산물자·업체 지정 취소, 적격심사 입찰시 감점, 신규사업 제안서평가 시 감점 등 10여 개의 중복 제재를 받았다(〈표 35〉).

방위산업은 정부(군)가 수요를 독점하고 있기 때문에 정부밖에 돈줄이 없다. 그래서 일단 부정당업자로 지정되면 문을 닫아야 할 위기상황에 몰리게 된다. 만약 체계종합업체가 문 닫으면 도미노처럼 수많은 협력업체들까지 줄도산에 이를 수 있음에 유의할 필요가 있다.[143]

방위사업이 잘 되려면, 방위사업청과 방산업체의 관계가 '상호신뢰'와 '절대정직' 위에 세워져야 한다. 그런데 방산비리 관련 사정활동이 전방위적으로 확대되고 장기화되면서 정부와 기업은 작은 문제만 생겨도 서로 탓하는 경향이 나타났던 것으로 보인다. 그렇지 않아도 정부와 기업은 처음부터 서로 다른 목적을 가지고 서로 다른 가치를 추구하기 때문에 절대적 신뢰관계를 맺는 것은 사실상 불가능에 가깝다. 마침 감사·수사라는 외풍(外風)이 몰아치자 서로에 대한 믿음은 더욱 얕아지고 책임질 일은 최대한 회피 내지 전가하는 행태가 일반화되었던 것은 아닌지 모르겠다.

사정한파 속에서 정부 측이 책임질 소지를 남기지 않으려고 관련법규를 최대한 '보수적으로' 판단·적용할 경우 기업이 선택할 수 있는 길은 '법에 호소하는 길'밖에 없었을 것이고, 이는 결국 '소송전'으로 이어지며 상호 불신과 불통의 담벼락을 높여갔던 것으로 보인다. 이는 결국 방위산업의 침체와 방위사업의 비효율성으로 귀결되었다.

---

143 김용훈, "국가안보 위협하는 방산 중복제재", ≪파이낸셜뉴스≫, 2019.10.17.

04 방위사업의 특성과 성공조건

방위사업은 국방(군)에 필요한 물리적 수단(무기체계)을 공급하여 국가안보(+평화)라는 '공공재(public goods)'를 생산해내는 데 그 존재가치를 두고 있다. 그런 만큼 국방의 성패는 곧 방위사업의 성패에 달려 있다고 해도 과언이 아니다. 방위사업이 성공하려면 적어도 3개의 핵심가치와 1개의 동력이 전제되어야 한다. 3대 핵심가치는 투명성(transparency), 전문성(expertise), 유연성(flexibility)이고 각각의 가치가 훼손됨 없이 협력하여 효율성(efficiency)을 극대화하는 방향으로 견인하는 동력은 관련기관 간의 유기적 협업(collaboration)이다.

1. 방위사업의 특성

1) 국민생명사업

방위사업의 첫 번째 특징은 '국민의 생명'을 지키기 위해 세워지고 '국민의 뜻'에 따라 운영되는 '국민생명 관련 사업'이라는 데 있다.

먼저, 방위사업은 '유사시 적대세력에 맞서 싸워 이길 수 있는 무기체계를 확보하여 군에 공급하라'는 '국민의 뜻(命令)'에 의해 세워지고 '국민의 믿음'을 바탕으로 추진되는 '국민사업'이다. 이렇듯 방위사업의 정당성은 국민으로부터 나온다. 국방서비스의 최종 고객도 국민이고 정치사회적 외풍으로부터 군을 지켜주는 최후의 보루도 역시 국민이다. 이는 '국민의 뜻'이 곧 국방의 존립 근거가 됨을 의미한다.

다음, 방위사업은 일종의 '생명 지킴이 사업'이다. 즉, 국민의 생명을 지켜내는 데 필요한 수단(=武力)을 제공해주는 '생명 관련 사업'이다. 방위사업은 국방의 실체를 채워주는 중심으로서 특히 외부의 위협으로부터 국민 개개인의 고귀한 생명과 재산을 지켜내고, 나아가서는 국가의 생존권 수호에 필요한 무기체계를 공급해주는 임무를 띠고 있기 때문이다. 이는 방위사업의 성패가 곧 국민의 생명과 국가의 안위를 좌우하는 결정인자 중의 하나임을 뜻한다.

모든 생명체에게 '생존'은 모든 것에 앞서는 '절대선'이고 어디에도 양보할 수 없는 '절대적 가치'이다. 어떤 일이 있어도 반드시 지켜내야 하는 것이 바로 생명이고 생존권이기 때문이다. 방위사업의 기본가치도 역시 세상의 절대선에 해당하는 국민생명과 국가생존을 지켜내는 데 절대적으로 필요한 무력수단을 제공해준다는 데 있다. 이를 현실의 가치로 환치(換置)하면, 방위사업은 ▷ 우리 군이 필요로 하는 무기체계를 군이 원하는 때에 공급해주는 임무를 띠고, ▷ 싸우면 반드시 이기는 '강한 군대' 즉 '무적강군(無敵强軍)'의 실체를 채워, ▷ 어떤 위협 속에서도 국민의 생명과 국가생존권을 지켜내는 '불패국방'의 신화 창출 및 유지에 이바지하는 '국민생명사업'이라고 정의할 수 있겠다.

2) 국방과 기업의 접점

방위사업의 두 번째 특징은 '국방과 기업이 만나는 접점'이라는 점이다. 국방과 기업은 출발점도 다르고 종착점도 서로 다르다. 이 둘은 서로 다른 존재 가치를 가지고 있기 때문이다. 국방은 국가생존권 수호에 절대적 가치를 두고 있는 반면에 기업은 이윤 극대화에 목표를 두고 있다. 이에 각자의 목적을 이루려면 서로 손잡고 가는 수밖에 없다. 그런 만큼 방위사업은 서로 다른 목적을 가진 국방과 기업이 손잡고 국가경영의 양대 축인 '안보'와 '경제'를 뒷받침한다는 데 특별한 가치가 있다. 한편으로는 국방과 기업이 손잡고 국방의 수단(=무기체계)을 창출해 '국가안전보장'에 기여하고, 다른 한편으로는 방위산업육성, 일자리 창출, 기술혁신과 기술이전, 수입대체 및 방산수출 등을 통해 '국민경제 발전'에 이바지한다.

하지만 서로 다른 목적을 가진 두 기능이 '하나의 목표(=국가안보 증진)'를 향해 가는 길은 순탄치 않다. 그 길목에는 크고 작은 갈등과 긴장이 항상 기다리고 있기 때문이다. 방위사업 특성상 국방에 '기업의 특성'이 접목되다 보니 사업추진 주요 단계·절차마다 각종 이해관계가 중첩되고 치열하게 경쟁하기 마련이다. 특히 최근 방산의 영업이익이 제로(zero) 상태에 근접하자, 앞에서 보았듯이, 방산기업들은 생사의 갈림길에서 출혈경쟁을 할 수밖에 없는 막다른 골목에 접어들었다. 이제 입찰에서의 패배는 곧 죽음이라는 등식이 성립되면서 이해득실이 조금만 엇갈려도 경쟁업체들 사이는 물론 정부-기업의 사이에도 긴장과 갈등이 극단으로 치닫기 일쑤였다.

더욱이 '지나친' 경쟁은 자칫 부정·비리에 틈을 내주는 빌미가 될 수 있음에 유의해야 한다. 기업의 생사존망이 걸린 한계선상에서는 수단·방법을 가리지 않고 살길을 찾는 경향이 있기 때문이다. 이로 인해 방위사업은 항상 부정과 비리의 유혹에 노출될 수밖에 없는 환경에서 추진되어왔다.

3) '베일에 싸인 국방'의 속성 공유

방위사업의 세 번째 특징은 '국방의 일부'로서 투명성과 거리가 멀다는 점이다. 국방은 기본적으로 '기밀'을 중시하는 폐쇄적 속성을 가지고 있으며 방위사업 또한 동일한 속성을 공유하고 있기 때문에 처음부터 투명성을 확보하기는 쉽지 않다.

국방은 한마디로 방대한 규모(인력·조직·예산), 복잡한 절차, 수많은 규제, 엄격한 기밀주의, 상명하복의 위계질서 등으로 특징지어진다. 국방 분야는 예를 들어, ▷ 규모의 방대성에 비례하여 관리 감독(+감시·감찰)이 어려워져 부정·비리가 파고들 빈틈이 많아질 수 있고, ▷ 국방관리시스템 자체가 수많은 규정과 복잡한 절차 속에 파묻혀 있어 투명성 문제로부터 자유로울 수 없으며, ▷ 주요 의사결정 단계마다 각종 이해관계가 얽히고설켜 이권개입의 통로가 될 수 있고, ▷ 기밀유지가 절대시되는 국방사업의 특성상 제3자에 의한 객관적 검증이 제한되며, ▷ 정부-기업 간 정보의 비대칭성으로 인해 일종의 정보거래에 의한 유착관계가 맺어질 수 있고, ▷ 상명하복의 위계질서가 엄격한 군사문화로 인해 내부자의 자발적 고발에 의한 자정(自淨) 활동을 기대하기도 어렵다.[1]

---

1   국방 분야가 투명성과 거리가 먼 이유는 다음과 같다. 첫째, 국방 분야는 국가의 어떤 분야보다도 방대하고 복잡하기 때문에 투명성을 확보하기 쉽지 않다. 국방조직은 임무의 특성상 언제든지 독립적 활동이 가능하도록 없는 것이 거의 없을 정도로 자체적 완결성을 지닌 '국가 속의 국가'라고 할 수 있다. 인력과 조직, 예산, 시설, 장비 등 국방자원은 타의 추종을 불허한다. 둘째, 군사기밀주의는 국방사업의 투명성을 가로막는 뿌리원인이다. 기밀성과 투명성은 양립할 수 없다. 동서고금을 막론하고 국가안보의 특성상 기밀유지는 군사의 생명선이며 유사시 전쟁의 승패를 가름하는 첫걸음이다. 군사기밀주의는 적대국에 알려져서는 안 되는 비닉무기 개발 등 군사력 건설과정에도 적용된다. 기밀유지의 절대성은 방위사업의 공정성·적정성 등에 대한 객관적 검증을 가로막는 요인이 된다. 기밀주의로 인해 판매자와 구매자, 정부(군)와 기업 간 정보의 비대칭성이 존재하고 이는 비리의 요인으로 작

국방부문의 이런 특성으로 인해 거의 모든 분야에 걸쳐 투명성 문제가 존재하는 것으로 분석되었다. 창군 이래 병역비리, 군납비리, 방산비리, 입찰비리, 인사비리 등 각종 부정과 비리에 노출되었던 것도 결코 우연이 아니라 국방 고유의 구조적 특성에서 비롯되었던 것으로 짐작된다.

특히 방위력개선사업은 사업의 규모가 방대하고 사업관리절차도 복잡하여 부정·비리의 개입 가능성 또한 크다고 볼 수 있다. 방위사업은 단품 위주의 무기 획득이 아니라 주장비, 편제장비, 소프트웨어. 부지매입, 시설공사 등을 '패키지'로 확보하는 사업이므로 천문학적 비용을 수반하는 대규모 사업이 많고 사업기간도 오래 걸리는 장기 계속사업이 대부분이다. 이에 따라 적게는 수백억 원에서 많게는 조(兆) 단위의 비용이 소요되므로 경쟁업체 간의 치열한 로비 대상이 되어 의도치 않게 부정비리의 의혹에 휩쓸릴 가능성을 배제할 수 없다. 또한 무기체계의 기종 결정과정에는 군의 요구성능(ROC)은 물론 경제적 파급효과, 기술이전, 산업발전 기여도, 외교관계에 미치는 영향 등 다양한 변수가 복합적으로 작용하기 때문에 합리성·투명성·공정성·객관성 등에 대한 시비(是非)로부터 자유로울 수 없다.

4) 쌍방 독점 구조

방위사업의 네 번째 특징은 시장의 논리가 작동하지 않는 '수요-공급의 쌍방 독점 시장'이라는 독특한 공간에서 이루어진다는 점이다. 방산물자의 수요는 정부(군)가 독점하고 공급은 방산업체가 독점하는 구조이기 때문이다.

용하기도 한다. 셋째, 상명하복의 위계질서가 절대시되고 생사를 함께 하는 전우애로 응결된 군사문화는 국방비리의 재생산을 뒷받침해주는 구조적 요인으로 작용할 수도 있다. 보편적 가치나 규범보다 상급자의 명령이 우선시되는 군사문화 속에서 하급자에 의한 내부고발은 기대하기 어렵기 때문이다. 박영욱·권재갑·이종재, 앞의 책, 21~22, 25, 43쪽.

이로 인해 정부와 기업이 서로 물고 물려 있다.[2]

본래 국방은 시장(市場)의 손에 맡길 수도 없고 특정 개인이나 기업에도 맡길 수 없다.[3] 경제학 이론에 의하면, 국방재화는 국민 전체를 균등한 수혜자로 하는 '공공재(public goods)'이기 때문이다. 또한 방산물자의 특성상 '다품종 소량 주문형 생산'으로 이루어지기 때문에 다양한 설비 투자가 필요한 반면, 규모의 경제(economies of scale) 달성이 어려워 수익성이 제한된다. 이로 인해 이윤추구에 절대적 가치를 두는 사기업이 전담하기에는 내재적 한계가 있다. 국방서비스는 결국 국가가 직접 책임지고 적정량을 공급해야 하는 고유 영역이다.

그렇다고 정부가 직접 무기를 생산·공급할 수도 없고 이를 자유시장의 손에 맡길 수도 없다.[4] 이에 정부는 '기업의 손'을 빌리는 대신 기업에게 '적정

2　쌍방 독점 구조의 특성상 정부·기업 각 측은 상대방에 대해 영향력을 행사할 수 있는 일정한 몫을 가지고 있다. 정부 측은 방산업체가 계약 의무를 불이행할 경우 각종 제재를 가할 수 있으며 최악의 경우 방산업체 지정을 취소할 수 있는 권한을 가지고 있지만, 기업 측도 정부의 행정처분이 부당하거나 억울할 경우 법원에 집행정지 가처분 신청을 통해 이를 무력화시킬 수도 있고 또한 특정 방산물자의 독점적 공급 지위를 이용하여 정부에 대해 일정 수준의 압박을 행사할 수도 있다. 다만, 후자의 경우, 자칫 기업이 이윤추구에 매몰되어 국가안보를 볼모로 잡을 수도 있는 만큼 각별한 주의가 요구된다.

3　국방서비스와 같은 공공재는 사유재(private goods)와 달리 시장(markets)을 통해 생산·공급할 수도 없고 특정 개인이나 기업에 의해 창출될 수도 없다. 국가가 전략적으로 판단하여 장차 어떤 위협 속에서도 국가생존권 수호에 필요하고도 충분한 분량의 국방재화를 안정적으로 공급해야 한다. 이는 국가의 당연한 의무이며 어디에도 양보할 수 없는 국가 고유의 기능이다. 전제국, 「국방비 소요 전망과 확보 대책」, ≪전략연구≫, 제24권 제3호, 2017. 11., 7~52쪽.

4　무기는 적군에 대해 사용할 목적으로 만들어지지만 기본적으로 '사람의 생명과 재산을 노리는 위험한 물질'이다. 그래서 무기가 시장에서 자유롭게 사고 팔 수 있도록 놔둘 수는 없다. 이것이 무기획득을 '시장의 손'에 맡길 수 없는 첫 번째 이유이다. 또한 무기체계는 국가안보의 핵심수단이므로 '안정적으로' 공급되어야 할 필요성이 있다. 이것이 수시로 변동하는 시장의 손에 무기획득을 맡길 수 없는 두 번째 이유이다. 결국 무기는 정부가 책임지고 생산 공급해야 한다는 논리로 귀결된다.

이윤'을 보장해주는 일종의 특별관계가 성립된다. 이는 방산업체지정제도와 원가제도 등에 의해 뒷받침되고 있다. 정부는 먼저 방산물자의 안정적 공급원 확보 및 품질보증을 위해 1973년 '방산물자 및 방산업체 지정제도'를 도입했고, 이어서 1974년에는 방산물자 생산과정에서 발생하는 실제 비용(原價)에 일정수준의 이윤을 덧붙여줄 목적으로 '원가제도'를 도입했다. 이에 따라 특정 기업이 생산한 물자가 일정한 요건과 절차를 거쳐 방산물자로 지정되고 나아가서 방산업체로 지정되면, 경쟁입찰이 아닌 수의계약으로 생산·공급할 수 있고 정부의 우선구매대상이 되며 생산원가(+적정이윤)를 보상받고 부가가치세를 면제받는 등 일정한 혜택을 누리게 된다. 그 대신 방산업체는 전·평시를 막론하고 군의 소요를 안정적으로 공급해야 할 의무가 발생하며, 시설의 이전·변경, 인수·합병, 휴업·폐업, 방산물자의 매매 또는 수출 시 정부의 사전 승인을 받아야 한다(부록 #10).

이렇듯 방산물자의 수요자(정부/군)와 공급자(기업)는 단순한 갑을관계를 넘어 생사존망을 함께 하는 동반자관계가 되어야 할 공동운명체로 엮여 있다. 여기에는 '시장의 논리', '경제의 논리'가 개입할 여지가 없다.

하지만 독과점의 구조적 한계와 부작용은 앞으로 풀어야 할 과제이다. 첫째, 경쟁이 아닌 수의계약은 도덕적 해이와 부정·비리가 파고들 틈새가 될 수도 있고 심지어 군산유착의 통로가 될 수도 있다. 둘째, 경쟁이 없는 독과점적 시장구조에서는 연구개발과 기술혁신 등 미래지향의 전략적 경영이 이루어지지 못해 효율성과 생산성이 떨어지기 쉽다. 셋째, 방산물자의 수요가 정부(군)에 의해 독점되다보니 방산업체는 정부 의존성에서 벗어나기 어렵다. 넷째, 독과점의 특성상 승자가 모든 것을 독차지하는 '승자독식의 시장구조'가 형성되어 중소기업의 진입을 제한한다. 이에 따른 대·중소기업 간의 양극화 현상은 건강한 방산생태계를 위협하는 뿌리 원인이 된다.

5) 첨단 과학기술의 산실

방위사업의 다섯 번째 특징은 첨단과학기술의 산실이라는 점이다. 방위사업은 국가의 생사존망을 가름하는 '전쟁에 대비하는 사업'이기 때문에 첨단이 아니면 의미가 없다. 전쟁터에서 최첨단이 아니면 패전과 죽음뿐이기 때문이다. 그런 만큼 전쟁을 준비하는 국방에는 1등만 있고 2등 이하의 등수는 무의미하다. 일등을 제외하고는 모두 패자이기 때문이다. 국방의 수단(무기체계)을 창출하는 국방과학기술이 최첨단이어야 하는 이유도 바로 여기에 있다.

특히 '정글의 법칙'이 작동하는 무정부(Anarchy) 상태의 국제관계 속에서 국가 생존권을 지켜내려면, 잠재적 적(敵)보다 한 수 위의 '전략'이 있어야 하고 그 전략을 이행할 수단으로 '첨단 군사력'이 있어야 한다. 그런 만큼 국방의 실체를 채워주는 방위사업은 항상 남보다 앞선 신기술을 개발하고 이를 첨단 무기체계로 전력화하여 '무적 강군' 육성을 뒷받침해야 한다.

그런데 첨단무기는 신기술로부터 나오고, 신기술은 국방연구개발로부터 나온다. 이런 뜻에서 국방연구개발이야말로 전쟁의 승패를 판가름하는 신기술·신무기를 개발하며 국방의 앞길을 개척해나가는 첨병의 역할을 맡고 있다고 해도 과언이 아니다.

6) 장거리 장애물 경기: 멀고 험난한 가시밭길

방위사업의 마지막 특징은 '장애물 10종경기'처럼 '멀고 험난한 가시밭길'이라는 점이다. 먼저, 방위사업은 10년 이상 소요되는 장기사업이 많다. 이를 육상경기에 비유하면 '마라톤'에 비유할 수 있다. 그렇다고 평탄한 길로 달리는 것도 아니다. 곳곳에 크고 작은 위험이 기다리고 있다.

방위사업은 길고 복잡한 절차를 거치기 때문에 오랜 시간이 걸린다. 특정

사업이 각종 규제를 넘고 수많은 절차를 거쳐 실물무기체계로 변환, 실전에 배치되려면, 짧게는 5년, 길게는 20년도 걸린다. 그 사이에 변하지 않는 것은 거의 없다. 사람도 바뀌고 전략환경도 바뀌고 기술과 자원 등 모든 것이 변한다. 와중에 각종 돌출변수들이 나타나 사업추진과정을 흐트러뜨리기 일쑤이다. 그렇다고 충분한 시간이 주어지는 것도 아니다. 각 사업별로 끝내야 할 시한은 출발 이전에 이미 정해져 있다. 하루라도 늦으면 지체상금이 부과되고 너무 늦어지면 '사업실패' 판정과 함께 각종 제재를 받게 된다.

사업관리자들이 제한된 시간 안에 제한된 기술과 재원·정보를 가지고 군에서 요구하는 최고수준의 성능을 가진 무기체계를 획득, 공급해주려면, 하루하루가 '전쟁의 연속'이라고 해도 과언이 아니다. IPT가 일상적 업무 수행 과정에서 맞닥뜨리는 장애물은 한둘이 아니다. 적어도 다음과 같은 '네 겹의 전선(戰線)'을 넘어야 비로소 외롭고 지루한 싸움이 끝나게 된다.

첫째, 방위사업과정은 '각종 이해관계와의 싸움'으로 점철되어 있다. IPT의 일상은 각종 이해관계의 틈바구니에서 투명성과 공정성을 확보하기 위한 전투로 일관한다. 방위사업은 서로 다른 이해관계 사이에 전투가 벌어지는 현장이며, 바로 그 싸움의 한 가운데 IPT가 있다. 그래서 IPT의 일거수일투족은 어항 속의 금붕어처럼 투명하고 공정해야 된다. 이 명제를 확보하기 위한 전투는 사업이 시작되기도 전인 소요제기단계부터 시작되고 사업이 끝난 이후에도 상당기간 지속되며 IPT의 스트레스로 작용한다.[5]

둘째, IPT는 시종일관 '제한된 시간과의 외로운 싸움'을 벌여야 한다. 사업별 종결 시점(=전력화 시기)은 방위사업청이 아니라 소요군에서 결정한다. 사업관리자의 입장에서 보면 시한(時限)이 촉박한 경우가 대부분이다. 도중에

---

5 방위력개선사업은 소요제기단계부터 이해관계자들의 관심이 쏠리기 마련이고 사업이 끝나더라도 언제든지 투명성·공정성의 문제가 제기되어 수사·감사의 대상이 될 수 있기 때문에 IPT 팀원들은 특정사업이 끝났다고 완전히 해방되는 것은 아니다.

문제가 생겼을 때 이를 흡수, 완충할 수 있는 여유시간이 거의 주어지지 않기 때문에 특별한 문제없이 일사천리로 달려야만 시한에 맞출 수 있다. 시간의 문제는 소요군의 몫이 아니라 사업관리팀이 책임지고 해결해야 할 사안으로 간주되기 때문에 IPT는 항상 시간에 쫓기는 압박감에 시달린다. 무기의 성능과 전력화 시기에 대한 결정권이 없는 IPT로서는 소요군이 정해준 시한에 맞추기 위해 항상 긴장한 상태로 '100m 달리기' 하듯이 마라톤경기를 허겁지겁 달리지 않으면 안 된다.

셋째, IPT의 하루하루는 '수많은 규정과 복잡한 절차와의 전쟁'이다. 각종 규정은 물론 절차도 한번 만들어지면 반드시 지켜야 하는 사실상의 '규제'로 작동하기 마련이다. 특히 방위사업에 대한 감시·감독이 강화되면서 모든 규정과 절차는 곧바로 감사·수사의 잣대로 작동하며 IPT의 행동을 옥죄는 올무로 변해버렸다. 이제 IPT는 시간에 쫓기면서도 수많은 규정·절차 중에 어느 하나라도 위반하지 않도록 '살얼음 걷듯이' 매사에 조심해야 한다.

넷째, IPT는 관련기관들의 자발적 협조와 지원을 얻기 위해 동분서주하며 외로운 전투를 벌여야 한다. 어떤 사업이든 일사천리로 순탄하게 추진되는 것은 별로 없다. 속담에 "가지 많은 나무 바람 잘 날 없다"는 말이 있듯이, 수많은 단계·절차로 이루어진 방위사업은 도중에 크고 작은 현안에 맞닥뜨리게 된다. 하지만 IPT 홀로 해결할 수 있는 현안은 별로 없다. 방위사업은 단계별·기관별로 분업화되어 있기 때문에 어떤 문제든 관계기관의 협조를 받아야만 해결할 수 있다. 그런데 협조·동의에는 책임이 뒤따르다 보니 어떤 기관도 선뜻 동의해주지 않는다. IPT로서는 관계기관의 협조를 얻기 위해 이리 뛰고 저리 뛰어다녀야 한다. 동의를 얻지 못해 사업이 중단되면, 모든 책임은 IPT로 돌아오기 때문이다.

한마디로 말해 방위사업과정은 각종 장애물로 덮인 험로를 뚫고 우여곡절을 넘어야 비로소 완결되는 '길고 위험한 여정'이다. 이를 관리하는 IPT 팀원들의 일상은 여러 겹의 다중 전선에 동시 대응하며 고군분투하는 나날의 연속이다. 이런 의미에서 방위사업과정은 '진주의 생성과정'과 흡사해 보인다. IPT가 수많은 절차와 규정을 넘어 소요군에서 주문한 무기체계를 개발·생산·배치하기까지의 과정은 진주조개가 '핵'을 품고 오랜 세월 참고 견디며 크고 영롱한 진주를 생성해내는 '인고의 과정'을 닮았기 때문이다.

2. 방위사업의 성공조건

방위사업은 반드시 성공해야 한다. 방위사업의 성패가 곧 국방의 성패(+국가의 생사존망)를 가름하는 첫 단추가 될 수 있기 때문이다. 방위사업이 성공하려면, 방위사업의 특성을 바탕으로 현행 시스템에 내재하는 구조적 문제의 뿌리원인을 치유하는 방향으로 접근해야 한다.

지금까지 살펴본 방위사업의 특성과 위기의 원인을 종합적으로 판단해볼 때, 방위사업이 소임을 완수할 수 있으려면, ▷ 사업추진과정의 투명성, ▷ 사업관리인력의 전문성, ▷ 사업관리방식의 유연성이 ▷ 관계기관 간의 협업을 토대로 승수효과를 창출하며 '효율성'을 견인해내야 한다. 이 가운데 투명성·전문성·유연성은 핵심가치(core values)이고 협업(합동성)은 3대 기본가치가 합력하여 시너지를 내도록 견인하는 동력(enabler)이다.

〈그림 30〉은 방위사업의 성공(효율성)을 견인하는 핵심가치들 간의 관계와 작동원리를 정립한 것이며, 이를 등식으로 표기하면, [방위사업의 효율성 = (투명성+전문성+유연성) × 협업]이 될 것이다.[6]

---

6 '효율성'은 효과성(effectiveness)과 능률성(efficiency)의 복합개념으로서 '얼마나 능률적(생산적)으로 목표를 달성할 수 있는지'의 정도를 의미한다. 일반적으로 효과성은 '목표달성도'를 뜻하고 능률성은 '투입 대 산출의 비율'을 의미하므로 이 둘을 합친 효율성의 개념

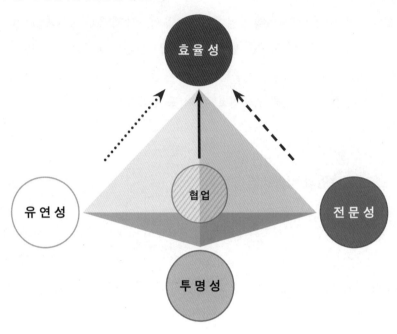

1) 투명성(Transparency)

방위사업과정은 깨끗하고 투명해야 한다. 부정과 비리로 얼룩진 창검(槍劍)으로는 국민의 생명을 지킬 수 없기 때문이다. 방위사업은 생명 관련 사업이기 때문에 정금(正金)같이 절대적으로 정결하고 순수해야 한다. 우리 식탁 위에 올라오는 먹거리들이 깨끗해야 하듯이, 방위사업과정에 부정과 비리, 거짓과 허위, 사기와 위조 등 불순물이 들어가는 순간 부실한 무기가 나오기 마련이

은 '최소의 투입으로 최대의 산출을 얻어 당초에 설정한 목표를 얼마나 달성했는가'를 나타내는 개념으로 정의할 수 있다.

〈표 36〉 **국방비리의 부정적 파급효과**

구분	연쇄적 파장
경제(+안보)	▷ 국가 자원의 낭비(국방비의 기회비용 증가) ◆ 국방투자에 대한 국민 불신 심화 → 국방예산의 안정적 확보 제한 → 국방력 약화 →「평시 전쟁억제 실패 + 유사시 패전」
안보(+경제)	▷ 부실한 무기 → 군사작전의 효율성 저하 ◆ 평시 전쟁억제력 약화 + 유사시 패전(→ 최악의 경우 亡國) ◆ 국민의 안보 불안 증대 → 기업투자 축소 → 경제 침체
정치(+외교/수출)	▷ 국방비의 정치자금화(권력형 비리스캔들) ◆ 국내적: 민심이반 → 정권교체(+정치 불안) ◆ 외교적: 국제적 신인도 저하 → 방산수출 감소

고, 허술한 무기로는 유사시 적군이 아니라 아군을 해치는 부메랑이 되어 돌아올 것이 분명하다. 방위사업 공정(工程)에 부정과 비리를 심으면 아군(+祖國)을 죽이는 역신(逆臣)의 무기가 나오고 정직과 믿음을 심으면 적군(+敵國)을 죽이는 충신의 무기가 나온다. 이는 심은 대로 거두는 '자연의 섭리' 안에 있다.

전문가들에 의하면, 국방비리는 발생 빈도·규모와 관계없이 안보적 차원의 악영향은 물론 경제·정치·외교 등에 걸쳐 부정적 파급효과를 낳는 것으로 보고 있다. 〈표 36〉에서 보듯이 국방비리는 정치, 경제, 외교, 안보의 영역을 넘나들며 복합적 문제를 초래하는 경향이 있기 때문이다. 이런 현상이 단순한 이론이 아닌 실존의 문제로 대두하여 국민의 심중에 각인될 경우 국가위기의 단초가 될 수 있다. 단 한 건의 대형비리 사건으로도 국민의 대군 신뢰도를 실추시킬 수 있음에 유의해야 한다.

특히 한반도와 같이 군사적 긴장이 높은 곳에서 국민의 신뢰와 지지를 잃을 경우 국방이 설 땅은 사라지고 국가는 백척간두의 위태로운 지경에 이를 수 있다. 결국 방위사업의 투명성 문제는 안보를 넘어 경제로 이어져 국가생존과 번영에 닿아 있는 만큼 어떤 경우에도 반드시 확보되어야 하는 절대적 명제임에 틀림없다.

그런데 방위사업은 앞에서 보았듯이 부정·비리가 틈타기 쉬운 구조적 특성을 가지고 있다. 또한 방위사업은 존재 목적이 서로 다른 두 기능(국방 vs 기업)이 손잡고 하나의 목표를 향해 가는 험난한 여정이므로 긴장과 갈등이 상존하며 주요 단계·절차를 넘어갈 때마다 각종 이해관계가 부딪치고 생사를 건 생존경쟁이 벌어진다. 이런 틈을 비집고 부정과 비리가 유혹의 손짓을 하기 쉽다. 이에 방위사업인들에게는 추호의 방심도 허용되지 않는다. 방위사업의 투명성은 어떤 경우에도 훼손되어서는 안 되는 절대적 가치인 만큼 사업추진과정에 부정·비리의 손길이 틈타지 않도록 항상 유념해야 한다.

결국 방위사업의 구조적 취약성을 넘어 정금같이 정련된 시퍼런 창검을 만들어내려면, 먼저, 의사결정과정이 투명하고 사업추진절차가 공정하여 사특(邪慝)한 유혹이 끼어들 틈이 없어야 하고, 다음, 체계개발·생산과정은 '절대정직'으로 채워져 최종산물의 품질을 최고수준으로 끌어올려야 한다.

2) 전문성(Expertise)

방위사업은 '고도의 전문성', 그것도 일차원이 아닌 '다차원의 전문성'을 필요로 한다. 방위사업관리는 어설픈 아마추어가 주먹구구식으로 할 수 있는 일이 아니다. 무기체계의 소요기획-연구개발-시험평가-양산-실전배치에 이르는 일련의 단계와 절차를 총괄·조정·관리하는 방위사업과정은 고난도 프로세스이기 때문이다.

사업관리팀(IPT)이 군의 소요 전력을 적기에 획득·공급해주려면, 군사적·공학적·경영학적 차원의 전문성을 갖춘 인력의 최적 조합이 필요하다. 먼저, IPT가 '군의 요구'대로 무기체계를 획득하려면, 군의 소요제기 배경과 작전개념을 이해할 수 있는 '군사적 전문성'이 전제되어야 한다. 무엇보다 먼저 해당 무기가 어떤 부대에서 어떻게 운용되어 어떤 전략목표를 달성하려는 것인지 등에 관한 사업별 기본취지와 작전운용개념을 정확히 이해하는 것이 사업 착수의 첫걸음이기 때문이다.

둘째, 무기체계는 과학기술의 총화(總和)이므로 해당 무기체계의 기술적 특성을 이해하고 적용할 수 있는 '공학적 전문성'이 선행되어야 한다. 현대 무기체계는 수천·수만·수십만의 구성품들이 수많은 소프트웨어로 연결된 하나의 복합체이므로 기계공학, 전자공학, 금속공학 등 분야별 공학적 전문성을 넘어 통합적 차원에서 시스템 전체를 아우르며 무기체계 전체를 완성해낼 수 있는 '체계공학적 전문성(System Engineering)'을 필요로 한다.[7]

셋째, IPT가 길고 복잡한 사업추진과정에서 나타나는 예측불허의 위험을 효과적으로 관리할 수 있으려면, 위험관리(risk management)에 최적화된 '경영학적 전문성'도 필요하다. 일반적으로 무기획득은 공학적 전문성만 있으면 될 것으로 생각하고 있지만, 사업관리는 공학적 지식과 또 다른 별개의 영역이다. 방위사업은 제한된 시간 내에 수많은 단계와 절차, 각종 규제의 장벽을 넘어 예측불허의 난관을 뚫고 최종 목적지까지 가는 험난한 과정의 연속이므로 자연과학적 논리와 기계적 셈법으로는 돌파할 수 없는 경우가 많다. 그런 만큼 IPT가 제한된 시간 안에 소기의 사업목표를 달성할 수 있으려면, 공학적 전문지식을 넘어 험로를 뚫고 나갈 수 있는 경영전략과 지혜(+노하우) 및 실천 의지를 겸비한 인재를 필요로 한다.

한걸음 더 나아가, 방위사업관리는 단순한 기능적 차원의 전문성을 넘어 국방 전략적 차원의 포괄적 사고 역량을 필요로 한다. 방위사업이 당초의 전략개념에 맞는 무기체계를 획득·공급하려면, 소요전력에 대한 국가·국방 차원의 전략적 판단으로부터 군사전략·작전개념, 신기술 개발동향, 방산역량

---

7   무기체계개발과 체계공학의 연관성에 대해서는 신기수, 「4차 산업혁명 시대의 무기체계 연구개발」, 《심층이슈분석》, 2018-2, 국방대 안보문제연구소 참조.

등에 이르기까지 다양한 분야에 걸친 포괄적 전문성을 토대로 해야 한다. 단순히 한곳에 오래 머무르면서 동일한 업무를 반복하며 터득하는 기능적 전문성으로는 방위사업을 제대로 관리할 수 없다. 앞으로는 국방정책·군사전략으로부터 연원되는 군사력 건설의 큰 그림을 이해한 상태에서 소요기획부터 시험평가까지 일련의 획득과정을 대관소찰(大觀小察)하며 통괄적으로 관리할 수 있는 '전략적 사고(strategic thinking)'에 뿌리를 두고 방위사업을 권위 있게 관리할 수 있기를 기대한다.

3) 유연성(Flexibility)

방위사업이 예측불허의 파고(波高)를 넘어 목적지까지 무사히 도착하려면 '사업관리의 유연성'이 보장되어야 한다. 방위사업은 짧게는 5~6년, 길게는 10~20년도 걸린다. '빛의 속도'로 바뀌는 21세기에 5년, 10년은 강산이 몇 번 바뀌고도 남을 만큼의 긴 시간이다.

방위사업인들이 제한된 재원·시간·기술·정보를 가지고 수많은 절차와 규정, 돌출변수를 넘어 고성능의 무기체계를 적기에 획득해 소요군에 공급해줄 수 있으려면, 사업별 특성과 기술의 성숙도, 재원의 증감 등 여건의 변동에 맞추어 사업계획을 탄력적으로 조정하고 유연하게 관리할 수 있어야 한다. 그런 만큼 끊임없이 변화하는 전략환경과 사업여건에 따라 사업과정을 신축적으로 조절할 수 있는 '사업관리의 유연성'이야말로 사업의 성공을 이끌어내는 필요조건이고 난항(難航) 속에서 순항의 길을 열어가는 '만능열쇠(Master Key)'이다.

4) 협업(Collaboration)

방위사업의 최종 효과성은 '관계기관 간의 협업' 수준에 달려 있다. 특히 소통과 공감에 기초한 협업은 다양한 부서·기관 간의 강점을 결합하여 시너지 효과를 창출함으로써 사업성과를 확대 재생산하는 동력이기 때문이다.[8]

돌이켜 보면, 인류역사는 '경쟁'과 '협업'을 양대 동인(動因)으로 삼아 진화 발전되어왔다. 하지만 2000년대에 이르러 역사 발전의 무게중심이 경쟁에서 협업으로 이동하고 있다. 20세기가 분업과 경쟁을 통해 성장 발전하던 산업화 시대였다면, 21세기는 협업과 융합을 통해 초지능(super-intelligence)·초연결(hyper-connectivity) 사회를 열어가는 4차 산업혁명 시대로 접어들고 있다.

방위사업도 관련기관 간의 유기적 협업을 바탕으로 추진되도록 제도화되었다. 방위사업은 시스템적으로 '정책-전략-〈전력획득〉-작전'으로 이어지는 국방관리의 중간지점에 위치하기 때문에 상하좌우 관련기관 간의 원활한 협조 여부가 방위사업의 성패를 좌우하는 핵심변수이다. 특히 방위사업 관련 정책과 소요의 결정권을 가진 선행기관들이 사업추진과정에서 현안문제가 발생해도 남의 일처럼 수수방관하며 협조하지 않으면 IPT는 아무것도 할 수 없다. IPT가 아무것도 할 수 없다는 것은 방위사업(전력증강)이 멈추었음을 뜻하며, 이는 곧 국방서비스의 정체 내지 퇴화로 귀결된다.

결국 방위사업이 잘되고 국방이 성공하려면, 국방부-합참-각군-방위사업청-출연기관-방산기업 등 관련기관들이 하나의 몸처럼 작동하며 유기적 협업을 이뤄내야 한다. 물론 협업이 잘 되려면, 서로 '막힘없는 소통'이 전제되어야 하고 이를 바탕으로 '공감'과 '신뢰'가 쌓여야 함은 두말할 나위 없다.

이상에서 본 바와 같이, 방위사업의 최종 지향점은 사업관리의 효율성을 극대화하여 본연의 미션을 완수하는 데 있다. 이를 위해서는 투명성과 전문성을 넘어 사업관리의 유연성과 관계기관 간의 협업(합동성)이 제도화되어야 한다.

---

8   협업은 '다양성의 우위(diversity advantage)'를 확보하여 '합동성(jointness)'을 이끌어내는 원천이다. 군사 분야에서 합동성의 기본개념에 대해서는 전제국, 「국방개혁의 쟁점과 과제: 합동성 문제를 중심으로」, ≪외교안보연구≫, 제8권 제1호, 2012년 6월 참조.

특히 유연성과 합동성은 방위사업청의 영역을 넘어 국방커뮤니티가 '한마음(一心)'으로 협력하여 갖추어나가야 할 '기본가치'이자 '절대적 명제'이다.

05 방위사업 발전방향

국방은 국가의 생존과 번영을 '힘'으로 뒷받침하는 백년대계 위에 세워져야 하고, 방위사업은 그 힘의 원천이 고갈되지 않도록 '군사력 증강의 통로'로서 소임을 다해야 한다. 방위사업이 제몫을 다하려면, 적어도 20~30년 앞을 내다보며 사업관리의 기본개념(+철학)부터 바로 세우고, 그 기초 위에 정책과제별로 지향해야 할 방향과 대안을 모색하고 실행에 옮겨야 할 것이다.

1. 방위사업 경영전략 기조

1) 가치체계의 바로 세움(正立)

투명성과 효율성은 어디에도 양보할 수 없는 방위사업의 절대적 가치이다.[1] 그렇다고 투명성이 방위사업의 최종 지향점은 될 수 없다. 이는 역시 목표지향적 가치인 '효율성'에 두는 것이 마땅하다.

---

[1]   무기획득사업이 투명하고 효율적으로 추진되어야 한다는 것은 정설이다. 전력증강의 원천을 이루는 방위력개선사업이 깨끗하고 공정하게 추진되고 합리적·효율적으로 관리되어 절대강군의 초석을 놓아야 한다는 것은 어느 누구도 부인할 수 없는 절대적 명제이자 당위이다.

방위사업은 생명 관련 사업이므로 절대적으로 깨끗하고 공정해야 한다는 것은 재론의 여지가 없다. 하지만 전쟁의 수단을 획득·공급해주는 방위사업이 효율성을 넘어 투명성에 치우칠 경우 본연의 미션에 이르지 못하는 치명적 한계에 직면할 수 있다. 전쟁은 '무조건 이겨야 하는 당위성'으로 인해 최첨단무기로 무장한 무적의 강군에 의해 수행되어야 하며, 이는 '효율적 방위사업'에 의해 뒷받침된다. 그런 만큼 방위사업의 최종 지향점은 투명성·공정성을 넘어 본연의 임무를 '효율적으로' 완수하여 절대강군을 뒷받침하는 데 두는 것이 정도(正道)이다. 다만, 투명성이 전제되지 않은 효율성은 사상누각이 될 수 있는 만큼 '투명성에 기반한 효율성'이 극대화되도록 사업을 관리하는 것이 바람직하다. [2]

앞으로는 이에 기초하여 방위사업을 뒷받침하는 모든 핵심가치·기본조건들이 효율성을 지향하며 효율성 증진에 이바지하는 방향으로 작동해야 한다. 특히 투명성과 효율성의 관계가 상호배타적 속성에서 벗어나 상호보완적으로 작동하도록 관리해나가는 남다른 지혜와 역량이 요구된다. [3]

방위사업의 효율성(+성공)이 보장되려면, 전술했듯이, 3개의 핵심가치와 1개의 동력이 전제되어야 한다. 3개의 핵심가치는 '투명성·전문성·유연성'이고 셋이 합력하여 효율성을 극대화하는 방향으로 작동하도록 견인하는 동력은 '협업'이다. 이를 토대로 방위사업 핵심가치간의 관계구도를 재정립하면, 〈그림 31〉과 같이, 먼저 투명성이 방위사업의 밑바탕(基層)을 이루고, 이를

---

2 투명성은 사업 성공의 필요충분조건은 아니고 사업의 효율성을 지탱해주는 필요조건 중의 하나로 보는 것이 타당하겠다.

3 본래 투명성과 효율성은 상호보완적으로 상승작용을 하기보다는 상호배타적으로 상쇄작용을 하는 속성을 가지고 있기 때문에 둘을 한꺼번에 실현하기란 쉽지 않다. 후술하는 바와 같이, 투명성은 효율성을 잠식할 수도 있고 효율성을 뒷받침해줄 수도 있는 이중성을 가지고 있다. 이런 미묘한 관계에 유의하여 둘이 상호보완적으로 작용하도록 관리해나가는 지혜와 역량이 요구된다.

〈그림 31〉 **방위사업 핵심가치간의 관계구도**

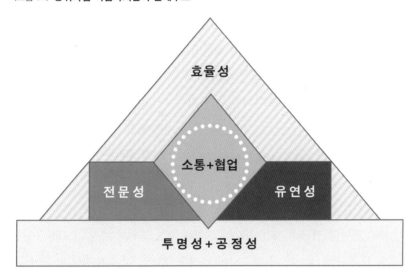

토대로 전문성과 유연성이 효율성을 견인하는 가운데 관계기관 간의 소통과 협업이 각종 현안을 풀어주며 소기의 사업목표에 이르게 된다. 이는 모든 관련 요소들이 합력하여 선(善)을 이루는 선순환 과정을 통해 방위사업 본연의 목적을 달성해가는 구조이다.

2) 문제의 뿌리를 찾아 근원적·체계적 처방

2010년대 중후반 방위사업이 사면초가의 위기에 빠진 것은 일차원의 단편적 원인에 있는 것도 아니고 하루 이틀에 형성된 것도 아니다. 무려 반세기에 걸쳐 다양한 원인들이 중첩되고 누적되어 나타난 문화적·행태적·구조적 차원의 복합적 문제로부터 파생된 산물이었을 것으로 추론된다.

2014년 이후 세상을 떠들썩하게 했던 방산비리도 마찬가지이다. 그 원인이 너무 다양하고 또한 오랫동안 뿌리내렸기 때문에 단편적 땜질식(tinkering)

처방으로는 문제의 뿌리에 접근조차 할 수 없다. 수많은 감시·감독 인력이 방위사업의 추진동향을 손금 들여다보듯이 감찰하고 있었지만 부정·비리·부실의 문제가 끊이지 않고 일어났던 것은 구조적 차원의 복합 문제를 단편적·대증적으로 접근한 정책처방의 한계에서 비롯되었던 것으로 풀이된다.

앞으로는 정책 방향을 바꾸어 단편적·대증적 처방을 넘어 체계적·근원적으로 접근하여 문제의 뿌리를 찾아 단절하는 데 중점을 두어야 한다. 이를 위해서는 먼저 방위사업의 출발점(소요기획)부터 종착점(양산·배치)까지 일련의 사업과정에 나타나는 비효율성의 뿌리원인을 찾아내야 하고, 그다음에는 문제의 뿌리가 싹트기 시작한 원류(原流)까지 거슬러 올라가 차단해야 할 것이다. 물론 근원적 접근은 시간이 많이 걸리겠지만, 그렇게 하지 않으면 동일한 실수를 반복하며 제한된 자원의 낭비를 계속 초래할 것이 분명하다. 다소 시간이 걸리더라도 문제의 근원에 도끼를 들이대는 것이 미래의 진정한 발전을 위한 첫걸음이다.

3) 속도보다 방향에 중점: 정도(正道) > 속도(速度)

21세기는 속도(speed)의 시대이다. 빛의 속도로 변하는 세상이 되었다. 어떤 문제가 생기고 파급·확산되는 것이 너무 빨라졌다. 정보화와 세계화가 동시적으로 맞물리면서, 좋은 일이든 나쁜 일이든, 거의 실시간대에 지구촌 곳곳으로 파급 확산된다. 특히 안보적 사안은 신속하게 결정하고 신속하게 행동하지 않으면 걷잡을 수 없이 일파만파 확산되며 인류 전체의 생존을 위협할 수도 있다. 이제는 '속도'가 모든 일의 성패를 가름하는 척도가 된 것처럼 보인다.

그렇다고 속도가 만능(萬能)은 아니다. 이보다 훨씬 더 중요한 것이 있다. 그것은 다름 아닌 '방향(direction)'이다. 일찍이 간디가 말했듯이, "방향이 잘못되면 속도는 무의미하다". 속도가 빠를수록 방향의 중요성도 그만큼 커진다. 서두르다가 잘못된 방향으로 접어들었는데, 속도까지 빠르면 다시 돌아오는 길도 그만큼 멀어져 오랜 시간이 걸리기 때문이다.

특히 방위사업과정은 멀고 복잡하고 험난하다. 아무리 급해도 총알처럼 날아갈 수는 없다. 수십 년 동안 누적된 문제를 한꺼번에 일소(一掃)할 수도 없고, 주요 단계·절차마다 각종 이해관계가 얽히고설켜 있어 하루아침에 물길의 방향을 바꿀 수도 없다. 수많은 절차와 까다로운 규제의 장벽을 넘어가야 하는 방위사업에 있어서 서두르는 것은 금물이다. 서두르면 돌부리에 걸려 넘어지기 쉽듯이, 방위사업도 서두르다 보면 수십·수백 개의 절차·규정 가운데 어느 것 하나를 건너뛰거나 위반할 가능성도 커지기 때문이다.

방위사업은 아무런 문제없이 일사천리도 추진해도 5년, 10년 걸린다. 그런 만큼 10년 이상의 긴 호흡으로 추진해야만 때가 되면 소기의 목표를 달성할 수 있다. 그런데 시간에 쫓기거나 또는 성과에 급급하여 서두르다가 시행착오를 겪게 되면 전력화 시기도 못 맞추고 가용재원의 범위도 벗어나게 된다.

성공하는 사업 경영의 핵심은 속도보다는 '방향'을, 빠름보다는 '바름'을 향해 한 걸음씩 쉼 없이 추진해나가는 데 있다. 성공은 빠른 길이 아니라 '바른 길'의 끝자락에 있기 때문이다.

4) 인간 본성에 맞춘 사람 중심의 경영

모든 일은 사람이 하기 때문에 일의 성패도 결국 사람에 달려 있다. 그런 만큼 사업성공의 첫걸음은 직원들의 업무수행에 방해가 되는 것들을 제거해 일하기 좋은 여건을 만들어주는 것이고, 지속가능한 성공의 비법은 일하는 사람들이 각자 타고난 잠재역량을 최대한 발양하여 각자 맡은 바 소임을 완수할 수 있도록 뒷바라지해주는 데 있다.

사람은 각자 다르게 태어났지만, 서로 다름의 우열을 가릴 수는 없다. 모두 '귀한 존재'로 태어났기 때문이다. 분명한 것은 모든 사람은 이 세상보다 크고 귀한 존재라는 점이다. 이에 국가·기업·사업 경영의 첫걸음은 조직구성원 개개인이 '천하보다 귀한 존재'임을 인식하고 '사람의 절대성'을 조직관리의 기본으로 삼는 것이다.

그렇다고 사람이 완전한 존재는 아니다. 모든 사람은 각자 나름대로의 한계를 가지고 태어났다. 하지만 인간이 동물과 다른 점은 '자유의지(free will)'와 '창의성(creativity)'을 가지고 있다는 점이다. 사람은 전지전능한 신(神)도 아니고, 일밖에 모르는 일벌레도 아니며, 미리 정해진 경로·절차만 따라가는 로봇이나 기계의 톱니바퀴도 아니다. 사람은 '불완전한 존재'이지만 항상 새로움을 추구하는 '창의적 존재'이며 자유의지를 가진 '자유로운 영혼'이다.

결국 방위사업을 성공으로 이끌려면, 인간의 절대적 가치와 태생적 한계에 대한 인식을 리더십에 담아 행동으로 옮기는 것이 무엇보다 중요하다. 이는 특히 '우울의 늪'에 빠져 꿈과 비전을 잃어버린 방위사업청 직원들에 절실한 명제가 되었을 것 같다. 비록 짧은 세월이었지만, 필자가 4~5년전 방위사업청 속에 들어가 직접 보고 들으며 체험한 것을 토대로 방위사업의 성공을 지향한 '사람 중심의 경영철학'을 도출해보면 다음과 같다.

첫째, 방위사업청의 조직문화는 '사람의 절대적 가치' 위에 다시 세워져야 한다. 2017년 중반 필자의 눈에 비친 방위사업청 직원들의 첫 모습은 끝이 보이지 않는 거대한 '우울의 동굴', 깊이를 가늠할 수 없는 '우울의 늪'에 갇혀 암울한 나날을 보내고 있는 것 같았다. 이들에게 꿈과 비전을 심어주고 열정을 다시 일깨워주는 것이야말로 방위사업을 다시 살려내는 지름길이라는 생각이 들었다. 당시 가장 시급하고도 중요한 일은 직원들의 얼어붙은 마음과 영혼을 다시 녹여 일깨우고 일하려는 의지와 열정을 다시 살려내는 것이었다. 이런 뜻에서, 방위사업의 진정한 혁신은 직원 개개인의 절대성을 조직 문화로 담아내는 것으로부터 출발해야만 했다.

둘째, 사람이 사람다운 첫 번째 특징은 창의력에 있으며, 이는 다양성과 유연성에서 태동한다. 경직성·획일성은 창의성의 무덤이다. 사고(思考)의 획일성과 절차의 경직성은 자유의지를 짓밟고 창의성을 질식시키는 텃밭이기 때문이다. 그런 만큼 인간의 타고난 창의성이 최대한 발현되려면 사고의 다양성과 행동의 유연성이 전제되어야 한다. 이에 20세기형의 획일적·기계적 국방획득체계에 유연성과 다양성을 투입하여 21세기형의 소프트 시스템으로 재창출하는 것이야말로 방위사업의 지속적 발전을 이끌어내는 원동력이다.

세상에 똑같은 문제는 하나도 없으며, 해법도 똑같을 수 없다. 문제마다 각기 다른 최적의 해법이 있기 마련이다. 이를 찾아내려면, 다수의 창의적 대안이 나와야 하고 그중에 최적의 대안을 선택할 수 있는 '자유'가 주어져야 한다. 그 전제조건이 바로 사고의 다양성과 행동의 유연성이다.

셋째, 사람은 타고나기를 복잡함(complexity)보다는 단순함(simplicity)을, 딱딱함(hardness)보다는 부드러움(softness)을, 경직됨(rigidity)보다는 유연함(flexibility)을, 서두름(hasty)보다는 느림(slowness)을 편안하게 느낀다. 이는 인간의 본성 자체가 디지털이 아닌 아날로그에 가깝기 때문이다. 그럼에도 방위사업과정에 수많은 절차와 규제를 설치해놓고 이를 모두 완벽하게 지킬 수 있을 것으로 상정한 것 자체가 난센스(non-sense)이다. 이는 사람의 본성에 대한 몰이해(沒理解)와 사람의 능력에 대한 과신에서 비롯된 판단오류이다. 지금이라도 난마처럼 얽혀 있는 절차와 규제를 과감히 철폐하여 사업의 진로를 곧게 펴고 넓혀서 사업관리자들이 길을 잘못 들어 수렁에 빠지는 일이 없도록 해야 할 것이다.

넷째, 이 세상에서 홀로 잘 할 수 있는 일은 많지 않다. 사람은 홀로 사는 존재가 아니라 '함께 더불어 사는 존재'이기 때문이다. 세상만사의 성패는 결국 사람들과의 관계를 어떻게 맺고 유지·발전시켜나가느냐에 달려 있다. 특히 방위사업이 그렇다. 방위사업은 다양한 이해관계가 얽히고설켜 있기 때문에 관련기관이 하나의 목표를 바라보며 한마음으로 소통하고 한 몸처럼 협업할 때 비로소 소기의 목적을 성취할 수 있다. 그런 만큼 관련기관 간의 '원활한 소통'으로 이해관계자들의 마음과 공감을 얻고 사방팔방으로 둘러싸인 관계의 장벽을 허물어버리는 데 사업 경영의 전략적 중심을 두어야 할 것이다.

2. 투명성과 효율성의 조화

모든 정책과 사업의 최종 지향점은 당초 목표의 효율적 달성에 두는 것이 마땅하다. 하지만 국민의 생명과 재산을 담보로 추진되는 '국민사업'의 특성상 방위사업은 투명성의 절대적 가치에서 벗어날 수 없다. 이에 방위사업은 투명성과 효율성이 두 개의 수레바퀴처럼 조화와 균형을 이루며 선순환하도록 세심하게 관리하는 데 그 핵심이 있다. 이로써 방위사업의 최적 경로(optimal course)는 투명성과 효율성이 균형을 이루는 접점(接點)의 연속선상에 있게 될 것이다. 이는 '투명성 위에 세워진 효율성', '효율성에 이바지하는 투명성'을 의미한다.

1) 역대정부의 접근방법: 동일한 기조 vs 상이한 수단

방위사업은 한때 떠들썩했던 권력형 비리로 인해 무기획득과정은 불투명하고 비효율적이라는 인식이 국민의 심중에 깊이 뿌리내렸다.[4] 이런 배경하에 투명성과 효율성은 정권교체와 관계없이 방위사업이 지향해야 할 '불변의

---

4   그렇다고 방산비리가 다른 분야에 비해 훨씬 많거나 고질화된 것은 아님에 유의해야 한다. 국방 분야의 부패지수에 관한 세계 추세 및 한국의 실태에 대해서는 박영욱·권재갑·이종재, 앞의 책, 2~6쪽 참조.

가치'로 자리매김했다. 하지만 투명성과 효율성에 대한 접근방법과 정책수단
은 정부별로 서로 달랐다.

김대중정부(1998~2003)는 획득사업의 전문성·책임성·일관성을 제고할 목
적으로 획득 관련 계획-예산-집행-평가기능을 한 곳으로 통합, '국방부 획득
실'을 신설하고 집단적 의사결정 협의체를 대폭 축소했다. 이는 획득 관련 기
능의 분산으로 인해 일관된 사업추진도 제한되고 복잡한 절차로 인해 비리개
입의 소지도 많고 효율성도 저하된다는 판단에서 비롯되었다.[5] 아울러 '국방
획득사업의 투명성을 확보하라'는 대통령 지시에 의거 사업실명제 도입, 사업
관리이력서 작성, 정보공개 및 민간전문가 자문 확대, 사업추진 절차 간소화
등을 시행했다. 이 가운데 특히 사업추진절차의 간소화는 투명성과 효율성
모두를 겨냥한 것이라는 점이 특기할 만하다.[6]

노무현정부(2003~2008)는 이와 달리 '개방·경쟁·견제'의 개념으로 투명성·
효율성에 접근했다. 먼저, 국방획득실에 권한 집중이 의사결정과정의 투명
성·공정성을 훼손했다는 판단하에 권한과 책임의 집중을 막고 독단적 의사
결정을 못하도록 관계부처 책임자와 민간전문가도 참여하는 위원회 유형의
'개방적·집단적 의사결정체제'를 도입했다. 아울러 여덟 곳으로 분산되었던
획득 관련 기능을 한곳으로 모아 독립 외청을 설립했다. 견제와 균형의 원리
에 입각한 기능별·단계별 분절현상이 일반화되었고 방위산업의 독점체제가

---

5   특히 의사결정체계로 '협의체'를 대폭 축소하고 획득실장 책임하의 계선조직에 의해 일사불
    란하게 추진되도록 했는데 이는 획득방법, 기종결정, 업체선정 등 주요 의사결정을 심의·
    결정하는 협의체가 공동책임에 따른 책임소재가 불분명하고 위원들 간의 의견 상충 시 의
    사일정을 지연시키는 등의 문제가 있었기 때문이다. 국방부, 『1998~2002 국방정책』, 2002,
    142~143쪽.
6   이전의 사업추진절차는 상호 견제(+통제)에 초점을 두고 매우 복잡하게 만들었기에 사업추
    진 일정의 지연 및 효율성 저하를 초래했다. 이에 중복되거나 형식적인 절차는 과감히 통폐
    합하여 국외도입은 38단계에서 24단계로, 연구개발사업은 42단계에서 23단계로 대폭 축소
    했다.

종식되고 경쟁체제로 전환했다.

이명박정부(2008~2013)는 2008년 출범과 동시에 '노무현정부 때 방위사업
청과 국방부의 관계가 비정상적으로 설계되어 비효율성이 잉태되었다'고 진
단하고 방위사업청의 존폐문제에 대한 전면 재검토에 들어갔다.[7] 한편, 방산
비리가 2009년부터 다시 나타나자 이명박 대통령은 "무기획득 과정에서 오
가는 리베이트만 없애도 방위력 개선비를 20%가량 줄일 수 있을 것"이라며
무기구매의 투명성을 국방개혁의 주요 과제로 제시했다.[8] 이로 인해 특히 비
리를 막겠다고 태어난 방위사업청의 존재 이유가 무색해지면서 '방사청 축소
론·폐기론'이 제기되었다.[9] 하지만 방위사업청의 존폐 문제는 군심의 분열과
국회 국방상임위원회의 반대 등을 낳으며 소모적 논쟁을 거듭하다가, 2013~
2014년 방위사업청의 중기계획수립 및 시험평가기능을 국방부(+합참)로 환원
하는 것으로 일단락되었다.

박근혜정부(2013~2017)는 출범 이듬해에 세월호 참사가 일어났고 이와 맞
물려 통영함 비리사건이 드러나자 세간의 관심은 방산비리 문제에 집중되었
다. 이에 박근혜 대통령은 방산비리를 '이적행위'로 규정했고 와중에 '방사청
해체론'이 다시 제기되었다. 이들에 의하면, 비리·부실 등 모든 문제는 이미
방사청 개청 당시부터 예견된 것이라며 방위사업청을 해체하고 과거처럼 국

7　박병진·허범구, "잇단 군납비리 의혹 방위사업청 손본다", ≪세계일보≫, 2009.12.9.; 송한
　　진, "국방부, '방위사업청 폐지냐 축소냐' 존폐 기로", ≪뉴시스≫, 2008.6.24.

8　박병진, "방위사업청, 군납비리에 존립 흔들", ≪세계일보≫, 2009.10.20.; 박병진, "무기
　　도입 리베이트 싹 자르고 개발 민간에 넘겨야", ≪세계일보≫, 2011.6.22.

9　대통령직속의 '국방선진화추진위원회(2010)'는 방사청을 내청으로 전환하는 방안과 외청을
　　유지하되 집행기관으로 축소하는 방안 등을 내놓고, 국방부에 획득 정책·예산 기능을 담당
　　할 제2차관을 신설하고 방사청은 예산요구서 작성, 기종결정, 사업관리, 계약, 협상, 시험평
　　가 기능에 국한된 집행기관으로 축소하는 방향으로 검토했다. 유성운, "방사청 기능 국방부
　　로 이전 … 軍 관점으로 무기 도입 관정", ≪동아일보≫, 2010.9.10.

방부 주도하에 조달본부와 각군 사업단이 무기획득을 책임지던 체제로 다시 돌아갈 것을 주문했다.

이렇듯 역대정부는 수단과 방법은 다르지만 방위사업의 투명성과 효율성을 동시에 추구해왔다. 하지만 투명성과 효율성을 한꺼번에 실현한 정부는 아직 없는 것 같다. 이는 정권별로 지향하는 가치성향과 시대상황의 변화에 따라 상대적 우선순위가 바뀐 탓이기도 하지만, 근본적으로는 투명성과 효율성은 양립하기 어려운 특성을 갖고 있기 때문인 것으로 풀이된다.

사실, 투명성과 효율성은 지향하는 방향이 서로 달라 둘을 한꺼번에 실현하기란 결코 쉽지 않다. 그렇다고 둘이 상호 배타적인 것은 아니다. 일면 상호보완적인 측면이 없지도 않다. 투명성은 효율성을 뒷받침해주는 최소한의 필요조건이기 때문이다. 투명성이 무너져 부정·비리가 만연하면, 국가적으로는 뒷거래만큼 자원의 낭비(+비효율성)를 초래하고, 군사적으로는 무기체계의 결함과 성능 미달로 이어져 패전과 망국의 원인이 될 수 있다. 이에 효율성 없는 투명성은 존재할 수 있지만, 투명성 없는 효율성은 존재할 수 없다.

문제는 어느 한쪽에 치우쳐 다른 한쪽을 방치할 때 일어난다. 투명성에 치우치면 효율성이 죽고, 효율성에 편중하면 투명성이 훼손되기 쉽다. 어느 쪽도 희생되지 않고 동전의 앞뒷면처럼 서로 조화와 균형을 이루며 선순환되도록 관리하려면, 남다른 역량과 지혜가 필요해 보인다. 특히 서로 다른 방향을 지향하는 두 개의 가치가 한 곳에서 접목되어 동일한 방향으로 가도록 이끌어가려면, 어느 쪽에도 치우침 없이 세심하고 유연하게 관리하는 리더십 역량이 절실해 보인다. 앞으로 IPT 팀장으로부터 지휘부에 이르기까지 모든 리더들은 투명성과 효율성이 상쇄(相殺) 작용을 하지 않고 조화와 균형을 이루며 상승(相乘) 작용을 하도록 정책·사업·현안 하나하나에 세심한 관심과 배려, 열정과 지혜를 쏟아 넣을 것을 강력히 권고한다.

2) 투명성 접근방법 재조명

2014년 불미스러운 사건들로 인해 '투명성 일변도'로 바뀌어버린 방위사업의 지향점을 원점으로 다시 돌려놓을 때가 되었다. 본래 투명성은 부정·비리가 개입할 수 없을 만큼 의사결정과정이 투명하고 공정해야 한다는 것을 기본 명제로 삼고 있다. 그런데 투명성에 대한 접근이 너무 좁고 보수적이라는 데 문제가 있었던 것 같다. 지난 10여 년간 정부는 방위사업 추진과정에 물샐틈없이 절차·규정을 촘촘히 세우고 이를 위반하는 자(+업체)에 대해 처벌·제재만 강화하면 투명성은 자동적으로 보장될 것으로 예단하고 접근했던 것은 아닌지 모르겠다. 결과적으로 보면, 방위사업은 수많은 절차와 규제의 울타리 속에 갇히고 말았다. 이제 어느 누구도 의사결정을 주도할 수 없고, 긴급현안이 발생해도 어느 것 하나라도 뛰어넘을 수 없게 되었다.

오늘날 방위사업 관련 의사결정과정은 매우 투명해진 것으로 평가된다. 앞에서 보았듯이, 개청 이후 절차적 투명성(+제도적 차원의 공정성)은 크게 높아져 군산유착관계에서 비롯되는 구조적 차원의 비리 또는 권력형 비리는 사실상 사라진 것으로 분석된다. 하지만 인간의 이기적 속성에서 비롯되는 개인적 차원의 일탈행위 또는 우발적 비리는 근절되지 않은 채 되풀이되고 있다. 이는 인간의 이기적 본성이 남아 있는 한 법적·제도적 차원의 개선에도 한계가 있음을 뜻한다.

이제 더 이상 투명성에 매몰되어 '무리한 완벽'을 추구하기보다는 '실천가능한 최대한의 수준'을 제도적 차원의 상한성으로 설정하고 거기까지를 정책목표로 삼는 것이 바람직하겠다. 필자의 판단으로는 '절차적 투명성 확보', 바로 여기까지가 제도적으로 완비할 수 있는 상한선이 아닌가 싶다. 방위사업의 전 과정이 '어항 속의 금붕어'처럼 투명하게 관리되어야 한다는 것은 사실상 불가능하다.[10] 투명성의 완전을 지향하며 새로운 규정과 절차를 계속 만들어가다가는 자칫 사업의 지연과 비효율은 물론 비리개입 가능성만 점점 늘어나는 모순에 빠질지도 모른다. 앞으로 투명성의 정책목표는 '절차적 투명성 완비'에 두고 효율성 증진에 지휘관심과 역량을 기울여 투명성과 효율성이 방위사업의 성공을 이끌어가는 두 개의 수레바퀴처럼 서로 밀고 당겨주며 선순환되도록 관리하는 것이 최선이다.

3) 부정·비리의 원천 차단

방산 관련 부정·비리의 원천은 워낙 다양하고 뿌리 깊기 때문에 어느 한두 곳을 고친다고 되는 것도 아니고 하루아침에 뿌리 뽑을 수도 없다. 앞으로 효율성과 양립할 수 있는 투명성을 확보하려면, 단순히 일차원적 비리 척결에 초점을 둔 단편적·대중적 처방을 넘어 문제의 뿌리를 찾아 원천 봉쇄하는 방향으로 접근해야 한다. 이는 무엇보다도 인식과 문화의 바로 세움(正立)으로부터 출발해 사업추진절차와 세부규정에 이르기까지 포괄적이고 체계적으로 접근, 해법을 모색해나가야 할 것이다.

(1) 상벌(당근+채찍)의 균형

투명성 대책은 '처벌이 능사가 아님'을 인식하는 것으로부터 출발해야 한다. 모든 문제를 법으로 해결할 수 없듯이 모든 비리를 처벌과 제재로 뿌리 뽑을 수 없다. 의법(依法) 처벌은 최후의 수단일 뿐이다. 그럼에도 지금까지 부패척결은 '추상(秋霜) 같은 법으로 엄중하게 처벌해야 한다'는 고정관념을

---

10 '어항 속의 금붕어'는 이기적 본성을 타고난 인간의 한계를 벗어나는 이상에 불과하다. 인간의 타고난 본성을 넘어설 정도로 투명성의 목표를 너무 높게 설정하면 항상 목표치에 못 미쳐 국민의 눈에 방위사업은 비리의 원천으로 각인되어 비리의 프레임에서 영원히 벗어나지 못할 것이다.

바탕으로 접근해왔던 것 같다. 이에 따라 방위사업 투명성 대책은 '처벌의 확대 재창출'에 초점을 두고 세워졌던 것으로 보인다. 물론 처벌 위주의 접근으로는 사람의 생각과 행동을 일시적으로 바꿀 수는 있겠지만, 그 효능이 마음속 깊이 뿌리내리지도 못하고 오래가지도 못할 가능성이 크다.

비리척결의 최종 목표는 관련자들로 하여금 부정·비리에 얼씬도 못 하도록 인식과 행동패턴을 완전히 바꾸어놓는 데 두어야 한다. 그런데 사람의 행동을 바꾸려면 먼저 생각이 바뀌어야 하고 생각을 바꾸려면 마음을 얻어야 한다. 징계·처벌·제재로 부정행위를 차단하는 것은 가장 손쉬운 방법일지 모르지만 하책(下策) 중의 하책이 아닌가 싶다. 처벌 중심의 처방으로는 마음도 얻지 못하고 인식의 프레임도 바꿀 수 없기 때문이다. 그 효과는 고작해야 단편적·한시적일 뿐, 자칫하면 내성(耐性)만 키울지 모른다.

그렇다고 칭찬과 보상으로 사람의 생각과 행동을 바꿀 수 있다고 보는 것도 착각이다. 물론 세심한 배려와 충분한 보상 등으로 마음을 잠깐 얻을 수 있을지 모르지만, 이것도 오래간다는 보장이 없다. 사람의 마음은 이해관계에 따라 얼마든지 바뀔 수 있기 때문이다. 결국 인간은 선과 악, 이성과 감성이 공존하는 이중적 존재인 만큼 각자 타고난 성품에 맞추어 당근과 채찍을 적절히 조합하여 균형 있게 사용해야 생각과 행동을 바꿀 수 있을 것이다.

이제 방위사업 종사자들의 인식과 행동을 부정·비리가 없는 깨끗한 길로 인도하려면, 보상과 박탈, 당근과 채찍이 균형을 이루어야 한다. 어느 것 하나만으로는 불가능하다. '신상필벌(信賞必罰)의 기본'으로 돌아가 '상벌의 균형'이 이루어지도록 법·제도를 재정비할 필요가 있다.

(2) 사전예방과 사후처벌의 균형

부패척결은 처벌·제재 위주의 사후적 처방에서 벗어나 사전에 비리·부정·부실의 원천을 차단하고 예방하는 데 중점을 둘 필요가 있다. 이는 물론 사후

처방이 불필요하다는 것이 아니라 사전예방이 사후처방에 못지않게 중요하다는 뜻이다. 이에 사전예방과 사후처벌의 균형이 요구된다.

이를 위해서는 아직 초보단계에 있는 '사전예방 시스템'의 발전이 시급해 보인다. 현행 획득체계상 사업의 필요성·타당성·적법성 등에 대한 사전검증 기능은 선행연구(방사청)-소요검증(국방부)-사업타당성조사(기재부)-방위사업검증(방사청) 등 여러 차례에 걸쳐 반복적으로 이루어지고 있지만, 검토 중점이 서로 비슷하거나 중복되어 사업의 지연을 초래하는 등 실효성이 별로 없는 것으로 평가된다. 그런 만큼 '검증'이라는 명분하에 획득체계 속에 들어와 효율성을 저해하는 중복기능을 통폐합하여 절차를 간소화하는 대신, 국방기획관리제도(PPBEES) 자체에 내장된 분석평가기능 특히 '사전분석기능'을 부활시켜 사업별·단계별 검증·평가·환류체계를 정상 가동할 것을 적극 권장한다.

분석평가기능은 국방관리의 자동조절장치로 PPBEES의 일부로 도입되었지만, 안타깝게도 제대로 정착하지 못한 채 유명무실해지고 말았다.[11] 그 결과 사업별 타당성·적정성·효과성 등에 대한 정밀 검증은 사각지대에 놓여 있었다. 사실, 사업별 전문적 분석평가는 역시 사업을 직접 주관하는 방위사업청 내부에서 실시하는 것이 바람직하고 마땅하다. 지금이라도 PPBEES의 기본취지에 맞게 방위사업청장 직속 독립기구로 분석평가실을 부활시켜, 사업 추진단계별로 문제의 소지를 짚어내고 사업별 특성에 맞게 처방하여 최적의

---

11 국방기획관리체계상 분석평가체계는 기획단계로부터 집행단계에 이르기까지 일련의 사업 추진단계별로 사업의 타당성, ROC·비용·물량의 적정성, 효과성 등을 검증해서 합리적으로 의사결정이 이루어지도록 지원해주는 최후의 보루이며 국방관리체계에 내장된 일종의 '자동조절장치'이다. 하지만 방위력개선사업에 대한 분석평가기능은 소요검증·사업타당성조사 등으로 변질 내지 대체되어 크게 위축 되었다가 몇 년 되지도 않아 사실상 소멸되고 말았다. 당초 방위사업청 준비단계에서는 분석평가관실을 국단위(분석평가 2과+비용분석 1과)로 설계했지만, 실제 개청 당시에는 획득기획국 예하의 2개과(분석평가과+ 비용분석 과)로 축소되었다. 그런데 개청 이후 몇 년 안 되어 비용분석과는 해체되었고 분석평가과만 홀로 남아 사업타당성조사 또는 용역 등을 관리하는 유명무실한 조직이 되고 말았다.

경로를 따라가도록 안내해줄 수 있기를 기대한다.

다만, 분석평가실의 부활로 인해 방위사업감독관실 및 감사관실의 기능과 일정부분 중복될 수 있는 만큼 유사기능은 과감히 통폐합할 필요가 있겠다. 특히 적법성 위주로 검증하여 처벌에 중점을 두는 감시·감독기능은 최소필수 규모로 축소하되 사업관리·법규·감사에 두루 정통한 '최고의 인적 자원'으로 충원하여 '작지만 강한 조직'으로 탈바꿈시킬 필요가 있다. 감시기구가 비대하여 조직 전반에 편만(遍滿)하게 되면 직원들은 주눅이 들어 소신껏 일하기 어렵기 때문이다.

분석평가실의 부활과 함께 사업추진의 단계전환 여부를 판정하는 시험평가 기능도 방위사업청으로 환원, 사업관리의 일부로 일원화할 필요가 있어 보인다. 방위사업 전담기구로 설립된 방위사업청이 사업의 성패를 최종 판단·결정하는 시험평가단계에서 배제되는 것은 바람직하지도 마땅하지도 않다. 2014년 시험평가기능의 이관(방위사업청 → 소요군)과 관련하여 군사당국은 "실제로 무기를 사용하는 군의 관점에서 무기를 시험평가하고 최종 판정을 내리는 것이 맞다"는 논리를 내세웠지만,[12] 이후에도 시험평가와 관련된 투명성·효율성의 문제가 계속 제기되어왔다. 시험평가가 방위사업의 효율성 증진으로 이어지려면, 한반도 전장환경에 맞게 시험평가기준을 재정립하는 한편,[13] 사업관리를 전담해온 IPT가 시험평가과정에 직접 참여하는 것이 합당하다. 그래야만 방위사업청은 전력획득사업의 처음(선행연구)부터 마지막(시험평가)까지 '책임지고' 관리하는 명실상부한 획득전담기관으로 거듭날 수 있을 것이다.

한편, 처벌·제재의 대상과 범위를 확대하고 처벌의 수위를 높이더라도 다

---

12 유성운, 앞의 기사.

13 군사당국은 전 세계를 전장으로 삼는 미국의 MILSPEC을 준용하여 시험평가를 실시하는 것이 과연 얼마나 타당한지 재검토하여 한반도 환경에 맞게 평가기준을 정립할 필요가 있다. 이는 결국 사업의 성공확률도 높이고 시간과 비용 모두 절약하는 길이 될 것이다.

른 분야와 비교해 형평성을 유지하는 것이 중요하다. 방위사업은 국민생명 관련 사업이므로 민수산업에 비해 엄격한 잣대로 재단하는 것이 마땅하지만, 그렇다고 무작정 '수도승(修道僧)의 잣대'를 들이댈 수는 없다. 방위사업인들은 세상과 등지고 사는 승려가 아님에 유의할 필요가 있다. 이를 고려하여 '방위사업의 무게'에 걸맞은 양형(量刑) 기준과 보상대책이 균형 있게 정립될 필요가 있다.

지금까지는 방위사업인들에게 불리한 규정이 주종을 이루었다. 예를 들어, 금품비리는 경중을 가리지 않고 무조건 중징계 의결을 요구하고 성과평가 시 2년간 최하위 등급을 주도록 규정되어 있다. 방위사업인들은 또한 퇴직(전역) 후 일정기간 자유롭게 재취업할 수도 없다. 특히 방위사업 분야 퇴직 공직자들의 취업제한과 관련하여 대상 직급의 하향조정, 취업제한 기간의 연장 등은 퇴직(전역) 후 생계와 직결된 사안인 만큼 직급별 생애보수, 생활비 지출주기, 전문인력의 활용도, 국내외업체간의 형평성[14] 등을 종합적으로 고려하여 신중하게 판단되어야 할 사안이다. 만약 방위사업인들에게 별도의 무거운 책임을 지우려면, 적어도 이를 상쇄할 만한 반대급부(인센티브)로 보상해주는 것이 합당하겠다.

(3) 비리유형별 맞춤형 처벌·제재

비리의 유형을 구분하여 유형별로 맞춤형 제재방식을 도입하는 것이 형평성과 효과성을 올리는 지름길이다. 예를 들어, 실무형 비리와 권력형 비리, 개

---

14 최근까지 취업제한은 국내업체에만 해당되었기 때문에 퇴직 공직자 가운데 일부는 고가의 연봉 또는 커미션을 주는 외국업체에 들어갔다. 이에 따라 우수 전문인력이 국내업체로 못 가고 외국업체로 유출되는 아이러니한 현상이 나타나고 있었다. 이에 2020년 6월 정부당국은 재취업 제한 대상기관을 일부 방산업체(74개)에서 모든 방산업체(외국업체의 한국지사 포함)와 방위사업중개업체로 확대한 것으로 알려졌다.

인 차원의 단편적 비리와 구조적 차원의 유착 비리, 사업관리의 부실과 위법행위를 분리하여, 특히 후자 유형의 비리가 재발되지 않도록 정부 차원의 역량을 집중해야 한다. 아울러 악성·고의적 비리행위는 일벌백계(一罰百戒)로 엄벌하되 과감한 도전에 따른 시행착오·실패 또는 사소한 실수에 대해서는 재도전할 수 있는 기회를 주어 소신껏 일할 수 있는 풍토를 조성할 필요가 있다.

방위사업의 특성상, 부정, 비리, 조작, 거짓 등 부정행위는 어떤 경우에도 용납되어서는 안 된다. 특히 뇌물수수, 공문서 위변조, 입찰담합, 군사기밀 유출과 같은 악성 비리행위는 가중처벌에 징벌적 가산금을 무겁게 부과하고, 군납 식품류 업체 및 방산브로커의 비리행위는 원스트라이크 아웃제(one strike out)를 적용하여 방산업계에서 완전 퇴출해야 한다. 이는 동일한 부정행위의 예방 차원에서도 바람직하다.

반면에, 공직자가 열심히 (소신껏) 일하다가 다소 실책을 하더라도, 고의·악의적 부정·과실이 아닌 이상, 책임을 묻지 않는 관용의 행정문화가 정착되었으면 좋겠다. 근년에 재강조되고 있는 '적극행정면책제도'는 특히 방위사업청에 '단비'와 같은 제도임에 틀림없다.[15] 앞으로 방위사업의 특성이 잘 반영된 '방위사업 맞춤형 면책제도'를 발전시켜 IPT의 합리적 의사결정을 적극 뒷받침해주는 버팀목이 되길 기대한다.[16] 사실, IPT가 사업추진과정에서 감사·

---

15   방위사업은 수많은 절차와 규제를 넘어 끊임없이 의사결정을 해야 하는데 언제 어디서 어떤 절차나 규정을 위반할지 모르는 위험에 항상 노출되어 있기 때문에 방위사업인들은 늘 불안 속에서 일해왔다. 그런 만큼 정부부처 가운데 방위사업청만큼 '적극행정면책제도'에 목말라 있는 곳은 없었다. 본래 '적극행정면책제도'는 이명박정부 시절 2009년 1월에 감사원이 도입했다. 이는 당시 감사원의 과잉감사가 공무원들의 복지부동을 초래하고 있다는 인식에 대해 감사원이 내놓은 나름의 해법이었지만 법적 근거도 없고 면책요건도 추상적이어서 별 효력이 없었다. 이에 2015년 6월 '감사원법' 및 '공공감사에 관한 법률'에 근거를 마련했고 2019년 5월 면책기준을 개선하는 등 제도의 실효성을 높여나가고 있다. 서민준·박재원·오상헌, 앞의 기사.

16   방위사업청은 2019년부터 비리 예방이나 처벌·제재 강화로 인하여 청 직원들이 위축되지

수사·처벌에 대한 심리적 부담 없이 주어진 여건하에서 최선을 다해 판단하고 소정의 절차를 거쳐 합리적으로 의사를 결정할 수 있을 때 비로소 방위사업의 효율성이 극대화될 것이다.

4) 사정활동의 미래지향적 접근

방위사업 관련 사정활동은 미래지향적으로 접근하여 과거의 잘못된 행위를 거울삼아 미래의 바른길을 열어가는 데 최종 목적을 두고 동일한 잘못이 반복되지 않도록 관련 제도의 발전을 이끌어내는 데 집중할 필요가 있다. 감사의 중점도 사후처벌에서 사전예방으로 방향을 전환하여 '비리 예방 기능'을 대폭 강화하는 방향으로 관련조직과 제도를 재정비하길 기대한다.

일반적으로 감사·수사는 '과거의 행적'을 밝혀 법의 잣대로 옳고 그름을 가려내어 잘못한 행위에 합당한 처분을 내리는 데 일차적 목적을 두고 있지만, 단순히 처벌로 끝나면 동일한 일이 반복될 수 있기 때문에 발전이 없다. 그런 만큼 앞으로 방위사업 감사는 위법행위를 가려내는 데 그치지 말고 잘못된 행위의 '뿌리원인'을 찾아내고 그 뿌리를 차단할 수 있는 근원적·구조적 차원의 정책 대안을 모색하는 데 방점을 두는 것이 바람직하겠다.

만약 감사를 통해 시스템 차원의 정책대안을 제시할 수 있으려면, 미시적·절차적 차원에서 잘잘못을 따져 처벌·제재하는 데 목적을 둔 적법성 위주의 전통적 감사를 넘어 거시적·통합적 차원에서 문제의 원류(源流)까지 거슬러 올라가 본원적 해법을 모색하는 '시스템감사'의 개념을 부활시켜 새롭게 적용하되 사안별 특성에 맞게 발전적으로 접근할 것을 권고한다.[17] 다만, 시스템

않고 적극적으로 업무수행을 할 수 있도록 다양한 적극행정 여건을 마련하고 있는 것으로 알려졌다. 예를 들어, 적극행정면책기준 개선 및 사전컨설팅 제도 운영, 청 직원에 대한 소송 절차·비용 등을 지원하는 책임보험 도입, 적극행정지원위원회 운영 등이다.

감사를 통해 실천 가능한 최적의 정책대안을 찾아내려면, 감사과정에서 해당 분야의 내외 전문가를 최대한 활용하는 한편, 감사결과를 종합하고 정책대안을 모색하는 과정에서 피감기관의 의견과 아이디어를 최대한 수렴, 공동모색할 것을 제언한다. 이는 감사 처분의 실효성을 높이는 지름길이기 때문이다.

사실, 방위사업과정은 수많은 단계·절차를 넘을 때마다 '당시' 주어진 여건의 범위 내에서 최선을 다해 합리적으로 판단하고 집단적 의사결정과정을 거쳐 최선의 선택을 해나가는 일련의 연속적 과정이다. 이처럼 의사결정 당시의 여건에서 최선을 다해 결정한 것에 대해 일정한 시간이 지난 다음에 새로운 기준과 잣대로 잘잘못을 가려내겠다는 것은 사업여건의 변화에 맞추어 '끊임없는 대안선택'으로 이어지는 방위사업에 잘 맞지 않아 보인다.

앞으로 방위사업에 대한 감사·검증·평가는 21세기 국방획득기조(대안선택)에 맞추어 전향적으로 접근할 필요가 있다. 방위사업의 중점은 '전력배분'(1950~1960년대 군원시대)에서 '비용절감'(1970~1980년대 해외구매시대), 그리고 '대안선택'(1990년대 탈냉전 이후)으로 진화되었다.[18] 특히 탈냉전과 함께 다양한 기종에 대한 선택 가능성이 열리면서 기종별 장단점에 대한 치밀한 비교분석에 기초한 정책적 판단과 전략적 선택이 중요해졌다. 이제는 절대적 우위가 아니더라도 '상대적 우위'가 기종 결정을 좌우하는 획득의 시대가 되었

---

17 절차와 법규에 얽매인 합법성 위주의 감사로는 시스템 차원의 문제를 진단할 수도 없고 근원적 개선방안을 내놓을 수도 없다. 이에 2004년 감사원은 국정운영시스템의 혁신 차원에서 '시스템감사'를 처음 도입했는데 이는 미시적·절차적 접근에서 벗어나 시스템 전반에 대해 체계적·종합적으로 진단하고 근원적인 정책대안을 제시하는 데 목적을 두었다. 시스템 감사는 취약 분야를 감사대상으로 선정하여 합법성보다는 효율성의 잣대로 평가하고 문제의 뿌리를 찾아내어 구조적·근원적 개선방안을 모색하는 데 특징이 있었다. 오늘날 '성과감사'의 목적이 '주요 정책·사업·제도 등에 대한 문제점을 체계적으로 진단·분석·점검해 종합적이고 근원적인 개선대책을 제시하는 데 있다'는 점에서 시스템 감사와 맥락을 같이 한다.

18 한국전략문제연구소, 앞의 글, 25쪽.

다. 49의 단점이 있더라도 51의 장점 때문에 선택을 받는 시대가 된 것이다. 방위사업에 대한 감사활동도 49의 단점에 맞추어 처벌·제재하려 하지 말고 당시 주어진 여건에서 얼마나 합리적으로 판단하고 결정했는지에 중점을 두는 것이 바람직하겠다.[19]

감시·감독은 '자정 시스템'에 의해 자동조절되도록 하는 것이 최선이다. 방위사업청에는 감사관실과 감독관실이 있다. 감사관실은 사후감사 중심으로 일하고 감독관실은 사전검증에 중점을 두고 있다. 이렇듯 두 기구는 각각 '빛'(사전검증)과 '소금'(사후감사)의 역할을 분담하며 방위사업이 투명하고 공정하게 추진되도록 설계되어 있다.

하지만 사정기구의 속성상 효율성보다는 투명성에 방점을 두고 있기 때문에 자칫하면 잘 가고 있는 사업에 제동을 걸 가능성이 없지 않다. 앞으로는 방위사업의 양대 축(투명성+효율성)을 보강해주는 방향으로 작동하도록 조직과 기능을 재설계할 필요가 있어 보인다. 일단 감시조직이 너무 크다. 앞에서 보았듯이, 2018년 기준 방위사업청 정원이 1,600명인데 자체 감시인력은 120명이니 정부부처 중에 가장 컸을 것 같다. 그런 만큼 두 기구를 발전적으로 통폐합하여 '작지만 강한 조직'으로 재편하여 길을 잘못 들어섰거나 그럴 가능성이 있는 사업을 찾아내어 바른길로 인도해주는 역할을 맡길 필요가 있겠다. 이로써 사업감독기구와 사업관리기구는 하나의 목표를 향해 같은 방향으로 움직이는 한 몸의 지체들처럼 협업하며 방위사업의 투명성과 효율성을 동시에 높여나갈 수 있을 것으로 믿어진다.

아울러 사업관리팀은 사업현장 속에서 일어나는 현안 가운데 스스로 해결하기 어려운 문제나 또는 절차·규정 위반 가능성이 짐작되는 문제가 있으면,

---

19 한국전략문제연구소, 앞의 글, 25쪽; 한국경제 사설, "감사원의 정책감사 폐지할 때 됐다", 《한국경제》, 2018.8.30. 참조.

이를 감사관실에 자발적으로 감사를 의뢰하여 진단받고 문제를 사전에 치유하는 일명 '클린감사제도'를 활성화할 것을 강조하고 싶다. 이는 단순한 감사를 떠나 문제를 사전에 예방하고, 나아가서는 직원들의 투명성 의식 제고 및 확산에 크게 이바지할 것으로 기대된다.

3. 국방획득체계의 연계성 회복[20]

국방관리의 기본개념은 한마디로 말해 ▷ 먼저 '이겨놓고 싸우는' 선승구전(先勝求戰)의 전략개념을 정립해놓고, ▷ 이를 구현할 수단(무기체계)을 확보해 ▷ 전략개념에 맞게 운용하여 전략목표를 달성하는 것이다.[21] 이는 무형의 전략개념이 유형의 전력패키지로 변환되는 과정에서 수많은 단계·절차를 거치더라도 전략개념의 본질에 굴절이 없어야 함을 전제로 한다.

하지만 이는 이론일 뿐 실제로는 시스템 속에 내재된 이중·삼중의 칸막이와 분절현상으로 인해 비효율성이 누적되고 있었다. 문제의 분절현상은 국방기획관리와 국방획득의 첫걸음에 해당하는 소요기획단계에서 나타나고 있었다. 소요기획 이후에도 분할 구조적 현상은 지속되며 사업관리의 효율성을 가로막고 있었다. 특히 투명성의 명분하에 획득기능이 외청으로 분립되고 획득과정에 수많은 절차와 각종 규제의 장벽이 세워지면서 분절현상이 내재화

---

20 이 절은 전제국, 앞의 글(2022b)을 토대로 보완·발전시켰음을 밝혀둔다.

21 국방관리의 생명선은 관련 기능·기관 간의 '유기적 연계성'에 있다. 국방이 제몫을 다 하려면, ▷ 먼저 국방기획관리체계의 원형에 해당하는 전략(P)-전력(P)-예산(B) 간의 단계전환이 이음새 없이 이루어지며 무형의 전략개념이 유형의 전력소요(무기체계)로 탈바꿈되어야 하고, ▷ 이어서 국방획득체계의 소요(군)-획득(방사청)-운용(군)이 상호 불가분의 관계를 이루며 군의 소요전력을 ROC에 맞게 획득해 군에 공급해주어야 한다. 그래야만 군은 이를 작전개념에 맞게 운용, 소기의 전략목표에 이를 수 있다.

되었다. 이런 상태에서 소요전력이 전략개념에 맞게 획득될 것으로 기대하는 것 자체가 무리이고 난센스이다.

앞으로 국방관리가 제대로 되려면, 우선, 전략개념이 전력패키지로 바뀌는 소요기획과정이 정상화되어야 하고, 다음, 국방커뮤니티가 시스템 차원의 분업·분절·불통 현상을 넘어 동일한 목표(절대강군 육성)를 지향하며 한·몸처럼 움직이는 유기적 연계성을 회복해야 할 것이다.

1) 소요기획의 중앙집권화

소요기획은 국방관리의 첫 단추로서 이후의 모든 과정을 지배하며 국방전략의 실효성을 좌우한다. 첫 단추가 제대로 꿰어지려면, 중앙집권적 소요기획체계의 구축으로 톱다운(Top-Down) 프로세스가 소요기획과정을 지배해야 한다.[22] 하지만 우리의 경우 각군 중심의 바텀업(Bottom-Up) 프로세스가 소요기획과정을 사실상 지배하고 있어 전략개념이 전력소요에 온전히 담길 수 없을 것 같다.

중앙집권적 소요기획이 이루어지려면 먼저 전략개념의 구체화가 전제되어야 한다. 특히 전력·획득전문가들이 합동군사전략서(JMS)에 담긴 전략의도를 정확히 이해하고 전력의 개념으로 풀어낼 수 있도록 전략기획단계에서 전략개념이 분명하고 확실하게 정의되고 '군사력 건설방향'과 '미래합동작전기본개념'으로 구체화되어야 한다.

소요산출 방식도 '임무중심'으로 바뀌어야 한다. 전략개념에 맞는 전력소요를 도출하려면, PPBS(PPBEES 원형)의 기본으로 돌아가 '임무중심의 전력구

---

22 미국, 영국, 호주 등 군사선진국들의 중앙집권적 소요기획에 대해서는 최수동, 「국방기획관리제도」, STEPI 주최 국방연구개발혁신포럼 발표자료, 서울 S타워, 2021.4.14., 18, 28쪽 참조.

조'를 창출하는 데 방점을 두어야 한다. 기획(P)-계획(P)-예산(B)의 연동원리에 의하면, ▷ 먼저, 전략개념이 주요 '군사임무'로 전환되고, ▷ 군사임무 수행에 필요한 '전력소요패키지'가 산출되면, ▷ 예산편성단계로 넘어와 단위전력별로 투입요소를 '비용의 개념'으로 환산, 예산에 반영하고, ▷ 이어서 사업집행단계로 들어가 소요전력을 획득, 소요군에 공급해주는 것으로 모든 획득절차가 끝난다.[23] 이렇듯 임무중심의 전력구조는 전략과 예산을 연결하여 전략개념에 맞는 전력을 획득할 수 있도록 길을 인도해주는 징검다리 역할을 한다.

하지만 이것으로 모든 문제가 해결되는 것은 아니다. 무형의 전략개념을 유형의 전력패키지로 풀어내는 것은 '고난도의 창의적 과정'이다. 전략의도가 전력구조로 변환되는 과정에서 왜곡·변형되지 않으려면, 적어도 전략(+작전)과 전력의 전문가들이 전략개념에 담긴 의도를 공감하고 숙의하며 치밀하게 검토하고 조율해서 정교하게 풀어내야 한다. 이에 소요기획은 전략-전력-작전부서의 긴밀한 소통과 협업에 기초한 공동작업의 산물이 되어야 한다.

한편, 소요결정기구도 중앙집권적 기획체계에 맞추어 합참에서 국방부로 환원할 필요가 있어 보인다.[24] 소요기획은 '용병(用兵)에 최적화된 양병(養兵)'의 첫걸음이므로 군령을 관장하는 합참의장보다는 군정·군령을 총괄하는 국방부 장관이 최종 결정권을 갖는 것이 마땅하다. 이는 또한 '군사문제와 관련

---

23 자세한 내용은 전제국, 「국방중기계획의 역할과 실효성 확보 방안」, ≪주간국방논단≫, 제 1490호, 2013.11.25., 3쪽; 김정섭, 「민군 간의 불평등 대화」, ≪국가전략≫, 제17권 제1호, 2011, 93~125(105)쪽; 최수동 외, 『국방경영 효율화를 위한 국방배분체계 발전방향』, 한국국방연구원, 2010, 175쪽 참조.

24 2014년 소요결정 주체가 국방부에서 합참으로 이전되었는데 이는 군사력을 직접 운용하는 합참이 합동전략(작전) 개념에 맞추어 소요를 판단·결정하는 것이 바람직하다는 논리에서 출발한 것으로 알려졌다. 하지만 소요결정권이 합참으로 이관된 이후에도 합동성 차원의 소요판단·결정이 제대로 되지 않는 등 소요기획의 근본적인 문제는 해소되지 않고 있는 것으로 전해진다.

된 주요 의사결정은 직업군인이 아닌 문민지도자에 의해 이루어져야 한다'는 문민통제(civilian control) 민주주의 원칙에 비추어보더라도 민간인 신분의 국방장관이 군사력 건설의 첫 단추에 해당하는 소요결정권을 행사하는 것이 합당하다.[25]

방위사업 추진의 효율성 측면에서도 군사력 건설 소요에 대한 최종 결정은 미래 전장환경과 현실적 제약조건을 동시에 아우르며 최적해(最適解)를 찾아낼 수 있는 국방부가 관장하는 것이 바람직해 보인다. 지금처럼 소요결정권을 군사력을 직접 운용하는 군(합참)에 맡겨놓으면, 사업추진 첫 단계부터 난관에 봉착하기 쉽다. 군은 유사시 전투를 수행하는 임무의 특성상 자칫 다다익선(多多益善)의 함정에 빠져 우리의 가용재원·기술수준 등 현실적 여건을 초과하는 동급 최고성능의 첨단 신무기를 최대한 빠른 시기에 획득해달라고 요구할 가능성이 크기 때문이다.

이런 배경하에 소요제기는 합참이 주관하고 소요결정은 국방부가 관장하는 것이 마땅하고도 바람직하겠다. 앞으로 소요기획 과정은, ▷ 먼저 군(합참)이 용병의 주체(전력의 수요자/운용자)로서 전략개념·전략목표 구현에 필요한 임무별 전력소요를 판단, 국방부에 제기하면, ▷ 국방부는 대통령의 명을 받아 군정과 군령, 양병과 용병을 통괄하는 중앙행정기관으로서 용병 차원의 소요에 대해 미래 전략환경과 국방비 확보 전망, 국내기술 수준과 방산역량, 외교적 파급효과 등 정책적 차원의 변수로 정밀 검토하고 실천 가능한 실소요를 산출, 최종 결정하면 될 것이다.

다만, 소요기획의 실효성을 높이려면 소요결정 이전에 소요검증과 사업타당성조사, 총수명주기비용 산정 등을 완료하는 한편, 소요기획과정에 소요군

---

25 문민통제 관련 자세한 내용은 전제국, 「국방문민화의 본질에 관한 소고: 문민통제 vs 국방의 효율성」, ≪국방연구≫, 제64권 제2호, 2021.6., 1~25쪽 참조.

은 물론 획득기관(방사청/출연기관 + 방산업체)도 동등자격으로 참여시킬 것을 적극 권장한다.[26] 이렇게 중지(衆智)를 모아 결정된 소요는 전략환경에 특별한 변화가 없는 한 사업 종결 시까지 일관되게 유지하되 ROC는 사업추진과정에서 나타나는 기술·재원·정보 등 사업여건의 변화에 맞추어 유연하게 수정할 수 있도록 사업관리의 융통성을 최대한 보장해주어야 할 것이다.

2) 획득시스템의 연계성 재확립

소요기획이 제대로 되었더라도 전략개념이 중기계획-예산편성-사업집행 등 길고 복잡한 획득과정을 통과하며 본질의 왜곡·변형 없이 실물무기체계로 변환되어야 비로소 실제작전을 통해 국방전략목표에 이를 수 있다. 이는 전략개념이 수많은 단계와 절차를 거치더라도 일사불란하게 전달될 수 있는 통로(획득시스템)가 전제되어야 함을 의미한다. 이를 위해서는 국방부로부터 각군과 출연기관 및 방산업체에 이르기까지 국방커뮤니티가 한마음 한뜻으로 단합하여 국방획득체계에 내재된 단계 간의 분절과 기관 간의 불통·분업·할거주의 현상을 타파하고 막힘없는 소통과 유기적 협업을 제도화해나가는 한편, 이를 '21세기 국방조직문화'로 승화시켜나가야 할 것이다.

(1) 획득프로세스의 일원화

먼저 소요-획득-운영의 획득프로세스가 분업 중심의 분할구조를 넘어 유기

---

26 소요기획과정에서 개발자(ADD)·공급자(기업)가 배제된 채 수요자(군) 단독으로 결정한 소요는 현실성이 떨어질 수밖에 없다. 앞으로는 수요자와 개발·공급자가 소요기획과정에서부터 긴밀히 협의하여 최적의 소요를 결정하고 나아가서는 소요-개발-생산 간의 유기적 협업체계가 구축될 수 있도록 전향적 검토가 이루어지길 기대한다. 최성빈, 「방산 생태계 복원을 위한 제도발전안」, STEPI 주관 국방연구개발혁신포럼(제2기) 발표자료, 송도 경원재, 2021.8.31.

적으로 연계되도록 획득체계를 재정비할 필요가 있다. 그렇다고 이제 와서 국방획득사업을 과거 '각군 사업단 시절'로 되돌릴 수도 없고 국방부의 일부로 통합·편입하는 것도 마땅치 않아 보인다.[27] 현재로서는 현행 시스템의 플랫폼은 그대로 유지하되 역할관계를 재정립하는 방향으로 접근하는 것이 바람직해 보인다. 지금처럼 투명성의 명분하에 획득업무를 쪼개어 여러 기관이 나누어 갖지 말고 가급적 하나의 기관(방위사업청)이 처음부터 끝까지 책임지고 관리하도록 권한과 책임을 일원화할 것을 제언하고 싶다.

하지만 방위사업청은 외청의 내재적 한계로 인해 국방획득체계에 심어진 제도적 분절현상을 넘어설 수 없다. 이는 국방부만 할 수 있는 영역이다. 국방부는 군정·군령의 통합 행사를 통해 각군·기관을 통괄하며 획득정책을 기획하고 현안 관련 기관 간의 상이한 입장과 이해관계를 권위적(authoritative)으로 조정할 수 있는 유일한 기관이기 때문이다.

차제에 국방부의 컨트롤타워(Control Tower) 역할을 재강화하여 소요-획득-운용의 사이가 벌어지지 않도록 조정·통제할 수 있는 기능과 권한을 확대·강화할 것을 권고한다. 예를 들어, 국방부 장관이 주재하는 방위사업추진위원

---

27 방위사업청의 대안으로 제2차관제 도입 등의 방안이 지속적으로 제기되어 왔다. 하지만 결과적으로는 군심의 분열과 갈등만 조장했을 뿐 아무런 성과도 없었다. 돌이켜 보면, 방사청 개청과정에서도 논란이 많았고 개청 이후에도 틈만 나면 방사청을 해체해 각군 사업단으로 회귀하거나 또는 국방부 내국으로 흡수하려는 시도가 끊임없이 있었고 그때마다 정치적 쟁점으로 비화(飛火)되어 결론 없는 논쟁만 되풀이했다. 2022년 현재 방사청이 설립된 지 17년째로 접어들었다. 그동안 온갖 우여곡절과 시행착오를 겪었지만, 과거 각군 사업단으로 분산되었던 때와 비교하면, 사업관리체계는 세밀하게 정비되었고 사업관리의 전문성도 많이 축적되었다. 이제 겨우 안정의 단계로 접어들고 있는데 모든 것을 원점으로 되돌린다면, 해묵은 논쟁의 재연으로 혼란만 야기할 뿐 실익(實益)이 없을 것으로 예상된다. 이제 더 이상 불필요한 논쟁으로 국방의 시간과 노력을 낭비할 수는 없다. 국방획득시스템의 변혁은 군/기관별·병과별·특기별 이해관계가 얽히고설킨 민감한 사안이므로 신중하게 접근하는 것이 바람직하다. 정책적 차원의 충분한 검토와 광범위한 논의를 거쳐 국방커뮤니티의 폭넓은 공감대가 조성되었을 때 방향 전환을 시도해도 늦지 않을 것이다.

회의 법적 지위를 자문기구에서 '의결기구'로 전환하여 방위사업 추진과 관련된 국방부의 총괄·지휘·통제기능을 보강해주는 것도 하나의 대안이 될 수 있겠다. 다만, 국방부의 역할은 관계기관 간의 불통·갈등 해소 및 이해관계의 조정 역할에 국한하고 외청의 독립적 업무영역에 대한 자율권은 보장해주어야 할 것이다.

아울러 소요-획득-운영의 연계성 재확립 차원에서 '소요-획득의 전환단계'(소요기획과정)에는 획득기관(방위사업청 + 출연기관)이 소요군과 동등한 자격으로 참여해 ROC의 실현가능성을 높이고, '획득-운영의 전환단계'(전력획득과정)에는 사용자(소요군)가 적극 참여해 군사작전의 효용성을 미리 확보해두는 일종의 '협업형 소요관리체계'를 구축할 것을 제언한다.[28] 소요기획단계에 획득기관이 참여하면 기술적·재정적·시간적 현실성이 반영되어 사업의 성공 확률을 높여줄 것이다. 하지만 이것만으로 사업의 성공을 보장할 수 없다. 군이 원하는 때에 군이 원하는 무기체계가 전력화되려면, 사업관리과정에 소요군의 사업관리장교(PO)가 참여해 사업추진단계별로 군의 디테일한 요구를 반영할 수 있어야 한다. 그래야만 나날이 진화하는 최신 기술이 무기획득과정에 반영되어 군에 최종 공급되는 무기체계는 구형이 아닌 최신형이 될 것이다.

(2) 소통과 협업 활성화

한편, 획득시스템에 내재된 분절현상을 타파하려면, 관련기관 간의 유기적 협업을 생활화하여 서로의 사이를 가로막고 있는 제도적·심리적 장벽을 허물고 막힘없이 소통하며 하나의 목표를 지향하는 국방커뮤니티로 거듭나야 한다. 이는 별도의 장절(제5장 6절)을 통해 상술하겠지만, 여기서는 획득체계의 연계성 회복 차원에서 다음과 같은 접근이 필요함을 적시하고자 한다.

---

28   한국국방연구원, 앞의 글(2018), 10쪽 참조.

첫째, 제도적 접근을 통해 관련기관 간의 사통팔달(四通八達)의 소통과 협업을 제도화하여 사업추진단계 사이에 빈틈이 생기지 않도록 해야 한다.

둘째, 문화적 접근을 통해 국방커뮤니티에 잠재하는 상호 불신·불통·반목의 장벽을 넘어 한가족 공동체처럼 신뢰하고 융합하여 협업을 이루어가는 새로운 국방조직문화를 창출해나가야 한다.

셋째, 국방부-합참·각군-방사청-출연기관 간의 '개방형 인사교류'를 통해 서로의 사이를 가로막고 있는 인식·문화의 장벽을 해소하고 일체감을 조성해나갈 것을 권고한다. 그 일환으로, 각군에서 관련기관에 파견한 획득형 현역군인을 '하나의 공통분모'로 묶어 기관 간의 소통을 활성화하는 통로로 활용하는 한편, 군인·공무원·연구원·기업인 등 신분의 장벽을 넘어 다양한 현장경험을 가진 다양한 출신의 인재를 최대한 활용할 것을 권장한다.

특히 신분 간의 인사교류는 법·제도의 장벽으로 인해 당장 실행하기는 어렵겠지만 방위사업의 효율성 극대화 차원에서 언젠가는 반드시 실현해야 할 과제임에 틀림없다. 예를 들어, 프랑스처럼 방산업체와 방위사업청 간의 인사교류가 이루어질 경우 기업출신의 현장감각을 획득정책에 반영하고 공무원의 정책감각을 기업경영에 반영, 윈윈(Win-Win)의 성과를 창출해낼 것으로 기대된다.[29]

(3) 소요군의 전향적 역할

소요-획득-운영의 실질적 연계성이 확보되려면, 소요제기자인 동시에 획득시스템의 최종산물을 직접 사용하는 소요군이 획득과정에 적극 참여하여 군

---

29 프랑스의 경우 방산업체 CEO를 병기본부장으로 임명한 적이 있었다. 이렇듯 국방획득기관과 방산업체 간의 인적교류가 투명하고 당당하게 이루어지고 상호 정보 교환과 지원 등 파트너십이 강화된다면, 이는 방위산업의 발전은 물론 국방획득과정의 투명성과 획득인력의 전문성 및 활용도를 높이는 방안이 될 것으로 기대된다. 민경중·정혜영, 앞의 뉴스.

에서 필요한 전력이 필요한 때에 배치되도록 지원하는 한편, 사업추진과정에서 발생하는 각종 현안문제를 풀어주는 해결사로서의 전향적 역할이 기대된다. 사업관리 주체는 방위사업청이지만 주요 현안 관련 의사결정의 사실상 주체는 소요군인 경우가 많기 때문이다.

사업 관련 현안 발생 시 소요군의 입장과 역할은 거의 절대적인 영향을 미친다. 그럼에도 현안 관련 의사결정과정에서 소요군은 해법을 내놓기보다는 당초의 ROC와 전력화 시기의 중요성만 강조하고 나머지 책임은 사업관리기관(방사청)에 일임하는 경우가 적지 않았던 것으로 알려졌다.[30]

이유야 어떻든 주요 현안 관련 소요군의 소극적 대응은 작전임무 수행에 결코 도움이 되지 않는다. 군은 소요를 제기한 당사자인 동시에 장차 전력화될 무기체계의 사용자인 만큼 군에서 요구한대로 전력화되도록 획득과정에 적극 동참하여 미래전력의 효용성을 극대화해나가야 한다. 앞으로 군은 소요기획단계부터 개발·양산·배치단계까지 일련의 사업추진과정에서 발생하는 각종 문제 해결에 앞장서며 군에서 원하는 무기체계가 적시에 공급되도록 주도적 역할을 수행할 것을 권고한다.

3) 절차/규제의 장벽 혁파

국방획득시스템이 효율성 극대화 지점에 이를 수 있으려면, 투명성 대책의 일환으로 사업추진과정 곳곳에 매설해놓은 각종 규제와 견제의 장치, 그리고 미로와 같이 얽혀 있는 수많은 절차의 덫으로부터 해방되어야 한다. 본래 사업추진 절차와 각종 규정의 정비는 효율성과 투명성을 동시에 겨냥한 포석으로 이해되지만, 절차와 규제가 너무 많고 복잡해져 사업추진의 디딤돌이 아

---

30   강천수, 앞의 글, 103쪽.

닌 걸림돌로 작용하고 있었다는 데 문제의 핵심이 있다.

적정수준을 넘어선 규정과 절차는 사업추진과정에 예고된 장애물과 같다. 특히 인간 능력의 한계를 넘어선 절차·규제의 누적은 의사결정의 지연, 위규(違規) 가능성과 경직성의 증가, 소통의 단절과 협업의 축소 등을 유발하며 효율성을 저해할 가능성이 다분하기 때문이다. 앞으로 의사결정과정의 투명성과 신속성 및 사업관리의 효율성을 동시에 높이려면, 획득과정에 심어놓은 절차·규제를 대폭 간소화하여 사업프로세스를 곧게 펴고 시스템 자체를 간결하게 재정비해야 할 것이다. IPT 입장에서는 사업추진 단계·절차·규정이 줄어드는 만큼 시간적 여유를 확보할 수 있게 되어 시간에 쫓기지 않고 현안 문제들을 내실 있게 해소하며 사업의 효율성을 높여나갈 수 있게 될 것이다.

우선 효율성과 투명성의 잣대로 현행 절차·규제를 정밀 검토하여 실효성이 떨어진 절차·규제를 과감히 폐지하되 특히 시간의 낭비와 사업의 지연을 초래하는 중복기능부터 통폐합할 것을 제언한다. 중복기능과 관련하여, 예산편성의 선행조치로 군림하고 있는 사업의 필요성·타당성 검토 관련 3대 기능인 선행연구(방사청), 소요검증(국방부), 사업타당성조사(기재부)가 거의 동일한 사항을 반복적으로 검토하며 시간의 낭비, 사업의 지연을 초래하고 있는 것으로 평가된다. 또한 사업추진의 주요 단계가 전환될 때마다 시행되는 각종 시험평가(DT&E, OT&E, FT, IOC)도 평가주체와 평가대상 및 평가요소가 유사하여 기능의 중복과 인력·시간·비용의 낭비를 초래해왔다.[31]

이와 같은 배경하에 방위사업청은 '방위사업혁신종합계획(2018)'의 일환으

---

31 사업추진과정에서 시행되는 일련의 시험평가의 문제점으로는 기능의 중복과 인력의 낭비는 물론, 평가기준의 비현실성과 경직성으로 인해 사업의 지연을 초래하는 요인이 되고 있었다. 또한 소요군의 시험평가인력(시험평가단 + 분석평가단)이 업무량에 비해 너무 적어서 평가 착수도 제때하지 못하는 경우가 적지 않았다. 유무봉, 「육군 입장에서 보는 국방기획관리제도 발전방안」, STEPI 주관 '국방연구개발혁신포럼' 발표자료, 2021.8.31.

로 절차·규정을 1/3 이상 대폭 축소할 방침이었다. 2019년 3월 방위사업청은 '방위사업관리규정'의 전면 개정을 통해 연구개발 시 획득절차를 74단계에서 49단계로 대폭 축소하는 한편, 각종 규정을 사업추진절차 중심으로 재정비하고 계약·표준화 등 전문분야는 별도의 규정으로 분리하여 829개 조항을 201개 조항으로 간소화했다.[32] 이는 방위사업 혁신의 백미(白眉)임에 틀림없다. 하지만 이에 대한 지속적인 관심을 갖지 않으면 언제 또 다시 원위치 될지 모른다. 절차·규제는 줄이기는 어려워도 새로 만들기는 쉽기 때문이다.

앞으로 절차·규제의 늪에 다시 빠지지 않으려면, 환경의 변화로 인해 새로운 기준과 절차·규정을 만들 필요가 있더라도 신중해야 한다. 특정 절차·규정이 방위사업 전반에 미칠 영향요소를 종합적으로 검토하고 예상되는 효과와 역효과 등 양면성을 엄격하게 비교 평가한 다음에 부작용 또는 역효과가 최소화되는 방향으로 설계되어야 할 것이다.

아울러 절차·규정의 자연 증가를 막으려면, '새로운 것 하나 만들면 기존의 것 하나를 버린다'는 원칙을 세워두고 일정한 주기별로 제로베이스(zero base) 차원에서 전면 재검토하여 절차·규정 하나하나의 존폐여부를 재판단, 재정비할 것을 권고한다. 그렇지 않고 방치하면, 머지않아 절차·규정이 산적하여 투명성·효율성 모두 잠식하게 될지도 모른다.

한편, 특정 기관의 독단을 방지할 목적으로 도입한 견제와 균형의 원칙은 초연결·초융합의 4차 산업혁명 시대에 이르러 그 효용성을 상실한 채 방위사업의 효율성을 가로막는 도구로 변질되었다. 이제는 견제의 장치들의 실효성을 전면 재검토하여 방위사업의 효율성에 역행하는 장치들을 과감히 해제하

---

32   그렇다고 연구개발 절차 중에 축소대상 25단계(=74-49)가 완전히 폐지된 것은 아니며, 일부 중복되거나 불필요한 단계·절차를 통합할 수 있도록 사업관리의 유연성을 허용했다는 데 의미가 있다. 하지만 실무자들은 '일부절차의 생략이 나중에 감사대상이 될지도 모른다'는 우려로 인해 가급적이면 기존의 모든 절차를 따르는 것으로 알려졌다.

고, 견제가 아닌 융합과 협업을 촉진해나가야 할 것이다.

4. 사업관리의 유연성 보장

유연성은 살아 있는 모든 생명체의 특징이고 경직성은 죽음의 상징이다. 다윈(Charles Darwin)이 진화론에서 '적자생존의 법칙'을 내놓았듯이 모든 생물은 환경의 변화에 잘 적응해야 생존할 수 있다. 방위사업도 살아 움직이는 생물과 같기 때문에 적자생존의 법칙에서 자유로울 수 없다. 방위사업은 시작해서 끝날 때까지 오랜 시간이 걸리는 장기프로젝트이다. 그 기간 중에 바뀌지 않는 것은 하나도 없다. 그런 만큼 사업추진 도중에 중단되거나 표류하지 않고 당초의 목적지까지 무사히 도착하려면, 변화하는 여건에 맞추어 끊임없이 진화의 과정을 거치며 탈바꿈을 거듭해야 한다.

1) 발전방향: 진화적 획득방식 제도화

사업관리의 유연성은 먼저 '소요기획단계'에서 문을 열어주어야만 가능해진다. 지금까지는 각군과 합참이 설정해준 ROC를 금과옥조로 여기며 사업을 추진해왔다. 그런데 문제는 군이 정해준 ROC가 너무 높고 까다로워 '단번(單番)에' 도달하기 어렵다는 점이다. 사업관리팀은 주어진 여건과 능력의 범위 내에서 최선을 다하며 전력투구하지만 많은 사업이 중도에 탈락되거나 시행착오를 거듭하며 주어진 기한 내에 완결하지 못했다.

앞으로 시행착오의 악순환을 단절하고 사업관리의 효율성을 증진하려면, 목표소요를 한 번에 달성하려는 일괄획득방식에서 벗어나 기술성숙도와 가용재원 및 국제방산·기술협력 등 사업여건의 변화를 반영하여 단계적으로 목표소요에 접근해가는 '진화적 획득방식'으로 전환할 것을 강력히 권고한다.

처음부터 완벽한 것도 없고 한걸음에 정상에 오를 수 있는 산(山)도 없다. 쉬지 않고 한 걸음 한 걸음 올라가다 보면 결국 정상에 오르게 된다. 이것이 세상의 이치다. 무(無)에서 유(有)를 창조해내는 연구개발은 이런 원리에서 벗어날 수 없다. 특히 첨단을 추구하는 무기체계의 경우 더더욱 그렇다. 오늘날 명품무기로 알려진 대부분의 첨단무기 가운데 처음부터 완성품은 없었다. 독일 MTU사는 전차 엔진 개발에 100년 이상 투자했다.[33] 이는 연구개발에 투자된 '시간의 축적' 없이, 어느 날 갑자기 하늘에서 뚝 떨어지듯이, 첨단 신무기가 탄생할 수 없음을 반증한다. 하나같이 실패와 실수, 시행착오를 되풀이하며 진화의 과정을 거쳐 전장을 지배하는 첨단 신무기로 태어났다. 이런 뜻에서, 군의 소요를 선도하며 신기술·신무기를 품어내는 도전적·혁신적 연구개발은 '실패의 눈물 위에 세워지는 금자탑'이라고 해도 과언이 아니다.

만약 특정 사업이 부정·비리로 인해 문제가 된 것이 아니라 기술의 부족 또는 사람의 실수 등으로 인한 시행착오라면, 사업을 중단하고 처음부터 다시 추진하는 것보다는 군의 작전수행에 큰 지장이 없는 범위 내에서 ROC를 하향 조정해 일단락 짓고 2차·3차 양산단계에서 성능을 개량해 당초 목표성능을 충족해가는 진화적 관리가 바람직하다. 군에서 정해준 시간 내에 군의 ROC을 충족하지 못했다고 무조건 사업을 전면 중단하고 선행연구부터 다시 추진할 경우 개발업체의 손해는 말할 것도 없고 그동안 막대한 자금을 투자해서 개발해온 기술도 파묻히고 전력화시기도 놓치게 되는 악순환에 빠지게

---

33 MTU는 1909년에 설립된 이후 전차와 비행선 등의 고성능 엔진 개발에 집중해온 세계의 대표적인 엔진 제조회사이다. 세계 최강의 레오파드 전차(독일)는 제2차 세계대전 이전부터 생산되기 시작해 100여 년간 진화발전을 거듭해오고 있다. 전차에 탑재된 파워팩(엔진+변속기)은 MTU(엔진)와 렌크사(변속기)의 100년에 가까운 경험과 기술력이 집약된 것이다. 조성식, "오직 수출만이 살길이다", ≪신동아≫, 2018년 7월호; 장원준, "국산 변속기, 이대로 사장시켜야 하나?", ≪news2day≫, 2020.3.11. 참조.

된다. 이를 막으려면, 시간의 기회비용을 고려, 기술성숙도에 맞추어 단계적으로 목표수준에 접근하여 완성도를 높여가는 방식의 사업관리가 절실하다.

물론 지금도 제도적으로는 기술발전추세를 고려하여 ROC를 진화적으로 발전시킬 수 있도록 규정하고 일부 사업에 대해서는 단계적 개발방식(Batch I, II, III 또는 Block I, II, III)을 적용하고 있다.[34] 하지만 2010년대까지만 하더라도 진화적 소요 판단·결정 기준과 절차, 시험평가방법 등이 미흡하여 진화적 개발은 사실상 없는 것과 마찬가지였다.

한편, 사업환경의 변화에 맞추어 소요수정이 가능하긴 하지만, 이는 기술성숙도에 따라 ROC를 단계적으로 상향조정하며 목표수준에 도달하려는 진화적 개념이 아니라, 국내 기술수준에 비해 높게 책정된 ROC를 소요군이 수용가능한 범위 내에서 '하향조정'해주는 일종의 '퇴화적(?) 관리개념'에 가깝다.

더욱이 소요의 하향조정은 개발업체의 기술수준이 못 미치거나 또는 다른 사정이 있는 경우 방위사업청과 소요군, 출연기관, 방산업체 등 관련기관 간의 긴밀한 협의를 거쳐 소요군의 동의를 이끌어내야만 가능했다. 하지만 당시 사정당국은 ROC의 낮춤을 '업체 봐주기'의 비리 문제로 보는 경향이 있었다. 이로 인해 관련기관은 최대한 '보수적으로' 접근하려고 했으며, 특히 소요군이 부담스러워했던 것으로 알려졌다.[35] 이런 상황에서 개발업체의 기술수

---

34 진화적 개발과 관련된 사항은 방위사업법시행령(대통령령 제28904호, 2018.5.28. 일부개정) 제22조 제2항, 방위사업관리규정(방위사업청훈령 제440호, 2018.7.3. 개정) 제97조 제1항, 국방전력발전업무훈령(국방부훈령 제2114호, 2017.12.29. 일부개정) 제32/33조 등에 명시되어 있다.

35 제도적으로는 ROC에 다소 미달한 장비라도 군에서 쓸모 있다고 판단하면 '획득추천'을 통해 일단 사용해가면서 성능개량을 요구할 수 있는 길이 열려 있었다. 하지만 소요군의 입장에서 보면, 시험평가에 실패한 장비를 사용하다가 자칫 '부실평가' 또는 '업체 봐주기'의 혐의로 감사·수사의 대상이 되는 위험을 감수하기보다는 차라리 사업을 중단하고 처음부터 새로 시작하는 것이 안전하다는 인식이 지배적이었다. 이로 인해 획득추천의 실제 사례는 거의 찾아보기 어렵다. 강천수, 앞의 글, 98~99쪽.

준에 맞추어 ROC를 하향 조정해주는 것은 결코 쉽지 않았다.

그렇다고 본래 계약대로 강행할 수도 없었다. 그렇게 되면 사업실패와 사업 중단, 지체상금 부과, 전력화 지연, 소송제기 등으로 이어지는 악순환의 늪에 빠지게 되기 때문이다. 이런 미궁을 뚫고 나갈 최선의 방도는 진화적 획득이 가능하도록 소요 자체를 융통성 있게 설정하는 것이었다.

2) 소요기획단계: '범위형 ROC' 설정

진화적 획득방식의 일환으로 '범위형 ROC'의 도입을 추천하고 싶다. 이는 미국·이스라엘처럼 군의 ROC를 최소수준(Threshold)과 목표수준(Objective)으로 이원화해놓고 기술의 진보에 맞추어 낮은 단계에서 높은 단계로 점차 진화해가며 목표수준에 접근하는 방식이다. 개념 정의상, '목표소요(목표요구성능)'는 유사시 최악의 조건에서 군사용으로 사용할 수 있는 '적정수준'을 뜻하며, '최소소요(최소요구성능)'는 사업추진 시점에 기술적 한계로 인해 군이 요구하는 목표수준에는 이르지 못하더라도 군사용으로 쓸 수 있는 '최소한의 수준'을 나타낸다. 후자는 일종의 '레드라인(Red Line)'으로 이를 넘지 못하면 군사적 사용이 불가하므로 일단 사업의 실패로 판정하고 사업을 중단하거나 또는 처음부터 다시 추진해야 할 대상이 된다.

목표소요와 최소소요 사이에는 사업별 특성에 따라 하나 또는 두세 단계가 있을 수 있겠다. 〈그림 32〉처럼 세 단계로 추진할 경우, 첫 단계에서는 기대치를 낮추어 최소수준의 성능까지 가는 것으로 하고, 둘째 단계에서는 중간수준, 그리고 세 번째에 목표수준까지 도달하는 것으로 설정한다. 이렇듯 단계별 진행과정은 수평의 개념이 아니라 '진화의 사다리'를 타고 목표지점까지 올라가는 수직적 구조이며 이는 일종의 '성능개량'으로 이해해도 무방하다.

이렇듯 '범위형 ROC'는 '진화적 개발'과 '사업관리의 유연성(+효율성)'을 동

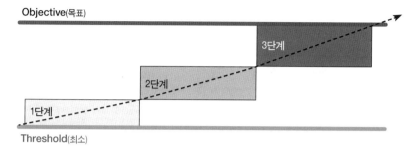
〈그림 32〉 **진화적 획득개념: '목표 ROC' 달성과정**

Objective(목표)

3단계

2단계

1단계

Threshold(최소)

시에 보장해주는 첫걸음이며, 나아가서는 시행착오와 실패를 넘어 사업의 완성으로 들어가는 첫 관문이라고 해도 과언이 아니다.

그렇다고 모든 사업에 범위형 ROC를 적용할 필요는 없다. 사업별 특성에 따라 최소한의 일정 수준만 넘으면 되는 경우도 있고 최소소요와 목표소요가 동일할 수도 있기 때문이다. 특히 장기간에 걸쳐 추진되는 대규모 연구개발 사업의 경우 기술의 진보와 소요재원의 배분 등 변화하는 여건에 맞추어 단계적으로 성능을 상향 조정해가다가 최종적으로 목표소요에 이르는 것이 적합할 것으로 보인다. 다만, 장기사업일수록 처음부터 확정된 요구성능을 제시하기 어려울 수도 있다. 이런 경우 처음에는 개략적으로 상정하고 탐색개발단계에 이르러 목표소요를 설정하는 방법도 있겠다. 이렇듯 무기체계 개발사업은 기술의 난이도, 사업규모(비용), 전력화시기(긴급성) 등을 종합적으로 고려하여 일괄획득 또는 진화적 개발 가운데 최적의 방식을 선택하는 것이 바람직하다.

한편, 처음부터 최종 목표소요를 확정 짓지 않고 '앞을 열어놓는 방법 (open-ended approach)'도 검토해볼 수 있겠다. 과학기술은 하루가 다르게 진보하는데 먼 앞날의 목표소요를 확정하는 것 자체가 비현실적일 수 있기 때문이다. 이에 기술진보의 속도 및 방향에 맞추어 ROC(+물량)를 지속적으로

<그림 33> 이스라엘 전술유도무기 진화적 개발사례

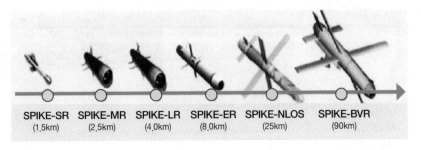

상향 조정해가며 한국군의 '창끝'을 끊임없이 첨단화·정예화해나가는 방법을 찾을 필요가 있어 보인다.[36]

　오늘날 세상은 정보혁명 시대를 넘어 4차 산업혁명 시대로 접어들면서 기술혁신이 폭발적으로 일어나고 있다. 하지만 우리의 국방획득체계는 너무 복잡하고 획일적·경직적이므로 나날이 변화와 혁신을 거듭하는 기술을 따라갈 수도 없고 이를 실시간대에 받아들여 체계개발과정에 적용할 수도 없다. 앞으로 관계당국은 하루가 다르게 진화·발전하고 있는 4차 산업혁명 기술을 적시에 응용하여 현존전력의 지속적 성능개량을 견인하고 첨단 신무기 개발을 앞당길 수 있는 길을 열어나가기를 기대한다.

　차제에 이스라엘의 무기체계 계열화 및 진화적 개발 방식을 눈여겨볼 필요가 있다. 이스라엘 전술유도무기 'SPIKE'의 경우, 〈그림 33〉에서 보듯이, 1980년대에 처음 개발(사거리 1.5km)된 이후 지금까지 다섯 차례에 걸친 성능개량(사거리 연장 + 탄두위력 증대)과 플랫폼의 다양화 등을 통해 글로벌 차원의

36　이것이 현실화되려면 여러 장애물을 넘어야 할 것이다. 예를 들어, 일정한 시기에 일정한 물량이 전력화되기를 요구하는 소요군, 예산편성 시 총사업비를 요구하는 재정당국, 일정한 가동률을 보장할 수 있는 적정 물량을 원하는 방산업체 등 각각의 이해관계를 충족할 수 있는 방안이 나와야 할 것이다.

명품무기로 진화되었다. 우리도 이스라엘처럼 진화적 개발방식을 적용, 동종 무기체계의 계열화를 추진한다면, 군의 전력증강과 군사기술 진보 및 방산수출 증대에 이바지하는 일석삼조(一石三鳥)의 효과를 거둘 수 있을 것으로 기대된다.[37]

3) 사업관리단계: 유연한 목표관리

실제로 사업이 추진되는 현장은 끊임없이 변화하는 소용돌이 속에 있다. 그러므로 사업관리의 최종 효과성은 결국 '유연 반응성(flexible responsiveness)'에 달려 있다. 사업관리자들은 이에 유념하여 기술, 재원, 정보 등 여건의 변화 동향을 정확하게 읽고 민첩하게 반응하며 최적의 경로를 모색해나갈 수 있어야 한다.

특정사업이 소요기획단계를 거쳐 사업관리단계로 넘어오면, IPT는 기술진보 속도와 재원배분 추이 등을 전망하며 군의 전력화 요구 시점까지 ROC의 최종목표에 도달하기 위해서는 몇 단계로 나누어 추진하는 것이 바람직할 것인지를 판단하고, 이어서 단계별 목표 수준을 구체적으로 설정하면 되겠다. 이와 관련하여 국방부·합참·소요군·출연기관 등 관계기관과 긴밀히 협의하되 무엇보다도 '실현 가능성'에 초점을 두어야 시행착오를 최소화할 수 있을 것이다.

다음, 실제 사업추진과정에 들어가면, 전략환경, 재정여건, 기술성숙도 등 사업여건의 변화에 맞추어 성능·비용·일정·수량 등을 탄력적으로 조정해나가야 한다. 그 일환으로, 사업별·단계별 목표 전망을 수시로 진단해보고 목

---

37 특히 무기체계의 계열화에 따른 다양성은 국제사회의 다양한 수입수요에 즉응할 수 있는 경쟁력으로 작용하기 때문에 수출의 기회를 잡는데 유리할 것이다.

표달성 가능성이 낮으면 해당 단계의 목표수준을 하향 조정해주고, 나중에 여건이 호전되면 소요수준을 다시 높여 최종 단계에서는 당초 목표수준의 성능을 달성하도록 유연성을 발휘할 수 있어야 한다. 이와 반대로, 단계별 목표가 '초과' 달성될 경우에는 인센티브를 주어 전력화 시기를 앞당기거나 목표소요를 상향조정할 수도 있을 것이다.

한편, 특정 사업이 당초 목표성능을 달성하여 종결된 이후에도 필요시 진화적 개발을 통해 성능개량을 계속 추진할 것을 적극 권고한다. 예를 들어, 미국의 M1전차, 시누크헬기, 독일의 레오파드 전차 등은 지금까지 7~8차례 성능개량을 통해 명품무기로 거듭나고 있음을 상기할 필요가 있다. 현존전력의 지속적 성능개량은 군의 전력증강에 이바지함은 물론, 관련기술의 진보와 축적, 전문인력의 유지, 방산수요의 창출 등을 낳는 핵심 동력이다.

4) 제도발전 과제

사업관리의 유연성은 제도개선으로 뒷받침되어야 한다. 먼저, 범위형 ROC가 이상적이긴 하지만 실현가능성의 문제가 남아 있다. 5년, 10년 이후에 전력화될 무기체계의 ROC 자체를 판단하기도 어려운데 최소목표와 최대목표를 확정짓는다는 것은 사실상 불가능에 가까울지도 모른다. 이것이 가능하려면, 적어도 5~15년 이후 전략화 목표시기에 전개될 한반도·동북아 전략환경과 잠재적 적대국의 군사동향, 과학기술의 진보 속도와 향방, 글로벌 방산시장 동향, 국방가용자원 등을 예측할 수 있어야 한다. 그런 만큼 중장기 ROC의 결정은 군사정보·전략전술 등 군사적 영역을 넘어 국제관계, 과학기술, 국가자원 등 관련 분야 전문가들이 숙의하며 집단지성을 모아 발전시켜 나가야 할 과제이다.

다음, 사업방식을 다양화하여 사업별 특성에 맞는 최적의 프로세스를 선택적으로 적용하도록 융통성을 열어놓아야 한다. 방위사업청이 관리하는 방위사업은 연평균 200여 개에 달하지만 똑같은 사업은 하나도 없다. 사업이 다르면 사업추진방식도 달라야 하는데 지금까지는 모든 사업에 똑같은 사업절차가 천편일률적으로 적용되었다. 이는 결국 제한된 국방자원의 비효율성과 사업의 장기화를 초래하는 뿌리원인이 되었다. 앞으로는 사업별 규모와 시급성 등을 고려하여 방위사업을 여러 유형으로 나누고 유형별로 사업방식을 차별화·다양화한 다음에 사업별 특성에 맞는 최적의 방식을 선택하여 사업의 효율성을 확보해나가야 할 것이다.

사업방식과 관련하여, 연구개발사업은 ADD 또는 업체 주도개발을 넘어 민·군협력 및 국제공동개발을 확대하고, 구매사업도 직접구매 위주에서 탈피하여 필요 시 국내업체를 통해 해외장비를 구매하는 일종의 간접구매제도를 도입할 수도 있겠다. 아울러 민간부문의 성숙된 우수기술을 최대한 활용하여 신속하게 전력화하는 획득방식도 실효성 있게 재정비할 필요가 있으며, 특히 긴급소요전력은 통상적인 절차를 과감히 생략하고 필수절차만 밟게 하는 등 특단의 대책이 마련되어야 할 것이다.[38]

---

38 지금도 무기개발의 오랜 선행기간(lead time)으로 인한 전력화의 지연 및 기술의 진부화 현상 등을 막기 위한 제도가 없는 것은 아니다. 앞에서 보았듯이, 긴급한 안보상황하에서 무기체계를 2년 이내에 획득할 수 있도록 도입한 '긴급소요제도'가 있으며, 또한 민간부문(산학연)에서 성숙된 기술을 활용하여 새로운 개념의 무기체계를 3년 이내에 획득하려는 '신개념기술시범(ACTD)'이 있었다. 하지만 긴급소요는 긴박한 위기상황에 국한하여 기획할 수 있다는 내재적 한계가 있었고, ACTD 사업은 군이 기획한 소요가 아니라 방위사업청이 기획·관리한다는 이유로 인해 실질적인 획득으로 이어지는 경우가 드물었다. 결국 ACTD는 폐지되고 그 대신 '신속시범획득제도'가 도입되어 2020년부터 시범 운영 중에 있는데 이는 신기술이 적용된 민간부문의 우수제품을 군에서 일정기간 시범 운용해보고 실용성이 입증되면 구매하는 방식으로 ACTD에 비해 진일보한 것으로 보인다.

5. 사업관리의 전문성 증진

무기체계의 첨단화·복합화와 함께 사업관리의 난이도가 나날이 증대되고 있다. 이를 넘어 사업목표에 이르려면 사업관리의 전문성이 적어도 난이도 증가에 비례하여 증진되어야 한다. 그런데 다른 분야와 달리, 방위사업은 '군사적 전문성' 이외에도 '공학적 전문성'과 '경영학적 전문성'을 필요로 한다. 이를 위해서는 무엇보다도 방위사업관리에 최적화된 전문교육기관이 있어야 하고 순환보직제에 얽매임 없이 한곳에서 장기 근속할 수 있는 전문직 공원 제도 도입 등 제도적 인프라가 갖추어져야 한다.

1) 방위사업 전문교육원 설립

방위사업에 필요한 이중·삼중의 전문성을 갖추려면 강도 높은 교육훈련과 풍부한 실무경험이 요구된다. 사실, 공무원 임용 당시부터 두 가지 이상의 전문역량을 두루 갖춘 인재는 찾아보기 힘들다.

2018년 기준 방위사업청 직원의 전공별 현황(〈표 37〉)을 보면, 전체적으로는 인문계와 자연계의 비율이 45 : 55로 비교적 균형을 이루고 있지만, 부서별로는 정책·행정·기획을 관장하는 청 본부에는 인문사회과학 전공이 많은 반면, 방위사업의 디테일을 직접 관리하는 사업관리본부에는 이공계 출신이 주류를 이루고 있었다. 신분별로는 군인은 이공계, 공무원은 인문계 전공이 많은 편이었다.[39]

이에 직원 개인별로 부족한 분야의 역량을 채워주려면 맞춤형 교육훈련이

---

39 군인 중에 이공계 출신이 많은 이유는 각군에서 방위사업청으로 보낼 인력을 선발할 때 무기체계는 과학기술의 산물이라는 전제하에 전력업무를 담당했거나 관련분야 전공자 위주로 선발했기 때문인 것으로 보인다.

〈표 37〉 **방위사업청 직원의 전공계열별 현황(2018)**

단위: %

구분	전체	부서별			신분별	
		청본부	사업본부	계약본부	군인	공무원
인문(사회)계열	45	57	37	55	27	54
자연(이공)계열	55	43	63	45	73	46

필요하다. 혹시 두세 분야에 대한 기본지식을 갖추었더라도 방위사업 수행에 최적화된 교육훈련은 불가피하다. 특히 방위사업청의 중추에 해당하는 'IPT 팀장' 역할을 완수할 수 있으려면, 적어도 팀장(과장급)으로 승진·보임될 때까지 각자에게 부족한 역량(기본지식 + 실무경험)을 축적해두어야 한다. 이는 조직 차원의 체계적인 교육훈련프로그램에 의해 뒷받침되어야 한다.

당시 운영 중인 방위사업청 교육센터로는 직책별 전문성 심화교육이 크게 제한되었다. 이에 방위사업 관련 이론과 실무를 겸비한 인재를 키워낼 수 있는 '전문교육원' 설립이 절실했다. 대부분의 정부기관들은 나름대로의 임무수행에 최적화된 인재양성을 위해 전문교육원을 운영해오고 있다. 예를 들어, 국립외교원, 법무연수원, 경찰인재개발원, 국세공무원교육원, 산림교육원, 조달교육원 등 정부기관별로 특화된 교육원이 있다.[40] 방위사업은 정부의 다른 기능에 못지않게 독특하고 깊이 있는 전문성을 요구한다. 단순한 공무원 임용고시와 정부공통의 공무원교육으로는 방위사업의 효율적 관리를 기대할 수 없다. 방위사업 전문교육원 설립은 방위사업의 성공을 보장하는 필요하고도 시급한 선결조건이었다.

방위사업청 개청 당시부터 획득전문교육의 필요성을 인식하고 '국방획득대학'의 설립을 주요 과제로 제시하고 추진해왔으나, 관계기관 간의 주도권

---

40 자세한 내용은 국가공무원인재개발원, 『2019년도 공공교육훈련기관 현황』, 2019. 5. 참조.

다툼 등으로 인해 실현되지 못한 것으로 알려졌다. 그런데 '방위사업혁신종합계획'의 일환으로 2018년부터 국방획득 전문교육기관 설립을 적극 추진한 결과, 방위사업청 개청 15주년(2021.1.1.)에 맞추어 '방위사업교육원'이 설립되었다. 관계당국에 의하면, 방위사업청 직원은 물론 군인과 방산업체 직원을 포함하여 연간 100여 개 과정에 9,000여 명을 교육시키겠다는 야심찬 계획을 가지고 출범했다.[41]

앞으로 방위사업교육원이 명실상부한 방위사업 전문인력 양성기관으로 발돋움하려면, 무엇보다 먼저 양질의 교육훈련을 시행할 수 있는 프로그램의 개발과 교수요원의 양성(train trainers)이 선행되어야 할 것이다. 교육프로그램은 '단계별·직책별 전문성 심화 교육 훈련체계'를 구축하는 데 중점을 두되 실무담당-팀장-부장으로 올라가는 3단계 직책별 직무수준에 상응한 전문성을 심화 발전시키는 방향으로 설계하면 좋을 것 같다.

하지만 교육프로그램이 교육의 품질을 보증해주지는 않는다. 교육의 품질은 역시 교수요원의 역량에 달려 있다. 그런데 국내에는 방위사업 관련 이론과 실무를 겸비한 전문교수가 절대 부족하다. 지금까지의 방위사업 교육은 '일 잘하는 실무 전문가' 양성에 중점을 두었을 뿐, 교수요원 양성에는 관심조차 갖지 못했기 때문이다. 문제는 교수요원이 하루아침에 양성되지 않는다는 점이다. 본래 사람 키우는 데 오랜 시간이 걸리기 마련이지만, 전문인재를 양성해내는 교수요원의 양성에는 더욱 오랜 시간이 걸릴 수밖에 없다. 그런 만

---

41 방위사업청, "방위사업, 전문성 향상의 발판을 딛자", 보도자료, 2020.12.30. 2021년 한 해 동안 방위사업교육원에 63개 교육과정이 개설되어 총 1,746명의 수료생을 배출했다. 수료생 중에 방사청 직원이 절대다수(87%)이고 국방부·각군 등 국방관련기관(12%), 정부기관(0.7%), 방산업체(0.2%) 순이었다. 교수진은 전임교수 6명과 초빙강사 296명으로 이루어졌을 정도로 방위사업관리에 최적화된 전문교수의 확충이 절실하고도 시급해 보인다. 전문교육원 설립 이전과 비교하여 크게 바뀐 점은 사업·계약·정책 등 분야별 교육에서 수준별·단계별 교육으로 진화되었다는 점이다.

큼 당장 지금부터라도 실무경험을 갖춘 젊은 우수 인재를 선발하여 미국의 국방획득대학(DAU)과 프랑스의 국방고등교육원(IHDEN)과 같은 선진교육기관에 파견, 위탁교육을 시행할 것을 권고한다.

한편, 방위사업교육원은 단순한 방위사업인 전용 교육기관을 넘어 국방부, 합참, 각군, 출연기관, 방산업체, 정부기관(산업/과학기술/예산/사정 등 관련기관)으로 교육대상을 넓혀 국가 차원의 전문기관으로 거듭날 필요가 있다. 또한 국제방산기술협력의 일환으로 협력대상국가의 인사를 초빙하여 선진 경험과 노하우를 전수받기도 하고 우리의 경험을 전수해주기도 하면서 방산외교의 미래를 개척해나가는 '우회적 통로'로 작동하기를 기대해본다.

2) 전문직 공무원 제도 도입

방위사업청은 무기획득사업을 전문적으로 관리하는 조직의 특성상 단기 순환보직제에 묶여 있는 일반직 공무원이 담당하기에는 적합하지 않다. 마침 2017년부터 정부는 단기 순환보직에 묶이지 않고 한곳에 오랫동안 근무할 수 있는 '전문직공무원제도'를 도입, 운영하고 있다(〈그림 34〉).[42]

방위사업관리직위도 사업의 처음과 끝을 책임지고 관리할 수 있는 '전문직 공무원'으로 충원하는 방안이 방위사업혁신의 일환으로 검토되었다. 그렇다고 청 직원 전체를 전문직으로 채울 필요는 없을 것으로 판단했다. 부서별 특

---

42 우리나라 공무원제도의 주축은 '일반직'이며 통상 2~3년마다 순환 보직된다. 이로 인해 전문성 및 책임성의 문제가 항상 제기되어왔다. 그 대안으로 2017년 전문직공무원제도가 도입되었다. 이는 공직사회의 전문성(+책임성)을 높일 목적으로 장기 재직이 필요한 분야를 전문분야로 지정하여 해당분야 안에서만 평생 근무하고 승진할 수 있도록 관리하는 제도로서 2017년 5월부터 산업통상자원부(국제통상), 환경부(환경보건·대기환경), 통일부(남북회담), 행정안전부(재난관리), 인사혁신처(인재채용), 금융위원회(금융업감독) 등 6개 부처(102명)에서 시범 운영해왔다.

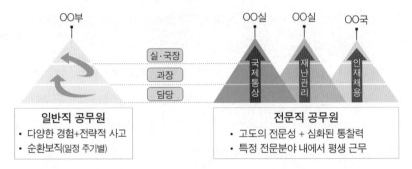

성에 맞추어 선별적으로 도입, 탄력적으로 운영하는 것이 좋기 때문이다. 사업관리부서는 '전문직 공무원(+획득전문형 군인)'을 중심으로 IPT를 편성·운영하고, 정책부서는 일반직 공무원 중심으로 운영하되 장기보직이 필요한 직위는 '전문직위'로 분류하여 순환보직 기간을 늘리는 것이 바람직할 것으로 보았다.[43]

다행히 방위사업혁신의 일환으로 2019년 12월부터 '방위사업관리 분야'에 전문직 공무원제도가 도입되었다.[44] 2021년 중반까지 방위사업청 일반직 공무원 가운데 전직(轉職) 시험을 거쳐 전문직공무원으로 전환된 자들은 약 70

---

43 방위사업청은 2021년부터 사업관리와 무관한 청 본부 및 계약관리부서에서 장기보직이 필요한 경우 '전문직위'로 분류하여 과장급은 3년, 담당급은 4년이 지나야 다른 직위로 전보할 수 있도록 공무원 인사운영 규정을 개정, 운영하고 있다. 방위사업청훈령, 제652호, 2021. 1.1. 개정 참조.

44 방위사업청의 중추적 업무에 해당하는 '방위사업관리'를 전문분야로 설정하고, 무기체계별로 5개의 세부 전문분야로 구분하여 전문직 직위 70명(과장급 13명, 담당급 57명)을 선발 관리하고 있다. 전문직 공무원은 전문분야 이외 직위로의 전보는 제한되는 반면, 전문직으로 전환된 이후 근무연수에 따라 소정의 수당이 지급된다. 한편, 2020년 12월 기준 방위사업청 사업본부(2개)에 근무하는 공무원 가운데 전문직으로 전환할 수 있는 인원은 626명이다. 물론 이들을 모두 전문직으로 바꿀 필요는 없어 보인다. 대략 20~30% 정도는 순환보직을 통해 청 본부 등 비사업부서와의 인사교류를 시행하며 인사운영의 유연성을 갖는 것이 바람직하겠다.

명인데 이들은 소정의 수당을 받으며 평생 사업관리부서 내에서 순환하며 근무할 수 있게 되었다. 하지만 아직 사업관리 담당 직위의 10% 수준에 불과하다. 앞으로 방위사업관리가 전문직 중심으로 이루어지려면, 방위사업 특유의 맞춤형 제도 정비와 함께 전문직 공무원의 단계적 확충이 병행되어야 할 것이다.

하지만 정부조직은 속성상 경직되고 환경 변화에 둔감하기 때문에 탄력적 운영이 극히 제한된다. 이는 여건 변화에 기민하게 반응하며 변신을 거듭해야만 살아남는 기업조직과 많이 다르다. 방위사업관리는 오히려 기업경영과 대동소이하다. 목적이 서로 다를 뿐 수단과 방법은 크게 다를 수 없기 때문이다. 모름지기 '사업관리'는 공·사(公·私) 불문하고 첫 기획 단계부터 마지막 완결 시점까지 끊임없이 변화하는 환경에 맞추어 탄력적으로 조절하며 당초의 사업목표를 달성해가는 것이 정도(正道)이다.

방위사업관리도 여건 변화에 기민하게 반응하며 고도의 효율성을 확보할 수 있으려면, '전문직 공무원'을 넘어 사업관리에 최적화된 'PMO(Project Management Office)' 제도를 도입, 사업관리전문기관으로 탈바꿈하는 것이 최선일 것으로 판단된다.[45] 선진국들의 경우, 무기체계별로 사업부서가 미리 정해져 있지 않고, 소요기획으로부터 획득·운영유지에 이르기까지 모든 과정이 전문가 집단에 의해 목표지향적으로 관리되는 시스템을 구축, 사업의 효율성과 투명성을 동시 확보하는 데 전념하고 있다.[46] 우리도 이와 같은 방안이 전향적으로 검토되기를 기대한다.

---

45   PMO(책임사업관리제)는 사업의 시작부터 끝날 때까지 일련의 과정을 전담하는 조직 형태로서, 일단 군의 소요가 결정되면, 사업관리책임자(PM)가 사업추진전략 수립으로부터 양산 및 전력화에 이르기까지 사업추진의 모든 과정을 책임지고 관리는 제도이다.

46   박영욱·권재갑·이종재, 앞의 책, 56쪽.

3) 사업관리 중심 조직으로 재구조화

방위사업청은 방위사업을 전문적으로 잘 관리하기 위한 조직인 만큼 무게 중심은 사업관리본부에 두는 것이 마땅하다. 사업관리가 제대로 안 되면 다른 소속기관이 아무리 잘해도 무의미하기 때문이다. 사람이 부족하면 사업관리본부부터 먼저 채워주고 승진(진급)의 필수조건으로 사업관리경험을 포함하는 등 인센티브를 줄 필요가 있었다.

한편, 방위사업청 예하에 두 개의 소속기관으로 나누어져 있던 사업관리본부와 계약관리본부를 통합하여 사업관리 중심 기관으로 재구조화할 필요가 있었다. 본래 사업과 계약은 하나의 연속선상에 있기 때문에 굳이 나눌 필요가 없었다. 그럼에도 사업본부와 계약본부로 양분되어 서로 견제하기도 하고 서로 책임을 전가하기도 하며 상대방을 밀어내는 풍토가 조성되었다. 두 기능이 하나의 몸과 같이 유기적으로 작동하며 사업관리의 책임성과 효율성을 제고하려면 둘을 합하여 '하나의 사업관리조직'으로 다시 태어나게 하는 수밖에 없었다.

방위사업청은 2019년 9월 17일부로 사업과 계약의 양대 기능을 통합하여 사업관리중심으로 조직을 개편했다. 이제 계약기능이 사업관리기능에 흡수되고 두 개의 사업본부(기반전력사업본부+미래전력사업본부)로 다시 태어났다. 일단 진일보한 것이지만, 앞으로 기회가 된다면 전력사업의 다양성과 통솔의 범위를 감안하여 3개의 사업본부로 증편할 것을 제언한다. 특히 제3의 사업본부는 국가전략적 차원의 사업을 전담하되 가급적 '작은 규모'로 편성·운영할 필요가 있어 보인다.

4) 지식의 보고(寶庫)로 재구축

한편, 방위사업청 특유의 강점을 살려 군내(軍內) 전력·획득 관련 지식·경험·노하우가 집결된 보고로 재구축할 것을 적극 권고한다. 2006년 8개 기관으로 분산되었던 국방획득기능이 하나로 통합, 방위사업청으로 다시 태어나면서 군내의 전력·획득 관련 인력도 자연히 한곳으로 집결되었다. 그곳이 바로 방위사업청이며, 오늘날 획득 관련 실무경험과 노하우를 축적·유지·발전·전수할 수 있는 유일한 곳이기도 하다.

직원 개개인이 평생 근무하며 쌓은 실무경험과 노하우는 그냥 얻어지는 것이 아니다. 이는 개인별로 정도의 차이는 있지만 끊임없는 시행착오를 겪으며 눈물과 땀방울로 채워놓은 '지혜와 지식의 보물창고'이다. 그럼에도 이처럼 귀중한 무형의 자산이 조직 차원의 집단지성으로 승화되지 못한 채 개개인의 경험·노하우로 묻혀버리고 있었다. 이는 방위사업청이 잃어버린 최대의 손실이 아닐 수 없다.

앞으로는 직원 개개인이 쌓은 실무경험과 노하우가 개인 차원을 넘어 상하 직급 간에 자유롭게 전수되고 직원 상호간에 막힘없이 공유되는 가운데 '살아 있는 전문성'이 확대 재창출되기를 기대한다. 이를 위한 '열공' 문화가 확산·정착되면 좋겠다. 그 일환으로, 직원 상호간의 실무 경험과 노하우를 공유·전수할 수 있는 학습동아리 활동을 활성화하고, 분야별·부서별 워크숍 개최 및 성공·실패 사례의 연구발표회 등을 통해 직원 스스로 배우고 앎을 서로 나누는 조직문화가 뿌리내린다면, 방위사업청은 머지않아 국내 최고의 전문기관으로 거듭날 것으로 확신한다.

무엇보다도 성공·실패 사례의 연구발표 및 토론이 정례화·활성화되었으면 좋겠다. 일정한 주기별로 성공사례와 실패사례를 심층 분석하여 교훈을 도출하고 이를 발표하여 직원들과 공유한다면, 개인별 실무경험을 넘어 집단지성으로 승화시켜나갈 수 있는 토론의 장이 될 것이다. 특히 실패사례 연구는 성공사례에 못지않게 큰 공감과 파급효과를 가져올 것으로 보인다. 이는 동일한 실패·실수를 되풀이하지 않기 위해서라도 반드시 필요하다.[47] 무엇보다 실패의 아픔을 딛고 성공의 문을 열어가는 과정이야말로 지혜가 영글어가는 과정이기 때문이다.

6. 관계기관 간의 소통과 협업 생활화

모든 문제는 불통(不通)으로부터 나오고 문제 해결의 열쇠는 소통(疏通)으로부터 나온다. 막힘과 닫힘은 죽음에 이르는 지름길이고 뚫림과 열림은 생명으로 이어지는 통로이기 때문이다. 특히 방위사업처럼 여러 기관의 협조 없이는 한걸음도 떼어놓을 수 없는 경우, 성공의 첫걸음은 역시 문을 활짝 열어놓고 관계기관과 소통하며 협조를 이끌어내는 데 있다.

앞에서 보았듯이 방위사업은 국방부로부터 방위사업청(+출연기관) 및 방산기업에 이르기까지 국방커뮤니티가 한 몸을 이루며 유기적으로 협업해야만 소기의 사업 목적을 이룰 수 있도록 설계되어 있다. 하지만 현실은 이를 따라가지 못했다. 특히 2014년 통영함 사태 이후 국방 전반에 걸쳐 사정한파가 몰아치면서 관계기관 간 소통·협업의 통로가 닫히고 막혀 버렸다. 사방팔방이 꽉 막힌 상태에서 방위사업청 스스로 할 수 있는 일은 거의 없었다.

---

47 하지만 실패사업을 담당했던 직원들은 실패사례를 드러내는 것 자체가 감사·수사의 빌미가 될지도 모른다는 불안감 때문에 실패사례 발표를 꺼렸다. 앞으로 성공·실패 사례의 연구발표 및 토론이 활성화되려면 연구발표 자료가 감사 또는 수사의 단초가 되지 않도록 제도적 장치가 마련되어야 한다. 특히 실패사례에 대한 심층연구(+교훈도출)에 대해서는 인센티브를 제공해주는 등 전향적 장려대책이 필요해 보인다.

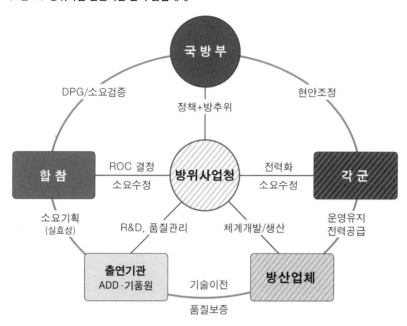

앞으로 방위사업이 잘 되고 국방이 '불패의 신화'를 창조해가려면, 국방기관들은 불통과 단절의 옛 껍질을 과감히 벗어버리고 상하좌우 막힘없이 소통하며 '하나의 목표'를 지향하는 국방커뮤니티로 다시 태어나야 할 것이다. 이는 〈그림 35〉처럼 방위사업청과 국방부-합참-각군-출연기관-방산업체 사이에 놓여 있는 관계의 장벽(+마음의 담벼락)을 허물고 사통팔달의 길을 열어가는 것으로부터 시작되어야 한다.

1) 협업 대상별 소통의 중점과 목표

방위사업 관련 소통은 먼저 방위사업청 내부 직원 및 부서들 사이를 가로막고 있는 심리적 장벽부터 허물어야 하고, 이어서 방위사업청-ADD-방산업체-기품원 등 획득기관들 사이에 가로놓인 상호 불신과 이해관계의 담벼락을 무너뜨리고, 나아가서는 국방부-합참-각군을 포함한 국방커뮤니티 속에 내재하는 상호 배타적 인식을 깨뜨리는 방향으로 전개되어야 한다.

(1) 획득기관 한가족 공동체

먼저, 방위사업청 내부의 소통은 다양한 신분·출신 간의 심리적 장벽을 허물어버리는 것으로부터 시작해서 계급·직책의 위·아래 구별 없이 서로 존중하고 배려하는 '한가족 공동체 의식'을 심는 데 중점을 둘 필요가 있다. 이는 또한 방위사업 추진과 관련하여 사업-계약부서 간의 견제·경쟁 심리를 무너뜨리고 감독부서-피감독부서 간의 갈등관계를 타파하는 방향으로 전개되어야 한다. 그 일환으로, 다층복합적 소통간담회와 워크숍 등을 정례화하여 계급·직책·신분·출신 사이의 틈을 메워나가는 한편, 사람중심의 조직문화를 창출하고 조직에 대한 소속감·정체성·자긍심을 회복하는 데 각별한 지휘관심을 기울여야 할 것이다.

다음, 방위사업청과 출연기관(ADD + 기품원)의 소통은 상호 불신의 담벼락을 넘어 '상호 존중의 정신'을 바탕으로 하나의 목표를 향해 동일한 방향으로 가는 '형제의 모습'으로 거듭나는 데 목표를 두어야 한다.

한편, 방위사업청과 방산기업의 소통은 쌍방향 갑을관계의 장벽을 넘어 상호보완적 협업을 생활화하는 방향으로 전개되어야 한다. 정부와 기업, 수요자와 공급자의 관계는 단순한 언어의 소통을 넘어 머리를 맞대고 함께 일하는 협업의 파트너가 될 때 비로소 소기의 목표지점에 이를 수 있기 때문이다.

그런데 정부와 기업은 서로 다른 목적을 가지고 있기 때문에 언제든지 동상이몽(同床異夢)하며 상호불신과 갈등의 늪에 빠질 수 있음에 유의해야 한다. 그렇게 되면 방위사업은 실패로 끝나고 기업과 국방의 동반 붕괴로 이어질 수도 있다. 이에 정부(+군)와 기업은 방위사업의 출발점부터 서로 마음의 문

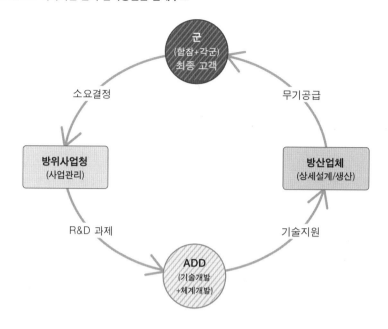

을 활짝 열고 긴밀히 소통하며 문제를 함께 풀어나가는 관계로 발전, 국방과 기업 모두 성공의 문으로 들어가도록 공동 노력해야 할 것이다.

〈그림 36〉은 소요군-방위사업청-출연기관-방산업체가 질서정연한 역할분담을 통해 한국군의 전력을 끊임없이 증강시켜나가는 관계구도이다. 먼저, 소요군(각군 + 합참)이 전력소요(JSOP)를 결정하면, 방위사업청은 소요에 대한 선행연구(기품원)를 통해 사업추진기본전략을 수립하고 ADD 주관 연구개발 과제를 부여한다. 다음, ADD는 관련 핵심기술을 개발하고 체계개발을 수행하여 규격서, 도면 등 국방표준문서(KDS)를 방산업체에 넘겨주고, 이를 받은 업체는 ADD의 기술지원하에 상세설계를 하고 생산해서 소요군에 공급해준다.

이렇듯 소요군이 방위사업의 출발점인 동시에 종착점이다. 그리고 방위사업청-ADD/기품원-기업은 공히 소요군을 최종고객으로 삼고 군의 소요를 충족해주어야 하는 공동운명체이다. 이들 삼자 관계는 위·아래의 관계가 아니라 '질서정연한 앞뒤 관계'를 이루며 서로의 부족한 점을 채워주는 상호보완적 협업을 통해 시너지 효과를 창출해야 한다. 그래야만 제한된 국방자원으로 강군의 초석을 놓을 수 있다.

다만, 〈그림 36〉처럼 개발자(ADD)·공급자(업체)의 참여 또는 피드백 없이, 수요에서 공급으로 이어지는 일방통행만으로는 사업의 실효성이 반감될 수 있음에 유의할 필요가 있다. 사실, 개발자·공급자가 배제된 채 수요자(정부/군) 단독으로 만든 소요결정은 현실성 없는 꿈에 지나지 않을 수 있기 때문이다. 앞으로는 수요자와 개발·공급자가 소요기획과정에서부터 긴밀히 협의하며 최적의 소요부터 판단·결정하고 이어서 연구개발과 생산이 유기적으로 이루어지는 '소요-개발-생산 협업체계'가 제도화되길 기대한다.

(2) 국방공동체의 일원으로!

국방커뮤니티 안에서의 소통과 협업은 무엇보다도 방위사업청에 대한 인식의 전환과 칸막이형 분업구조의 발전적 해체에 초점을 두는 것이 첫걸음이 되겠다.

방위사업청 태동과 관련하여, 국방커뮤니티는 방위사업청을 적자(嫡子) 반열에 올려놓지 않고 한 수 아래의 서자(庶子)처럼 생각하는 풍토가 생성되었다. 이런 인식이 바뀌지 않는 한 국방기관들과의 소통과 협업은 아무리 강조해도 '소귀에 경 읽기(牛耳讀經)'가 될 공산이 크다.

국방획득체계에 심어진 '기계적 분업구조'는 기본취지와 달리 불통과 단절, 책임전가 현상 등의 폐단을 낳고 말았다. 이제부터라도 기관별 분업구조를 넘어 기관 간 협업구조로 전환하여 사업추진단계별 분절현상을 막고 책임의 빈틈을 메워나가야 할 것이다. 이는 관계기관들이 법정(法定) 질서는 지키되 '기계적으로' 분업화된 사업추진단계 사이를 자유롭게 넘나들며 서로 격의 없이 소통하며 협의할 수 있는 여지가 전제될 때 비로소 현실화될 것이다.

아울러 국방관련 기관에 파견된 현역군인을 '하나의 공통분모'로 묶어 기관 간의 소통을 트고 활성화하는 통로로 작동하도록 운영할 것을 재강조한다. 만일 각군-합참-방위사업청-국방부에서 전력·획득 관련 직위에 보임된 현역 군인들을 하나의 '특기'로 통합하여 순환 근무하도록 관리한다면, 관계기관의 사이가 자연히 연결됨은 물론 전력획득업무의 경험과 노하우가 군별 영역을 넘어 전군(全軍) 차원으로 확산·심화될 것으로 기대된다.

지금까지는 각군본부가 파견기관별로 인력을 분산 관리해왔기 때문에 국 방기관 간의 인적 유대관계가 맺어질 수 없었다. 더욱이 방위사업청 개청과 동시에 각군의 전력획득 업무가 방위사업청으로 일원화되면서 각군 내 전력· 획득 관련 전문인력이 각군에서 방위사업청으로 집단 이동했다. 이에 따라 방위사업청과 소요군 사이에 획득 관련 인적 연계성이 약화되고 상호 이해와 협조의 제한, 소통의 장애, 협업의 단절 현상이 나타났다. 지금부터라도 국방 부-합참-방사청-각군에 산재해 있는 전력·획득 직위를 통합, 하나의 큰 인력 풀 속에서 인사관리를 할 것을 제언한다.

2) 국방커뮤니티의 조직문화로 승화

2017년 방위사업의 위기가 최고조에 이르렀을 때 방위사업청은 이를 돌파 하기 위한 방책의 일환으로 사방팔방 닫혀 있던 소통의 문을 열기 시작했다. 하지만 10년 이상 쌓인 마음의 장벽이 하루아침에 무너질 수는 없다. 다소 시 간이 걸리더라도 국방기관들은 지금부터라도 상호 존중과 배려를 실천하며 진정한 의미의 소통과 협업이 국방조직문화로 뿌리내릴 수 있도록 공동 노력 함이 마땅하다.

앞으로 소통과 협업이 생명체를 생육·번성시켜주는 혈액순환처럼 국방부문의 곳곳에 흐르며 국방의 조직문화로 뿌리내리려면, 무엇보다도 국방관련 기관들이 방위사업은 결코 남의 일이 아닌 '자신의 일'이라는 점을 분명히 인식하는 것으로부터 출발해야 한다. 사실, 방위사업이 잘못되면 각군의 임무수행에 지장을 초래하고 나아가서는 국방이 실패할 수 있음에 유의하여, 방위사업 추진과정에 문제가 발생하면, 모두들 자신의 일로 간주하고 적극 지원해줄 수 있어야 한다. 이런 인식이 없으면 실질적 협업은 사실상 불가능하다.

속담에, "사람의 마음을 얻는 자가 세상(天下)을 얻을 수 있고, 사람의 마음을 움직이는 자가 세상(天下)을 움직일 수 있다"는 말이 있다. 그런 만큼 국방 관련기관 간의 소통도 상대방의 마음과 생각을 얻는 데 일차적 목표를 두고 전개될 필요가 있다. 사실, 국방획득 관련 협업은 방위사업청의 영역을 넘어 국방커뮤니티가 '한마음'으로 협력해야 얻을 수 있는 기본가치이며 이는 상대방의 마음을 얻는 것으로부터 출발하기 때문이다.

이에 유념하여 앞으로 방위사업청은 유관기관들의 마음과 공감을 얻는 데 일차 목표를 두고, 단순한 소통을 넘어 '전략적 커뮤니케이션(Strategic Communication)'으로 상대방의 닫힌 마음을 열어나가야 할 것이다.[48]

이로써 방위사업 관련 기관들 사이를 가로막고 있던 '관계의 장벽'이 무너져야 비로소 국방커뮤니티는 분업과 단절을 넘어 소통과 협업의 모델케이스로 탈바꿈하여 '불패의 성공신화'를 창출해낼 수 있을 것이다. 이는 관련 기관

---

48 본래 전략적 소통(SC)의 개념은 적대국이든 자국이든 사람의 마음을 얻지 못하고서는 전쟁을 승리로 이끌 수 없다는 인식에서 나왔다. 군사작전(전투)에서는 이기고도 전쟁에서 지는 경우가 있는데 그 원인 중의 하나가 상대방의 군사적 능력은 격멸했지만 상대방과 '인식의 전쟁(war of perceptions)'에서 패배하여 상대방의 '적대적 의지'를 꺾지 못했기 때문인 것으로 분석되었다. 이런 배경에서 나온 SC는 "상대방의 마음과 생각을 얻기 위한 전투(Battles for Hearts and Minds)"라고 정의할 수 있다. 김철우, 「한국적 전략커뮤니케이션(SC) 개념 및 적용방향」, ≪주간국방논단≫, 제1342호, 2011.1.10.; 장삼열, 「전략커뮤니케이션 현주소와 발전방안」, 한국군사문제연구원 정책포럼 발표자료, 국방컨벤션, 2015.2.27. 참조.

들이 방위사업의 절대적 중요성에 대한 인식을 공유하는 가운데 상호 신뢰를 바탕으로 유기적 협업을 생활화해나가는 것으로부터 시작될 것이다.

7. 사람 중심의 조직문화

세상만사의 성패는 사람에 의해 결정된다. 따라서 일의 성과를 최대한 높이려면 '사람이 일하기 좋은 환경(+문화)'를 조성해주는 데 방점을 두어야 한다. 앞으로 방위사업인들이 집단적 우울의 늪에서 벗어나 군사력 건설의 중심으로 우뚝 서려면, 무엇보다도 일하기 좋은 조직, 일 속에 보람 있는 조직, 사람다운 사람의 대접을 받는 조직으로 탈바꿈하는 길밖에 없어 보였다. 이는 리더십과 인사원칙으로 담아내어 방위사업청 특성 속에 묻혀 있는 잠재적 역량을 현시적 강점으로 바꿔나갈 때 비로소 '살아 움직이는 조직'으로 다시 태어날 것으로 믿어졌다.

1) 섬김과 나눔의 리더십

리더십은 조직의 흥망성쇠를 결정하는 핵심인자이다. 방위사업청이 복합위기의 난관을 뚫고 성공하는 조직으로 다시 태어나려면, 이는 간부들의 리더십에 달려 있다고 해도 과언이 아니다. 모든 조직은 리더(Leader)와 팔로워(Followers)로 구성되어 있는데 이 둘의 관계를 어떻게 설정하느냐에 따라 리더십 스타일과 조직의 성과가 달라진다.[49]

---

49 특히 위계질서를 중시하는 관료조직이나 상명하복·결단성·신속성을 강조하는 군대에서는 모든 관계를 수직관계로 인식한다. 하지만 수직적 구조는 일방통행의 의사전달, 소통의 단절, 경직성 등을 초래하여 조직의 성과를 떨어뜨릴 가능성이 높은 데 비해, 상호 존중과 배

그렇다면 방위사업청의 특성에 맞는 리더십은 어떤 유형일까? 필자의 경험에 의하면 적어도 다음과 같은 몇 가지 요건을 갖추어야 할 것으로 판단되었다.

첫째, 방위사업청은 '마음의 상처'가 깊은 조직이므로 머리로 다스리지 말고 가슴으로 품는 '따뜻한 리더십'을 요구한다. 방위사업청은 처음 태어날 때부터 환영받지도 못했고 이후에도 정권이 바뀔 때마다 생사의 갈림길에 놓였다. 또한 지난 수년간 비리의 프레임에 갇혀 우울한 세월을 보내며 마음의 상처가 깊어졌다. 이런 조직은 머리(+理性)로 설득하기보다는 '가슴(+感性)'으로 품어 감동을 이끌어내고 직원 개개인의 마음을 얻는 것이 '성공하는 리더십'의 첫걸음이다. 마음을 얻지 않고는 아무 것도 할 수 없기 때문이다. 2010년대 중후반 방위사업청에 필요했던 리더십은 직원들의 상처받은 마음을 보듬어 조직의 목표와 비전 아래로 끌어 모으고 임무 완수에 집중하도록 이끌어주는 '포용의 리더십', 모성애와 같은 '따뜻한 리더십'이었다.

둘째, 방위사업청은 모래알처럼 다양한 출신과 신분이 모여 있는 복합체이다. 이런 모래알 조직을 아름다운 무지개조직 또는 오케스트라의 악단처럼 절묘한 화음을 내는 조직으로 승화시키려면, '모태 위의 작은 생선이 타지 않도록' 세심한 관심과 배려를 아끼지 않는 '약팽소선(若烹小鮮)의 리더십'이 필요해 보인다.[50]

노자(老子)의 『도덕경(道德經)』에 의하면, "리더는 직원들이 각자 타고난 잠재역량과 열정을 다 바쳐 스스로 일할 수 있는 분위기(+시스템)만 만들어주고

려의 가치를 중시하는 수평적 관계는 자발적 의지와 열정, 창의성, 집단지성을 이끌어내 조직의 성과를 높이는 데 기여하는 것으로 알려졌다.

50 약팽소선(若烹小鮮)은 노자의 『도덕경』에 나오는 말로 "큰 나라를 다스리는 것은 작은 생선을 삶는 것과 같다"는 "治大國若烹小鮮"의 준말이다. 남만성 옮김, 『노자 도덕경』, 을유문화사, 1970, 196~197쪽.

쓸데없는 간섭을 하지 말아야 한다"고 강조하고 있다.[51] 이는 특히 "모태 위의 작은 물고기가 불에 타지 않도록 조심조심하며 생선을 굽듯이(若烹小鮮), 세심한 관심과 배려로 조직을 관리하여 '직원들이 인생을 걸만한 조직'으로 만들어놓기만 하면 리더의 역할이 끝난다"는 이른바 '무위(無爲)의 리더십'을 의미한다. 이런 리더십 아래서는 『손자병법』에서 강조하는 병사들, 즉 '싸우지 말라고 해도 목숨을 걸고 적진(敵陣)을 향해 돌진하는 병사들'과 같이, 각자 맡은 소임에 충실한 직원들로 거듭날 것으로 믿어진다.

셋째, 방위사업청은 인간 개개인의 절대적 가치와 인간관계의 본질에 충실한 '섬김의 리더십(Servant Leadership)'을 필요로 한다. 이는 모든 사람은 세상보다 크고 천하보다 귀한 존재로 태어났다는 천부인권(天賦人權) 사상에 바탕을 두고 있다.

세상은 높은 자와 낮은 자, 가진 자와 없는 자, 지배자와 피지배자로 구분하여 줄 세우기를 좋아하지만, 인간관계는 본래 모두 똑같이 동등한 가치를 가지고 태어난 수평관계로 출발한다. 이에 리더십을 이루는 리더와 팔로워의 관계도 지배·복종의 상하관계가 아니라 불가분의 상호의존적·상호보완적 관계라고 보는 것이 합당하다.[52] 리더와 팔로워는 각기 맡은 임무의 무게와 역

---

51 노자는 『도덕경』에서 "리더는 말을 많이 할수록 그 말에 발목을 잡히니 항상 말을 아껴야 하며(多言數窮), 리더가 공(功)을 누리려 하면 신하들이 떠나게 되고(功成身退), 스스로 움직이게 하는 무위의 리더십을 발휘해야 한다(無爲而無不治)"고 강조했다.

52 사람들은 줄 세우기에 익숙해서 높은 자와 낮은 자, 리더와 팔로워로 나누기를 좋아한다. 특히 계급사회의 문화전통이 있는 우리나라에서는 두 사람 이상이 모이면 위·아래부터 정하려고 한다. 하지만 리더십의 본질은 위·아래로 줄 세우기에 있는 것이 아니라 '이끄는 자(leader)와 따르는 자들(followers)이 협력하여 시너지를 창출해내는 오케스트라와 같다'고 할 수 있다. 리더십은 어원(Leader + Ship)이 암시하듯이 '선장(Leader)과 선원들(Followers)이 역할을 분담하고 힘을 합쳐 암초도 지나고 폭풍우도 뚫고 최종 목적지까지 이르는 항해의 여정이며 이를 효율적으로 관리하는 역량'이라고 정의할 수 있다. 이런 뜻에서 리더도 리더십의 일부분이고 팔로워도 리더십의 일부분이다. 그런 만큼 리더십은 특정인(船長)의 전유물(專有物)이 아니라 모든 구성원(船員)의 공유물(共有物)이라고 보는 것이 합당하

할의 크기가 다를 뿐, 그 본질적 가치가 다른 것은 아니기 때문이다.

이런 인식을 바탕으로 '리더는 팔로워의 도움 없이 홀로 할 수 있는 일은 아무 것도 없다'는 사실을 명심하고 부하들로부터 섬김을 받으려 하지 말고 스스로 부하들에게 '빚진 자'로 여기며 부하들을 먼저 섬기는 모습을 몸소 실천할 수 있기를 기대해본다.[53] 결국 섬김의 리더십이 직원들의 암울한 심중에 희망과 비전을 불어넣고 열정을 살려내어 방위사업청을 명실상부한 '군사력 건설의 중심'으로 세워나가는 원동력이 될 것으로 믿어 의심치 않는다.

넷째, 방위사업청 리더들은 '나눌수록 커진다'는 사랑의 원리를 적용, '나눔의 리더십'을 실천할 것을 권면하고 싶다. 방위사업청은 전력획득 관련 경험·지혜·노하우가 집결된 곳이다. 하지만 직원 개개인이 평생 쌓은 지혜를 차곡차곡 쌓아둘 지식창고도 없고 직원 상호간에 전수하고 공유할 수 있는 학습공간도 별로 없었다. 그래서 직원 개개인의 지혜·지식·노하우는 방위사업청을 떠나는 순간 사라지고 만다. 이는 국가 차원의 막대한 손실이 아닐 수 없다.

앞으로 방위사업청 직원들은 자신의 경험, 지식, 노하우, 영예를 홀로 간직하지 말고 동료들과 아낌없이 공유하며 조직의 '지식창고', '지혜의 주머니'를 부풀려나갈 것을 권유한다. 간부들이 먼저 '사랑으로' 지혜 나눔을 실천할 때 비로소 부하들도 그 사랑을 아래로, 옆으로 전파하며 조직의 역동적 발전을 견인해나갈 것이다.

다. 한홍, 『거인들의 발자국』, 비전과 리더십, 2004, 29~30쪽.

53 진정한 리더는 자신을 따르는 자들에게 '빚진 존재'라는 사실을 잊지 않고 부하들의 한계와 부족을 채워주고 그들 각자 타고난 재능과 잠재역량을 최대한 발양하도록 도와줄 책임이 있다.

2) '한국형 Melting Pot'의 본산으로 재구축

　방위사업청은 '이질성의 집합소'인 동시에 '다양성의 보고(寶庫)'이다. 방사청은 처음부터 이질적이고 다양한 신분·출신들로 짜깁기된 일종의 '모자이크 조직'으로 출발했다. 정부조직 가운데 이처럼 다양한 신분과 출신으로 구성된 조직은 찾아보기 힘들 정도이다. 하지만 우주만물은 '빛과 그림자'를 품고 있듯이 모자이크 조직에도 약점과 강점이 공존한다. 앞으로 방위사업청이 이질성·다양성에 내재하는 특유의 강점을 살려 '한국형 Melting Pot'의 본산으로 재구축된다면, 머지않아 대한민국 최강의 조직으로 탈바꿈할 것으로 믿어진다.

(1) 모자이크 조직의 장단점

　모자이크 조직은 어떻게 경영하느냐에 따라 단점이 될 수도 있고 강점이 될 수도 있다. 만약 방위사업청에 내재된 이질성·개별성이 동질성·통합성을 압도한다면 언제든지 뿔뿔이 흩어질 수 있는 모래알 조직으로 전락하겠지만, 반대로 직원 개개인이 이질성을 넘어 '서로 다름'을 인정하고 상호 존중하는 건강한 다양성으로 승화되고 공동체주의 문화풍토가 조성된다면 그 어떤 조직보다도 강한 조직으로 거듭날 수 있다. 이는 모래알이 서로 떨어져 있으면 아무것도 할 수 없지만, 한곳에 모여 뭉치면 세상 어떤 것도 견딜 수 있는 콘크리트가 되는 이치와 같다.

　본래 사람은 각자 서로 다른 독특한 존재로 태어난 모래알 같지만, 함께 어우러져 살아가다 보면, 서로 닮아가며 '큰 하나'를 이루기 마련이다. 이런 의미에서, 방위사업청의 다양성(diversity) 속에 잠재된 통일성(unity)과 하나됨(oneness)의 씨앗을 엿볼 수 있다. 다만, 구성원들이 서로 다름을 인정하고 존중하는 가운데 서로 동화되며 한마음으로 한곳을 바라보는 조직문화가 생성되려면, 하나로 묶어줄 꿈과 비전(vision)이 있어야 하고, 서로 닮아가는 데 필요한 시간도 있어야 한다. 아무런 공통분모 없이 하루아침에 마음과 생각 및 행태가 비슷해질 수는 없기 때문이다. 하지만 방위사업청의 경우, 처음부터 하나로 묶어줄 공통분모도 존재하지 않았고, 다양한 부류의 직원들이 서로 닮아가며 동화될 시간적 여유도 없었다.

첫째, 모래알처럼 산재한 직원들의 마음을 얻어 감동과 열정을 이끌어낼 수 있는 비전이 존재하지 않았다. 조직이든 집단이든 흩어진 마음을 한곳으로 끌어 모으고 한 방향으로 이끌어가려면, 미래에 대한 꿈과 소망을 담은 비전을 직원들과 함께 설계하고 공유하는 것이 무엇보다 중요하다. 그런데 방위사업청은 근래까지 1,600여 명의 직원들이 '한마음'으로 '한몸'되어 조직목표에 전념하도록 견인해줄 만한 비전이 보이지 않았다.[54]

둘째, 방위사업청이 국방부문 안팎의 외풍으로 인해 생사존망의 기로에 섰을 때 이를 지켜줄 수 있는 든든한 버팀목도 찾아볼 수 없었고, 조직 특유의 이질성에서 연유하는 태생적 한계를 넘어 '다양성의 우위(diversity advantage)'로 변환시켜 시너지 효과를 창출해낼 수 있는 리더십도 (직원들의 눈높이에서는) 보이지 않았던 것 같다.

셋째, 이질적 직원들이 서로 닮아가며 공통분모를 키워가는 데 소요되는 시간도 절대 부족했다. 이질성이 점차 줄어들고 동질성의 영역이 넓어지려면 적어도 한두 세대는 지나야 한다. 그런데 방위사업청은 2018년 기준 겨우 12살밖에 되지 않았다. 대한민국 정부수립과 동시에 설립된 국방부·외교부·법무부 등 정부조직들에 비하면 어린아이에 불과했다.

넷째, 지난 수년간 방산비리에 대한 수사·감사가 일상화되면서 방위사업

---

54 2017년 기준 방사청의 미션은 "튼튼한 국방과 국민경제에 기여하는 방위사업 추진"으로 되어있었는데 직원 개개인이 얼마나 이에 공감하고 소망하며 열정을 불태울 수 있었을지 모르겠다.

인들은 불안에 시달렸고, 이는 '일단 살아남고 보자'는 생존본능으로 연계되면서 개인주의적 성향이 깊어졌을 것으로 짐작된다. 와중에 개개인의 이익보다 조직의 공동이익을 우선시하는 멸사봉공(滅私奉公)의 공동체주의가 발붙일 터전이 마련되지 못했을 것 같다.

이와 같은 배경하에 방위사업청은 이질성·다양성을 넘어 나름대로의 독특한 성향과 조직문화를 싹틔우지 못했던 것으로 보인다. 그 결과 방위사업청은 태어난 지 10여 년이 지났어도 이질적인 출신과 다양한 신분의 집합체로 남아 있었다. 이는 직원 상호간의 보이지 않는 심리적 장벽으로 작동하며 불협화음의 원천이 되고 있었다.

(2) 다양성의 우위를 낳는 용광로

그렇다고 다양성·이질성이 항상 조직 경영의 악재(惡材)로 작용하는 것은 아니다. 20세기 산업화 시대까지만 하더라도 동질성·통합성은 국가발전을 견인하는 동인으로 작동했다. 반면에 사회적 다양성·이질성은 국가의 분열을 조장하는 뿌리원인이 되었다. 그런데 21세기 디지털 혁명 시대에는 통일성·합리성이 아니라 다양성·창의성이 국가사회의 역동적 발전을 이끌어내는 동력이 되고 있다. 이는 다양성과 이질성 위에 세워진 방위사업청에 새로운 기회의 창문이 열리고 있음을 뜻한다. 방위사업청도 이제는 조직 특유의 다양성이 열위(disadvantage)가 아닌 우위(advantage)로, 부담(liability)이 아닌 자산(assets)으로 작동하며 조직의 성과를 극대화하도록 관리해야 할 것이다.

한걸음 더 나아가, 방위사업청은 조직 특유의 '다양성의 우위'를 살려 '한국형 Melting Pot'의 본산으로 재구축할 것을 적극 제언한다. 이는 모래알처럼 흩어지기 쉬운 조직이 국내 최강의 조직으로 다시 태어나는 계기가 될 것이다.

이민자들로 세워진 미국이 겨우 200년 만에 세계 유일의 슈퍼파워로 등장한 것도 알고 보면 세계 각지로부터 몰려온 다양한 인종과 종교, 서로 다른 문화와 전통이 'America'라는 하나의 거대한 용광로(Melting Pot) 속에 들어가 정련되고 융합되면서 'American'이라는 새로운 정체성(identity)을 가진 국민 국가(Nation State)로 다시 태어났기 때문이다. 이 같은 미국의 성공신화로부 터 Melting Pot의 개념이 나왔는데 그 핵심은 다양성·이질성에 내재된 분열 과 대립의 씨앗들은 모두 용광로 속에서 불타 없어지고 개별 인종·문화·전통 속에 깃든 강점과 잠재력이 융합하여 제3의 정체성을 가진 실체로 다시 태어 나 '다양성의 우위'를 구현하며 '기하학적 시너지'를 창출해내는 데 있다.

방위사업청 역시 다양한 이민 집단으로 출발한 미국과 크게 다르지 않다. 차제에 미국의 성공스토리를 벤치마킹하여, 방위사업청을 이루고 있는 다양 한 신분·출신·성분들이 서로 다른 강점을 융합하여 새로운 활력을 창출해나 가는 '한국형 Melting Pot'으로 거듭나기를 기대한다. 이를 위해서는 모든 직 원들이 합력하여 미래 비전의 공동 설계 및 공유,[55] 상호 존중과 배려의 조직 문화 정착, 막힘없는 소통과 협업, 지식·경험·노하우의 전수(+공유), 인사관 리의 공정성·형평성 구현[56] 등을 통해 '서로 다름 속에서 하나됨(oneness

---

[55] 방위사업 종사자들이 '같은 꿈'을 꾸며 열정을 불태울 수 있는 '비전'을 설정하고 공유할 필 요가 있다. 비전은 모든 구성원들이 '미래에 대한 꿈'을 공유하며 동일한 방향으로 나가도록 이끌어가는 데 기본 취지가 있는 만큼 적어도 이성적 합리성과 감성적 공감력이 내면화되 어야 한다. 따라서 비전은 복잡하고 추상적이거나 애매모호한 언어가 아니라 간결하면서도 쉬운 언어로 모두의 마음을 휘어잡는 촌철살인(寸鐵殺人)의 힘이 깃들어 있어야 한다. 이 에 따라 필자는 2017~2018년 방위사업청 전 직원의 뜻을 모아 "군사력 건설의 중심, 방위 사업청"으로 비전을 설정한 바 있다. 이는 당시 모래알처럼 흩어진 직원들의 마음을 다시 끌어 모으고 식어버린 열정을 다시 일으켜 세우는 데 일조했을 것으로 믿어진다. 앞으로 방 위사업청에 대한 국민의 인식이 바뀌고 조직의 위상이 올라가는 정도에 맞추어 비전도 발 전적으로 진화되며 직원들의 꿈과 열정을 계속 불태우는 기재가 될 수 있기를 기대한다.

[56] 다양한 신분과 출신들로 구성된 조직일수록 인사관리의 공정성·형평성은 조직의 통합과 성과 제고를 보장하는 첫걸음이다. 신분·출신의 장벽은 좌(左)로나 우(右)로 치우치지 않 고 중용(中庸)의 대도(大道) 위에 세운 탕평책(蕩平策)으로 무너뜨릴 수 있기 때문이다. 특 히 높은 자(leaders)와 낮은 자(followers), 다수자(majority)와 소수자(minority)가 서로 불신·반목하지 않고 한 몸을 이루는 지체들처럼 화목하며 각자 소임에 충실하도록 조직을

within differences)'을 체감하는 '다양성 속의 통일성(unity in diversity)'의 문화 공간을 창출해나가야 할 것이다.

3) 인고의 세월 속에 싹트는 생동(生動)의 씨앗

"시련이 없는 인생은 향기 없는 꽃과 같다"는 말이 있다. 사실, 같은 꽃이라도 온실에서 자란 꽃보다 거친 들에서 자란 꽃이 더 향기롭다. 이는 야생의 들판에서 온갖 비바람을 견뎌냈기 때문이다. 세상사도 이와 똑같다. 혹독한 시련은 장차 어떤 장벽도 뛰어넘을 수 있는 은근과 끈기, 절제와 인내를 낳고, 위기를 기회로 바꾸는 창의력과 지략(智略)을 잉태하기 때문이다. 이런 의미에서, 방위사업인들이 2010년대 중후반 방산비리의 프레임에 갇혀 옴짝달싹할 수 없는 인고의 세월 속에서 축적한 지혜와 저력은 장차 방위사업을 군사력 건설의 중심으로 다시 일으켜 세우는 큰 힘이 될 것으로 믿어졌다.

앞에서 보았듯이, 특히 감사·수사의 장기화·일상화는 이중(二重)의 파급효과를 남겼다. 한편으로는 사정의 한파 속에서 직원들의 사기는 꺾이고 미래에 대한 꿈과 소망이 무너지는 아픔이 '트라우마'를 낳으면서 방위사업청은 하나의 거대한 우울의 동굴로 바뀌었다. 하지만 다른 한편으로는 직원들의 심중에 부정·비리에 대한 경각심과 기피증(+혐오감)이 깊이 뿌리내리고 청렴성이 새로운 조직문화로 자리매김하고 있었다. 지난 수년간 길고 어두운 터널을 통과하면서 무기획득사업에 드리웠던 부정·비리·부실 등의 불순물은

관리하려면, 숫자로는 많지만 주류에서 비껴난 소외 집단·계층을 품는 방향으로 인사를 운영하는 것이 바람직하다. 세상 어떤 조직도 낮은 자·소수자의 적극 동참 없이 조직 목표를 이룰 수 없기 때문이다. 이런 개념하에 모든 인사는 '능력(잠재역량)'과 '인품(사람 됨됨이)'을 양대 기준으로 삼아 인재를 선발하되, 두 기준에 큰 차이가 없을 경우, 소수자·약자를 발탁·중용할 것을 권고한다. 이는 모든 신분·출신이 조화와 균형을 이루며 최선을 다해 조직 목표 달성에 기여하는 선순환의 첫걸음이 될 것이다.

정제(精製)되고 사업추진과정은 정화(淨化)되었다.

그 밖에도 방위사업인들은 비리의 굴레 속에서 모진 풍파와 역경을 겪으면서 장차 어떤 위기도 뛰어넘을 수 있는 잠재역량을 축적해왔을 것으로 믿어진다. 특히 인고의 세월 속에서 응축된 지혜와 노하우는 억만금을 주고도 살 수 없는 값진 자산이 될 것이 분명하다. 이는 수많은 절차와 규제의 장벽을 넘어가는 '험난한 방위사업과정'을 슬기롭게 관리하며 사업의 성공을 이끌어내는 동력으로 작동할 것이기 때문이다.

하지만 잠재역량이 아무리 크더라도 이를 발현할 '의지(Will)'가 없으면 무용지물이 된다. 이에 값비싼 대가를 치르며 얻은 지혜와 잠재력이 방위사업을 살려내는 실존적 힘으로 작동할 수 있으려면, 오랜 사정 한파 속에서 얼어붙고 꺾어버린 직원들의 사기와 열정부터 다시 살려내는 것이 급선무였다. 당시 필자의 눈에 비친 최대·최악의 문제는 다름 아닌 '일'에 대한 직원들의 두려움과 불안감이었다. '열심히 일하면 손해'라는 소극적·부정적 인식이 확산되고 있었던 것이다. 이런 행태를 바로잡지 않고서는 아무것도 할 수 없음이 분명했다. 차제에 직원들이 하루빨리 '일에 대한 두려움'에서 벗어나 마음 놓고 '열정'을 불태울 수 있도록 업무수행 여건을 마련해주는 것이 무엇보다 시급해 보였다.

먼저, '적극행정면책제도'를 확대 적용하여, 열심히 일하려다가 우연찮게 저지른 실책에 대해서는 책임(+처벌)을 과감히 감면해줄 필요가 있겠다.[57] 그

---

[57] 공공감사에 관한 법률 시행령, 제13조의3(2019.5.14. 개정)에 명시된 '적극행정면책요건'으로는 첫째, 공공의 이익을 위한 것일 것, 둘째, 업무를 적극적으로 처리한 결과일 것, 셋째, 고의 또는 중대한 과실이 없을 것 등이다. 이와 관련하여, 방위사업청은 적극행정면책제도의 활용성을 제고할 목적으로 "적극행정공무원의 징계절차에서의 소명 또는 소송 등에 관한 지원 지침"(2019.12.23.)을 훈령으로 제정했으며, 자체감사에 관한 규정에 권익위 시정권고 및 의견표명, 방위사업 옴부즈만 시정요구 등에 따른 업무처리는 적극행정으로 추정하도록 명시했다. 앞으로 이 제도가 방위사업부문에 드리운 병리현상을 치유하고 업무에

렇지 않고서는 아무도 '위험한(?)' 방위사업을 적극적으로 추진하려 하지 않을 것이기 때문이다.

다음, 사정 한파 속에서 피의자 신분으로 몰린 직원들에게 가장 절실한 것은 법률전문가의 조언과 지원인 것으로 파악되었다. 물론 방위사업청이 공식적으로 피의자를 보호·지원·대변해줄 수는 없겠지만, 적어도 '열심히 일하다가 억울한 일을 당하는 직원'이 없도록 적절한 대책과 지원이 뒤따라야 할 것으로 판단되었다.

끝으로, 방위사업청 직원의 약 1/3이 겪고 있는 우울증세 치유에 각별한 지휘관심을 기울일 필요가 있겠다. 전문가들에 의하면, 우울증은 '마음의 감기'라고 할 정도로 누구나 걸릴 수 있으며 평생 한번 이상 걸린다고 한다. 다만, 감기도 방치하면 폐렴이 되듯이 우울증도 방치하면 위험해진다. 앞으로는 특히 우울지수 고위험군에 속하는 직원들을 대상으로 심리치료 서비스를 제공하는 한편, 모든 직원들이 미래에 대한 꿈과 비전 및 희망을 가지고 열정을 불태울 수 있도록 각별한 지휘관심을 기울여 조직 전체에 드리워졌던 집단적 우울 증세를 말끔히 치유하고 이를 오히려 발전적·창조적 에너지로 승화해나갈 수 있기를 기대해본다.

8. 국방연구개발 패러다임 전환[58]

전쟁과 기술은 동전의 앞뒷면처럼 불가분의 관계를 이루며 앞에서 끌어주

대한 열정과 의지를 다시 이끌어내는 정책 도구로 작동할 수 있으려면, 방위사업의 특수성에 맞게 면책 요건을 완화하고 대상과 범위를 확대해나가야 할 것이다.

58 이 절은 전제국, 앞의 글(2022a)을 토대로 수정·보완·발전시킨 것임을 밝혀둔다.

고 뒤에서 밀어주며 진화와 혁신을 거듭하고 있다. 생사를 걸고 싸우는 절박한 전투 상황에서 신출귀몰한 전략도 나오고 기발한 첨단기술도 개발되는 법이다. 이에 따른 비대칭 전략과 새로운 기술이 결합되면 전쟁의 패러다임을 완전 바꾸어놓는 게임 체인저(Game Changer)가 될 수 있다.

새로 개발된 군사기술은 무기화되지 않아도 '잠재적 전쟁억제력'으로 작용하고, 무기화되어 유사시 운용될 경우 순식간에 전세(戰勢)를 역전시키는 '전장의 지배자'가 될 수 있다.[59] 이런 의미에서 국방 R&D는 전략적 기술우위를 달성·유지할 수 있는 신기술을 개발하여 전쟁을 억제하고 국방의 미래를 열어가는 개척자라고 해도 과언이 아니다.[60]

오늘날 4차 산업혁명 시대를 맞이하여 국방연구개발이 국방의 미래를 개척해가는 선도적 역할을 수행하려면, 한편으로는 소요를 뒤따라가던 '소요 추격형'(또는 소요충족형)에서 군의 소요를 이끌어가는 '소요 선도형'(또는 소요창출형)으로 패러다임을 바꾸어나가고, 다른 한편으로는 기술 융복합의 시대에 편승하여 국방 신기술을 품어낼 수 있도록 ADD 중심의 홀로형 연구개발에서 '협업형 연구개발'로 방향을 전환해야 할 것이다.

---

59 국방연구개발은 무기체계의 국산화를 통해 막대한 외화절감효과를 가져옴은 물론, 필요하면 언제든지 신예 무기체계를 독자적으로 생산해낼 수 있는 기술력을 보유하게 되어 잠재적 전쟁억제력으로 작용한다. 또한 군사기술은 연구개발에 착수하기만 해도 관련무기체계의 해외도입 시 협상력을 크게 제고하여 예산절감효과를 가져오는 것으로 분석되었다. 전문가들에 의하면, 우리에게 특정 무기체계의 개발능력이 없을 때 무기시장에서의 단가(單價)가 100이라면, 우리가 일단 연구개발을 시작만 해도 80으로 떨어지고, 개발에 성공하면 50, 그리고 양산단계에 들어가면 국내생산가격보다 더 싼 가격으로 덤핑이 들어오기도 한다는 것이다. 전제국, 앞의 책(2005), 148쪽.

60 미 국방부(DoD)는 국방 R&D를 '잠재적 적대세력(potential foreign adversaries)에 대한 전략적 기술우위(strategic technological advantage)를 유지할 목적으로 국방기술을 연구하거나 이를 적용해 무기체계를 개발하는 모든 행위'로 정의하고 있다. 양희승·조현기, 앞의 책, 30쪽.

1) 소요선도형 국방연구개발

(1) 소요기반·체계개발 중심 R&D의 한계

창군 이래 국방당국은 재원·기술·시간의 부족으로 인해 군에서 제기하는 소요전력을 채워주기도 바빴다. 소요에 기반하지 않은 '미래도전기술'이나 '기초·원천기술' 등의 개발은 관심 밖의 일이었다. 특히 군의 소요가 없는 '상상 속의 신무기'를 개발한다는 것은 한낱 꿈에 불과했다. 앞에서 보았듯이 2006년 방사청 개청 이래 국방 R&D 예산의 절반 이상(51.9%)이 소요충족형 '체계개발'에 배분되었다(〈그림 26〉). 이는 최근에도 큰 변함없이 체계개발에 50%, 기술개발에 30%, 기관운영비 등에 약 20%가 배분되고 있다(〈그림 37〉).

한편, 소요의 유무를 기준으로 재분류하면, 소요기반의 연구개발은 무기체계개발, 핵심기술개발 등을 포함해 총 75.6%에 이른다. 반면에, 소요에 얽매이지 않고 미래 신기술 개발에 집중할 수 있는 자율형 연구개발은 기초연구와 미래도전기술 개발밖에 없으며 민군겸용기술 개발을 포함해도 국방 R&D 예산의 4.3%에 지나지 않는다.

이처럼 국방 R&D 예산이 소요기반의 체계개발 위주로 배분되는 한, 미래 전장을 지배할 수 있는 무기체계의 개발은 요원해 보인다. 하루가 다르게 기술이 진보하는 오늘날 전쟁의 승패는 피아간(彼我間)에 누가 먼저 신기술을 개발해서 무기화하느냐에 달려 있다고 해도 과언이 아니다. 그런데 지금처럼 군의 소요가 제기되면 그때 가서 연구개발을 추진하다가는 신형무기는 태어나자마자 구형(古物)이 되어버리고 만다. 앞으로는 신기술이 소요를 창출하고 신무기가 전쟁의 승리를 담보할 수 있도록 국방 R&D 패러다임이 소요추격형(소요충족형)에서 소요선도형(소요창출형)으로 바뀌어나가야 할 것이다.

이에 따라 ▷ ADD는 군의 소요 제기가 있기 전에 한발 앞서 미래 전장의 게임체인저로 작동할 수 있는 첨단 신기술을 개발해 군의 미래 소요를 창출

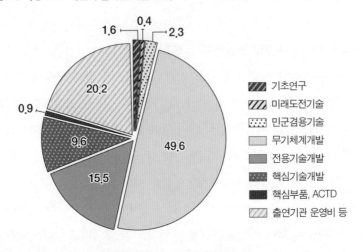

〈그림 37〉 **국방 R&D 예산의 분야별 배분비율(2015~2020 평균)**

범례:
- 기초연구
- 미래도전기술
- 민군겸용기술
- 무기체계개발
- 전용기술개발
- 핵심기술개발
- 핵심부품, ACTD
- 출연기관 운영비 등

➤ 소요 기반의 연구개발(75.6%)	➤ 소요에 기반하지 않은 연구개발(4.3%)
◆ 무기체계개발: 49.6%	◆ 기초연구: 1.6%
◆ 전용기술개발: 15.5%	◆ 미래도전기술: 0.4%
◆ 핵심기술개발: 9.6%	◆ 민군겸용기술: 2.3%
◆ 핵심부품개발: 0.9%	➤ 출연기관 운영비 등(20.2%)

자료: 『방위사업청 세입세출예산 각목명세서』, 2015~2020 연도별.

해주고, ▷ 방산업체는 이를 토대로 첨단 신무기를 개발·생산·공급해줌으로써 장차 어떤 강국에도 맞설 수 있는 '절대 강군'의 길을 열어갈 것이다. 한편, 군 당국은 새로 개발된 신기술을 바탕으로 무기체계의 소요 판단은 물론 새로운 전략·작전개념과 한반도 전쟁수행 방식 자체를 바꾸어나가는 국방의 새 역사를 창조해나가길 기대한다.

(2) 미래도전국방기술 개발

마침 기술의 융복합을 통해 도약적 기술혁신이 이루어지는 4차 산업혁명 시대에 접어들고 있다. 우리 군도 이제는 신문명의 물결에 편승하여 분단 시대를 넘어 통일한국 시대를 조망하며 미래도전기술 개발에 집중 투자해나갈 때가 되었다.

미래도전기술은 혁신적이고 도전적인 기술의 인큐베이팅 등을 통해 소요에 기반하지 않은 신개념 무기체계의 소요를 창출하려는 데 목적을 두고 있다. 2018년에 처음으로 시범사업이 추진되었고 이듬해부터 정식사업으로 추진되고 있다. 최근 ADD가 기획·개발하고 있는 미래도전기술은 우주, 사이버, 국방인공지능, 양자, 합성생물학, 센서·전자전, Chem-Bio, 국방소재·에너지, 지향성에너지, 무인·자율, 극초음속 등 11개 국방전략 기술 분야이다.

예산규모는 2018년 69억 원, 2019년 200억 원, 2020년 580억 원으로 매년 3배씩 늘어나고 있지만 아직 국방연구개발비(2020년)의 1.5% 수준에 불과하다. 관련예산의 적정수준은 정밀 판단해봐야 알겠지만, 장차 한반도 전장을 지배할 수 있는 혁신적·도전적 신기술을 개발해낼 수 있으려면 국방 R&D 예산의 10% 정도는 되어야 할 것으로 추측된다.[61] "늦었다고 생각할 때가 가장 빠른 때다"라는 말도 있듯이, 지금부터라도 적정한 예산과 충분한 시간을 꾸준히 투자한다면 머지않아 알찬 열매를 맺을 것으로 믿어진다.

최근 방위사업혁신계획의 일환으로 '국방과학기술혁신촉진법'(2020.3.)이 국회를 통과함으로써 소요에 기반하지 않은 미래도전기술을 연구개발할 수 있는 법적 근거가 마련되었다. 이와 더불어 최근 ADD는 소요에 기반하지 않

---

61 미래도전기술 개발예산의 적정수준은 미래 전략환경과 전쟁양상의 변화 동향, 국방비 배분 전망 등을 종합적으로 고려하여 정밀 판단해봐야겠지만, 미국의 민간전문가들로 구성된 국방과학기술 자문기구 'Defense Science Board(DSB)'는 국방기술개발(S&T) 예산의 1/3 정도를 '와해적 기술개발(disruptive R&D)'에 투자할 것을 권고하고 있다. 한편, 미국의 방산기업들은 R&D 투자액의 20% 정도를 와해적 R&D에 배분해 실패가능성은 높지만 전혀 새롭고 혁신적인 무기체계를 개발하는 데 투자하고 있는 것으로 알려졌다. DSB의 권고 사항을 참고로 판단해보면, 지난 5년간(2015~2019) 우리의 기술개발비는 국방 R&D 예산의 31.3%이므로 이것의 1/3 수준은 약 10%에 이른다. 양희승·조현기, 앞의 책, 10, 182쪽 참조.

은 소요선도형 연구개발은 ADD 본원(+첨단기술연구원)이 전담하고 소요에 기반한 소요충족형 무기체계개발은 ADD 부설 '지상·해양·항공기술연구원'이 맡는 방향으로 재구조화를 추진했다. 이에 따라 장차 전쟁 패러다임을 바꿀 신개념의 무기체계 개발을 지향하는 미래도전기술, 선행·선도형 핵심기술,[62] 전용기술은 '첨단기술연구원'이 총괄·기획·개발하고, 각군의 실소요 충족을 위한 실물무기체계는 군별 무기체계에 특화된 기술을 개발·보유·축적하는 부설연구원들이 소요군 및 방산업체와 협업하여 개발·생산·배치하면 될 것이다. 소요군 입장에서도 부설연구원들의 '군 밀착형 연구개발'은 자군에 필요한 무기체계의 개발과정은 물론 운용유지과정에서도 해당연구원으로부터 밀착 지원을 받을 수 있게 되어 실질적인 전력증강에 이바지할 것으로 기대하고 있다.

한편, ADD의 능력을 넘어서는 최첨단 신기술 개발은 아웃소싱하여 민간부문의 창의적·혁신적 아이디어와 국가의 R&D 역량을 결집, 총력 경주할 것을 권고한다. 국가 차원의 과학기술역량을 모아 국가안보역량으로 재창출하려면 미국의 첨단국방기술연구원 'DARPA(Defense Advanced Research Projects Agency)'를 눈여겨볼 필요가 있다. DARPA는 국가안보의 장애물을 뚫고 미래를 열어갈 수 있는 최첨단기술(breakthrough technologies)을 개발하는 데 목표를 두고 군의 소요에 기반하지 않은 도전적 과제를 중점적으로 수행하며 미국의 기술적 우위를 견인하고 있다.[63] DARPA의 연구개발방식은 국가의 모

---

62 '선행핵심기술'은 미래 전장 운용개념을 혁신할 수 있는 창의적 신개념의 국방원천기술을 확보하는 데 목표를 두고 ADD 주관으로 개발하고 있으며, '선도형핵심기술'은 미래무기체계 관련 핵심기술을 산학연 중심으로 개발하여 무기체계 소요를 선도하려는 데 목적이 있다. 국방과학연구소, 앞의 책(2020.6.), 15쪽 참조.

63 오늘날 미국이 군사기술에서 '절대 우위'를 누리고 있는 것도 알고 보면 1957년 구소련의 인공위성 스푸트니크(SPUTNIK) 발사에 깜짝 놀라 "앞으로는 더 이상 외부로부터의 기술적 충격을 받지 않겠다(to prevent technological surprise)"는 비장한 각오로 1958년 설립

든 영역에서 미래 신기술 개발과제(+아이디어)를 공모·선정하고 선정된 과제의 제기자를 PM(Project Manager)으로 지정, 기술개발을 추진한다는 데 핵심이 있다.

최근 ADD도 DARPA를 벤치마킹하여 기존의 국방고등기술원을 '첨단기술연구원'으로 확대개편한 것으로 알고 있다. 앞으로 우리나라가 군사선진국의 대열에 들어가려면, ADD는 성공할 수 있는 과제만 연구개발하던 옛 방식에서 벗어나 '성공할 수 없을 것 같은 과제'를 골라 과감하게 도전하는 방향으로 R&D 패러다임을 전환해나가야 할 것이다.

본래 연구개발은 무(無)에서 유(有)를 창조하는 도전과 모험의 연속이기 때문에 무모할 정도로 모험을 즐기는 도전정신 없이는 앞으로 나갈 수 없다. 특히 소요에도 없는 미래도전·원천기술 개발은 실패를 전제로 하지 않고는 단한걸음도 떼어놓을 수 없다. 그런 만큼 연구개발자들은 공중에서 외줄타기 하는 곡예사처럼 도전과 실패를 즐길 수 있어야만 언젠가는 성공의 문에 들어설수 있을 것이다. 이런 뜻에서 국방연구개발은 성공보다는 실패로, 일사천리보

한 DARPA에 그 비결이 있다. 소련이 스푸트니크 1호 발사에 성공하기 전까지 미국은 소련의 과학기술을 압도하고 있다고 믿었다. 그런데 소련이 한발 앞선 것이 밝혀지자 미국은 이듬해에 ARPA(Advanced Research Projects Agency)를 설립했다. 오늘날 DARPA의 전신(前身)이다. DARPA는 소요에 기반하지 않은 도전적 과제 및 문제해결형 과제를 집중 연구하고 소요에 기반한 연구개발 과제는 군별 연구개발 기관에서 담당한다. 2015년 기준 DARPA는 30억 달러(100% 연방정부 출연금)의 예산으로 240명의 직원과 100여 명의 PM이 연구개발 사업을 추진하고 있었다. 외부의 과제 제안자가 과제책임(PM)을 맡으며 4~5년간의 계약직으로 임용된다. 연구과제가 완결되면 PM은 DARPA를 떠난다. 아무리 유능하고 성과가 컸어도 정규직원으로 채용하지 않는다. 이는 한곳에 오래 있으면 '고인 물'이될 수 있다는 점에 유의하여 연구과제와 책임자를 새로 바꿈으로써 끊임없이 새로운 아이디어를 끌어들이기 위함인 것으로 보인다. 한편, 성과평가는 연구개발 단계별 지표에 따라성공과 실패를 판단하지만 기본적으로 성실수행이 인정되어 실패의 책임을 묻지 않는다. 연구결과의 소유권(특허권)은 연구자에게 귀속되고 정부는 실시권으로 무기체계의 응용개발에 활용한다. 필자와 DARPA 부원장의 면담, Washington DC, 2017.12.12.

다는 시행착오로 점철된 우여곡절을 뚫고 나가는 데 그 진수(眞髓)가 있다.

　연구개발자들의 도전정신이 첨단 신기술로 구현되려면, 그들의 열정과 의지, 그리고 창의적 아이디어를 가감(加減) 없이 담아낼 수 있는 '문화적·제도적 공간'과 그들을 끝까지 믿고 기다려 주는 '오래 참음의 리더십'이 전제되어야 한다.[64] 기술혁신(+기술축적)은 시행착오에 비례하는 경향이 없지 않기 때문에 과감하게 도전하고 오래 버텨내는 리더십을 필요로 한다.

　특히 실패 불용의 뿌리 깊은 문화·제도를 넘어 국방연구개발의 신지평을 열어갈 수 있으려면 국가·국방리더십의 무기개발에 대한 깊은 이해와 과감한 지원이 전제되어야 할 것 같다. 차제에 지피지기(知彼知己)의 관점에서 북한 김정은 정권의 '과학기술중시(+과학자 우대)' 정책을 눈여겨볼 필요가 있다. 김정은은 특히 실패를 두려워하지 않고 오로지 목표를 향해 전력투구할 수 있도록 과학기술자들의 사기·열정을 북돋아주고 전폭적인 지원을 아끼지 않는 것으로 알려졌다.[65] 이와 관련하여, 미국 전략사령부 존 히튼(John Hyten) 사령관은 2017년 8월 8일 '우주 및 미사일방어 심포지움'에 참석하여 다음과

64　이와 관련하여 남세규 전 ADD 소장은 시사뉴스와의 인터뷰(2018.9.13.)에서 "와해적 혁신은 아직 시도해보지 못한 미래 도전 영역이기 때문에 연구개발자들의 번뜩이는 아이디어와 창의적 생각을 가감 없이 펼칠 수 있는 공간과 시간적 기다림이 중요하다"며 "이러한 연구환경을 만들어주고 연구개발자들을 믿고 기다려주어야만 우리 군에 최적의 솔루션을 제공해줄 수 있을 것"이라고 강조했다. 최승욱, "남세규 ADD 소장 '와해적 혁신'에 과감히 도전", 시사뉴스, 2018.9.13.

65　북한 출신 전문가들에 의하면, 오늘날 북한의 정책기조는 김정일의 선군정치에서 김정은의 '과학우선정책'으로 바뀌었다고 한다. 김정은 과학기술중시정책은 '과학기술자우대정책'으로 시현되고 있다. 예를 들어, 김정은은 2012년부터 2017년까지 은하위성 과학자거리, 미래과학자거리, 과학기술 전당, 과학자 휴양소, 김일성종합대학과 김책공업종합대학 교원 주택, 미래상점, 여명거리 건설 등을 통해 과학자의 처우를 대폭 개선해주었다. 태영호, 「김정은 집권 이후 과학기술 우대 정책 및 시사점」, 2017년 11월 대북정책전문가들과의 세미나 발제문, 2017.11.24., '태영호의 남북동행포럼'(http://thaeyongho.com) 참조(검색일: 2020. 7.11.).

같이 언급(연설)한 것으로 전해진다.

미 국방부도 김정은으로부터 배울 점이 있다. 이는 무기개발의 '속도'에 관한 것이다. 북한은 정권 차원에서 무기개발 목표를 세워놓고 실패를 거듭하며 성공할 때까지 매진하는데, 이것이야말로 오늘날 북한이 각종 무기를 빨리 개발하는 원동력인 것 같다. 무기개발과 관련하여 북한이 하는 일은 '시험 → 실패 → 시험 → 실패 → 시험 … 결국 성공'에 이르도록 하는 것이다.

한편, 미래도전기술도 궁극적으로는 군의 실소요로 반영되고 첨단 신무기로 현실화되어 군의 전력을 증강하는 데 목적이 있는 만큼 소요와의 연계성 확보가 중요하다. 이는 처음부터 소요에 기반하지 않고 출발했기 때문에 자칫하면 기술개발이 완료된 이후에도 실용화되지 못한 채 사장(死藏)될 가능성이 없지 않다. 공들여 개발한 신기술이 파묻히지 않고 전력화될 수 있으려면, 기술기획단계부터 개발자(ADD)와 운용자(소요군)가 긴밀히 소통하며 소요기획방향을 공동설계하고 신기술과 실소요의 연계성을 어떻게 확보해 실용화할 것인지에 초점을 둔 일종의 'Bridge R&D'가 병행 추진될 필요가 있어 보인다.

끝으로, 소요선도형 연구개발은 새로운 스타일의 리더십과 사업관리시스템을 요구한다. 지금까지 방위사업청 IPT가 중심이 되어 소요기반의 무기체계개발사업에 적용해온 경직되고 획일화된 획득체계로는 미래도전기술 개발에 적합하지 않을 것 같다. 수많은 절차와 규제의 산더미 속에서는 새로운 기술이 태동하기도 전에 질식하고 말 것이기 때문이다.

미래도전기술은 특성상 개발 목표·방향·기한 등이 특정되지 않기 때문에 기존의 방식과 프레임을 뛰어넘는 창의성과 개방성·유연성이 전제되어야 한다. 이는 특히 '열린 리더십'과 '평평한 조직구조'를 필요로 한다. 미래도전기술의 개발은 상상에서 비롯된 꿈(이상)을 현실로 바꾸어나가는 창조의 과정이므로 연구자 개개인이 어디에도 매임 없이 소신껏 판단하고 다양한 아이디어를 무제한 분출하며 창의력을 최대한 발양(發揚)할 수 있도록 그들 뒤에서 적극 밀어주는 '섬김의 리더십' 또는 각자 스스로 움직이게 해주는 '무위의 리더십'이 전제되어야 한다. 조직구조도 전통적 군대식 피라미드 조직이 아닌 위·아래 구별 없이 원활히 소통하고 수평적 협업을 제도화할 수 있는 평평한 (Flat) 조직이 바람직하겠다.

(3) 국내개발 위주의 무기획득

우리도 이제는 머지않아 세계 6~7위권의 '기술선진국' 대열에 들어갈 수 있는 잠재역량을 보유하고 있다. 신예무기의 해외도입에 비해 다소 비용과 시간이 많이 들더라도 '우리 군이 쓸 무기는 우리 손으로 직접 만들어주겠다'는 기본으로 돌아가 국내개발에 역점을 둘 필요가 있다.

물론 한국군 장비를 모두 국내에서 개발·생산·공급할 수는 없겠지만, 적어도 국가 전략적 차원의 비닉무기와 전시 지속적 공급이 요구되는 군별 핵심무기체계는 국내 공급능력을 최우선적으로 확보해두어야 한다. 이런 무기를 외국에 의존할 경우 유사시 긴급소요의 적기 획득이 어려워져 전쟁수행에 차질을 빚을 수 있기 때문이다.

오늘날 군사선진국들은 '기술안보' 차원에서 첨단기술의 해외이전(+불법유출)을 엄격히 통제하고 있기 때문에 앞으로는 우리 스스로 미래도전기술 개발에 대한 집중 투자 없이는 첨단기술의 대외종속화 및 무기체계의 대외의존성이 심화되어 결국 자주국방의 발목을 잡고 말 것이다. 그런 만큼 국내개발의 절대성에 대한 분명한 인식과 집중적 투자는 자주국방의 기반을 다지는 첫걸음이 될 것이다.[66]

특히 머지않아 다가올 통일한국 시대를 상정하면 첨단무기의 독자적 개발

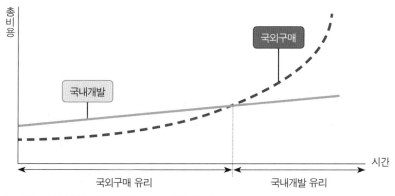

〈그림 38〉 **국외구매 vs 국내개발의 경제성 비교**

총비용

국외구매

국내개발

시간

국외구매 유리 | 국내개발 유리

자료: 국방부, 『한국적 군사혁신의 비전과 방책』, 2003, 200쪽.

역량 축적은 국가생존에 절대적 조건이 될 것이다. 통일한국은 주변 강국들을 상대로 국익을 놓고 다투어야 하는데 첨단기술이 아닌 이미 보편화된 기술로 만들어진 일반 무기체계로는 사활적 국익(vital interests)을 지켜낼 수 없을 것 같기 때문이다.

경제적으로도 국내개발이 손해는 아니다. 〈그림 38〉에서 보듯이, 단기적으로는 국내개발이 막대한 초기개발비용으로 인해 해외도입보다 비경제적이지만, 시간이 흐를수록 수입부품 가격의 상승 및 단종(斷種) 등에 따른 운영유지비가 증가하기 때문에 장기적으로는 국내개발이 더 경제적일 수 있다.

이를 감안해 우리도 한때 '국산무기 우선 획득 원칙'에 의거 국내획득 비용이 국외도입액의 120%까지 국내개발을 허용해주었던 적이 있었다.[67] 이는

---

66 그렇다고 국내개발에 집착하여 기술수준도 낮으면서 무조건 국내개발로 추진하다가는 실패 및 시행착오의 반복으로 결국 방산업체도 망하고 군의 전력화 시기도 놓치는 우(愚)를 범할 수 있음에 유의해야 한다.

67 국방부, 앞의 책(2003), 159쪽. 다만, 국내개발 우선 원칙에 따른 상한선 120%는 명시적 기준이라기보다는 국산화에 초점을 둔 일종의 불문율처럼 지켜졌던 것으로 보인다.

일종의 불문율처럼 지켜지다가 언젠가 사라졌었는데 최근 '한국산 장비 우선 획득제도(Buy Korea Defense)'로 부활하여 다행이 아닐 수 없다.[68]

2) 적정수준의 R&D 예산과 시간 보장

'국방 R&D 투자'는 무엇보다도 국가생존권 수호에 필요한 군사기술 개발에 목적이 있는 만큼 국방투자의 최고 우선순위로 책정되어야 한다. 특히 미래 전장을 지배할 미래도전기술과 비익·비닉기술의 개발에 '영순위'를 부여하고 '묻지 말고 투자'할 수 있을 정도로 국가 리더십 차원의 전략적 결단과 국민의 절대적 신뢰, 그리고 재정당국과 국회의 전폭적 지원이 요구된다.

국방 R&D 투자가 소기의 성과를 거두려면, 정부재정 형편의 부침(浮沈)과 관계없이 적정수준의 재원과 절대적 시간이 꾸준히 투자되어야 한다. 국방기술개발은 통상 10(± 5)년 정도 소요되기 때문에 적정수준의 재원이 안정적으로 투자되어야만 결실을 맺을 수 있다. 더욱이 무기체계의 첨단화·복잡화, 시험평가의 엄격화, 감시·감독·검증체계 강화, 시험장 주변 민원 문제, 근로환경 변화 등으로 인해 사업기간은 점점 늘어나고, 이에 비례하여 사업예산도 늘어나고 있다. 그런 만큼 연구개발에 필요한 절대적 시간과 예산의 현실화는 사업의 성패를 좌우하는 전제조건이다.

그럼에도 지금까지 국방 R&D의 예산과 시간 모두 충분하지 못했다. 국방 R&D 예산은 2006년 1.1조 원에서 2015년 2.4조 원, 2018년 2.9조 원으로 증가했지만 서방 선진국들과 비교하면 아직 낮은 수준에 머물러 있다. 2017~

---

68 방위사업청은 2021년 8월 방위력 개선비의 내·외자(內外資) 배분 비율을 80 : 20으로 설정하는 한편, 국내개발과 국외구매의 비교 평가 시 수명주기비용 기준 국외구매비에 50% 할증(1.5배)을 적용하여 가격조건에서 국내개발이 훨씬 유리하도록 했다. 김유진, "방위산업 재도약 신호탄, '한국산 우선획득제도'", ≪헤럴드경제≫, 2021.8.12.

단위: 억 달러(국방비 대비 %)

구분	2017	2018	2019	평균	비고
미국	922.3(13.7%)	1020.8(13.7%)	1120.2(15.4%)	1021.1(14.3%)	39.0
영국	26.8(5.0%)	27.8(5.1%)	28.3(5.1%)	27.6(5.1%)	1.1
프랑스	40.3(7.9%)	41.2(7.9%)	42.2(7.9%)	41.2(7.9%)	1.6
한국	24.6(6.9%)	26.4(6.7%)	27.7(6.9%)	26.2(6.8%)	1.0

주: 환율은 연도별 실질실효환율 적용(2017년 1,130원/$, 2018년 1,100원/$, 2019년 1,166원/$).
자료: Jane's Defense Budget Spreadsheet, 2019.12; 방위사업청, 『2019년도 방위사업통계연보』, 2019, 69쪽.

2019년 평균, 한국은 26.2억 달러(국방비의 6.8%)인 데 비해서 미국은 1,021.1 억 달러로 한국의 39배 규모이고, 프랑스는 31.2억 달러로 한국의 1.6배 수준이다.

그런데 한국과 서방국가들의 국방 R&D 기준이 서로 다르기 때문에 동일한 잣대로 비교하는 것은 비합리적이다. 선진국들의 국방 R&D 예산은 업체주도의 체계개발비를 제외한 국방기술개발비(S&T)를 뜻하는 데 비해 우리의 R&D 예산에는 기술개발비는 물론 선진국의 R&D 예산에서 제외된 체계개발비와 출연기관의 운영비까지 포함하고 있다.[69] 이 중에 체계개발비가 통상 50%를 차지하므로 이를 제외한 세계적 보편적 기준으로 환산하면, 우리의 국방 R&D 예산은 기관운영비를 포함하더라도 국방비의 3.5% 이하인 셈이다.

한국군이 한반도 특유의 지정학적 취약성을 뚫고 국가생존권을 지켜낼 수 있으려면, 국방기술개발(S&T)에 국방비의 5~7% 정도를 꾸준히 투자해나가야 할 것으로 판단된다. 여기에 체계개발비를 포함할 경우 적정수준의 국방연구 개발비는 적어도 국방비의 10~14% 정도는 되어야 한다는 계산이 나온다.[70]

---

69 우리나라에서는 업체가 주도해야 할 체계개발도 정부출연기관(ADD)이 주도해왔기 때문에 국방 R&D 예산에 체계개발비도 포함되어왔다.

한편, 국내개발의 여부를 판가름하는 기술성숙도(TRL)는 하루아침에 고도화(Level-Up)되지 않는다. 연구개발 역량은 '시간의 축적'에 비례하여 차곡차곡 쌓이기 때문이다. 일정한 시간을 두고 끊임없는 시행착오를 거쳐 한 단계씩 쌓아올린 경험·노하우·지식의 결정체(結晶體)가 곧 신기술이고, 나아가서는 첨단무기체계로 탈바꿈되는 것이다.

과학기술자들에 의하면, '기술혁신은 시행착오의 끝자락에서 피어나는 꽃과 같다'고 한다. 이들에게 시행착오는 실패가 아니라 연구의 일부분이고 기술혁신의 과정일 뿐이다. 시행착오와 실수가 쌓여 새로운 아이디어가 숙성되며 스케일업(Scale-Up)되기 때문에 시행착오의 축적량이 개념설계의 수준을 결정한다. 이는 석공(石工)의 작업과정에 비유할 수 있다. 이와 관련된 일화를 소개하고자 한다.

어느 날 벤저민 프랭클린(1706~1790)이 기자로부터 질문을 받았다. "당신은 수많은 어려움에도 어떻게 포기하지 않고 한 가지 일에만 전념할 수 있었습니까?" 그가 답했다. "당신은 혹시 일하는 석공을 자세히 관찰한 적이 있습니까? 석공은 아마 똑같은 자리를 100번은 족히 두드릴 것입니다. 갈라질 징조가 보이지 않더라도 계속 내리치다가 마침 101번째 망치로 내려치면 돌은 갑자기 두 조각으로 갈라집니다. 이는 마지막 한 번의 망치질 때문이 아니라 바로 그

---

70 방위사업청 개청 이전에 이미 국방당국은 2015년까지 국방연구개발비를 '선진국 수준'인 국방비의 10% 수준으로 올릴 것을 상정했었다. 하지만 실제로는 2000년 5.2%에서 2004년 4.2%로 떨어지며 핵심기술개발이 위축되고 있었다. 이에 2015년 1월 국방획득제도개선위원회가 대통령에게 보고한 국방획득제도개선안에 의하면, 국방연구개발 정책의 일관성 유지 차원에서 2015년까지 연구개발비를 점진적으로 증액 투자하여 국방비의 10% 수준에 이르고 연구개발비의 20% 수준을 핵심기술개발에 배분할 것을 보고했다. 다만, 적정수준은 전략적으로 판단해야겠지만, 선진국 기준(기술개발비)에 맞는 선진국 수준(국방비의 10%)이 되려면 현행 분류기준 국방비의 20%에 해당한다. 『1998-2002 국방정책』, 157쪽; 『개청 백서』, 60쪽 참조.

마지막 한번이 있기 전까지 내리쳤던 100번의 망치질 때문입니다. 앞선 100번의 망치질은 실패가 아닙니다. 과정일 뿐입니다."[71]

이렇듯 '시행착오가 거듭될수록 개념설계의 경험과 기술이 축적된다'는 점을 착안하여 앞으로 국방연구개발 예산 편성 시 시행착오를 상정한 일정수준의 별도 재원(+기간)을 반영해주는 전향적인 접근이 절실해 보인다.

3) 개방형 국방연구개발

ADD 홀로 우리 군에 필요한 모든 장비를 개발할 수는 없다. 국방연구개발은 국방 R&D와 국가 R&D, ADD와 방산기업이 서로 잘 할 수 있는 비교우위 분야를 선택하여 상호보완적으로 협업하고 그 산물을 공유(+융합)할 때 비로소 기하학적 시너지효과를 창출할 수 있다. 또한 군사기술선진국 또는 우리와 비슷하면서도 우리와 차별화된 첨단기술을 가진 중진국들과 국방기술협력(+공동연구개발)을 추진한다면, 우리에게 부족한 점을 채울 수 있는 절호의 기회가 될 것이다.

(1) 국가-국방 R&D 협업 및 민군기술협력 강화

국방 R&D와 국가 R&D의 분업과 협업이 활성화될 필요가 있다. 국가 R&D는 국가경제(+과학기술) 발전을 추동할 목적으로 기초·원천기술 개발에 중점을 두고 있는 반면, 국방 R&D는 국가안보를 지탱해줄 목적으로 기술을 응용(+실용화)하여 새로운 무기체계를 개발하는 데 역점을 두어왔다. 이에 국

---

71 Pentatonic, "백한 번의 망치질", https://blog.naver.com/aksm5382/222572214148(검색일: 2022.5.28.)에서 재인용.

가연구개발은 기술을 개발해놓고도 적기에 실용화하지 못해 사장되는 경우가 많고 국방연구개발은 당장 쓸 수 있는 응용기술에 치중하다 보니 원천기술이 부족한 실정이다.

특정 무기체계 개발에 필요한 원천기술이 없으면 해외로부터 도입할 수밖에 없다. 그런데 해외기술 도입은 당장 도움이 될지 모르지만 장기적으로는 '기술종속'으로 이어져 자주국방 및 해외수출에 치명적인 걸림돌로 작용하기 쉽다.[72] 또한 기술의 종속은 역(逆)으로 전력구조 및 전략(+작전)개념의 종속으로 연계될 가능성마저 없지 않다. 그런 만큼 비록 기초·원천기술이 실패확률도 높고 시간도 많이 걸리더라도 독자적으로 개발하는 것이 최선이다.

다행히 민간부문에서는 국가 R&D를 통해 원천·기초기술이 어느 정도 쌓여 있는 만큼 이것과 국방부문의 응용기술을 상호보완적으로 접목한다면 비교우위의 활성화로 연구개발의 실효성이 배가(倍加)될 것으로 보인다. 민간부문은 국방이라는 테스트 베드(test bed)를 통해 기술의 실용성을 높이고 국방부문은 혁신적 민간기술을 적용하여 첨단장비를 개발·전력화할 수 있게 되어 윈윈(Win-Win)의 선순환이 기대된다.

그럼에도 국방 R&D와 국가 R&D의 상호보완적 협업은 아직 낮은 단계에 머물러 있다. 이는 국방 R&D 과정을 지배하는 복잡한 절차와 까다로운 규정, 폐쇄적이고 경직된 연구환경 때문인 것으로 해석된다.[73]

---

72 방산수출의 최대 걸림돌은 해외로부터 도입했던 원천기술의 보유국이 제한하는 조치 때문인 경우가 많다. 일반적으로 해외로부터 기술을 이전받을 때의 조건은 우리가 그 기술로 개발한 무기체계를 해외로 수출할 경우 해당기술 보유국의 사전 동의 또는 사후 승인을 받아야 한다는 것이다. 이로 인해 수출의 기회가 오더라도 이 조건에 묶여 포기하는 경우가 적지 않은 것으로 알려졌다.

73 예를 들어, 군에서 결정한 ROC의 절대성, 협약이 아닌 계약방식 적용, 지식재산권의 국가 단독 소유, 보안상 이유로 인한 폐쇄적 운영 등이 국가 R&D의 자발적 참여를 제약하는 요인이 되어왔다. 양희승·조현기, 앞의 책, 68~69, 211~212쪽.

자료: 국방과학연구소, "민군협력진흥원", 소개자료, 2020.3.13.

앞으로 이런 제도·문화적 장벽을 넘어 민(民)과 군(軍)의 최고(最高)·최신 (最新) 기술이 융합된다면, 첨단 신기술도 최소한의 비용(재원+노력)으로 최단 기간에 개발될 수 있을 것으로 기대된다.[74] 이에 민군기술협력은 국방연구개 발에 구조화된 오랜 선행기간(lead time)을 대폭 단축하면서 유사시 전장을 지 배할 수 있는 '게임체인저(Game Changer)'의 개발을 견인할 수 있는 최선의 방 식이 될 것으로 예견된다.

1999년부터 시행되고 '민군기술협력사업'은 군사부문과 비군사부문의 기 술협력을 통해 〈그림 39〉처럼 삼중 파급효과(Spin-Off, Spin-On, Spin-Up)를 창 출하여 국방력과 산업경쟁력을 동시에 제고하는 데 목적을 두고 있다. 정부 투자 규모로 보면 1999년 265억 원에서 2010년 414억 원, 그리고 2020년 1,772억 원으로 늘어나며 사업의 범위와 규모가 점차 확대되어왔다. 지난 수 년간(2012~2017) 투자 효과는 무려 12.7배에 이르는 것으로 나타났다.[75]

---

74 민군기술협력은 국방과학기술과 민간과학기술을 접목하여 가장 빠른 기간 내에 새로운 기 술을 개발해낼 수 있다는 데 특징이 있다. 실제로 민군기술협력으로 추진되는 연구개발사 업은 장기간의 선행기간을 필요로 하는 일반적인 무기체계개발사업과 달리 1~3년 안에 완 결되는 사실상의 패스트트랙(Fast Track)이다.

하지만 민군기술협력사업은 아직 갈 길이 멀어 보인다. 2018년 기준 정부 투자액은 정부 R&D 예산의 0.7%에 불과하며, 11개 부처 186개 기업이 참여하여 218개 과제를 추진했지만, 부처별로는 방위사업청이 58.6%를, 사업별로는 민군기술개발사업이 87.8%를 차지할 정도로 편중 현상이 극심했다.[76] 이를 반영하듯 민군겸용기술의 실용화율에서도 군수 분야가 민수보다 2~3배 높은 것으로 나타났다.[77]

앞으로 민군기술협력이 소기의 목적을 달성하려면, 정부투자 규모를 늘려나가는 한편, 정부 내 국방-경제부처 간 관심의 차이를 좁혀나가는 것이 중요하다. 겸용기술의 실용화를 좌우하는 또 다른 변수는 '군의 관심'이다.[78] 만약 소요군이 민군기술협력사업의 기획단계(+과제선정)에 직접 참여하여 군사적 차원의 관심과 요구를 반영한다면, 이는 나중에 실용화를 보장하는 지름길이 될 것이다. 결국 이해관계자들의 관심이 균형을 이룰 때 비로소 공들여 개발한 겸용기술이 방치 내지 사장되지 않고 민·군 양쪽에서 최대한 활용되어 군사력증강과 산업발전에 이바지하게 될 것이다.

---

75 산업연구원(KIET) 분석에 의하면, 정부는 2012~2017년간 민군기술협력사업으로 총 4,029억 원을 투자하여 총 5조 1,123억 원에 이르는 경제적 파급효과(기술도입대체효과 72.2%, R&D비용 절감효과 18.5%, 제품혁신효과 9.2%)를 창출한 것으로 추정되었다. 국방과학연구소, 『THE WAY+』, 2019, 27쪽.

76 정부기관별 투자비중을 보면, 방위사업청 58.6%, 산업부 17.2%, 과기부 15.3% 순이며, 사업별로는 기술개발사업 87.8%, 기술이전사업 8.2%, 규격표준화사업 0.8% 순이었다. 이런 편중 현상은 '관심의 차이'에서 비롯되는 것으로 판단된다. 먼저 정부 차원에서는 방위사업청(+ADD)은 관심이 매우 큰 데 비해, 산업통상자원부·과학기술정보통신부 등 비안보부처는 관심이 낮다.

77 2014~2018년간 민군겸용기술의 실용화율은 군수품이 53.0%이고 상용품은 18.4%로 나타났다.

78 국방 분야에서도 정부와 군은 관심에 차이가 있는 것으로 분석된다. 방위사업청은 겸용기술의 제품화에 관심이 크지만, 각군은 겸용기술이 군의 소요에 의한 것이 아니라는 이유로 군사용으로 쓰는 것을 주저하는 경향이 있었던 것으로 알려졌다.

(2) ADD와 기업의 역할분담 방향 정립

국방연구개발은 정부출연기관과 방산업체가 '선택과 집중'에 의한 상호보완적 역할분담을 통해 효율성을 극대화할 필요가 있겠다. 지금까지의 국방연구개발은 군의 수요에 맞추어 정부(출연기관) 주도로 이루어지다보니 방산업체가 자발적으로 투자하여 연구개발 역량을 키울 동기가 부족했다. 이로 인해 방산기업의 정부(+ADD)에 대한 의존성이 좀처럼 줄어들지 않고 있었다.

하지만 앞에서 강조했듯이, 앞으로 ADD는 당장 돈도 안 되고 실패의 위험도 높지만 미래전의 승패를 좌우할 첨단 신기술 개발에 집중하고, 방산업체는 일반무기체계를 개발하여 군에 공급해주는 몫을 전담하는 방향으로 역할을 분담하는 것이 바람직하다.[79] 이로써 ADD는 국방의 미래를 열어가는 선도자·개척자의 역할을 맡고 방산업체는 ADD가 개발한 신기술을 적용, 전장환경에 최적화된 신형무기체계로 개발·생산, 소요군에 공급해주면 될 것이다.

그렇다고 ADD가 군의 소요에 무관심할 수도 없고 일반무기체계로부터 완전히 손을 뗄 수도 없다. 어차피 ADD의 본원적 미션은 군의 소요를 충족시켜주는 데 있기 때문이다. 소요에 기반한 일반무기체계는 말할 것도 없고 아직 소요에 없는 미래도전기술과 기초·원천기술도 결국은 군의 실소요로 전환되고 방산업체에 의해 실물무기체계로 전력화되어야 비로소 제 몫을 다하게 된다.

〈그림 40〉은 ADD본원-소요군-부설연구원-방산업체 간의 역할분담구조를 일관되게 구상해본 것이다. 먼저 ADD 본원(첨단기술연구원)이 소요에 얽매임

---

79 연구개발 관련 ADD와 업체의 역할분담 방향은 이미 2005년 방위사업청 개청 단계에서 설정되었다. 하지만 이후 14년이 지날 때까지 미완의 과제로 남아 있다가 2019년 말 방위사업청이 방위사업관리규정을 개정, 국내개발사업은 업체주관으로 추진하는 것을 원칙으로 한다고 명시했고, ADD를 핵심기술, 신기술, 비닉무기 개발 중심조직으로 재편하면서 ADD 연구개발사업 일부를 업체 주관으로 전환했다. 이에 따라 국방체계개발사업 중에 업체주관 비율이 2006년 25%에서 2019년 60% 수준으로 늘어났다(부록 #11).

<그림 40> **국방연구개발의 역할분담 개념도**

<표 39> **방산업계의 국방과학기술역량 평가(2018)**

구분	과학기술정책연구원	한국방위산업진흥회	산업연구원
ADD 대비(%)	82.0	83.1	93.6

자료: 안형준·김태양 외, 『국방과학기술 역량제고를 위환 정부연구개발 연계 및 활용방안』, 과학기술정책연구원,
2018.12., 3쪽; 한국방위산업진흥회, 『2020 방위산업실태조사』, 2021, 190쪽; 조성식, 앞의 기사(2018.7.).

없이 앞만 보고 달리며 첨단 신기술(+신개념의 무기체계 소요)을 개발, 국방의
미래를 개척해놓으면, ADD 부설연구원들과 방산기업들은 앞에서 열어놓은
길을 따라가며 군별 소요를 현장(戰場) 실정에 맞추어 정교하게 설계·개발·
생산·공급하며 국방력을 확대 재창출해나가는 구조이다.

한편, ADD 부설연구원들은 지·해·공 전장영역별 전투에서 승기(勝機)를
잡을 수 있는 첨단과학기술의 개발·축적에 집중하되 방산업체들이 스스로
설 수 있을 때까지는 아낌없이 신기술을 공급해주어야 한다. ADD와 방산업
체의 기술격차는 대략 100 대 80~90 정도로 좁혀졌기 때문에 ADD가 조금만
도와주면 방산업체들은 머지않아 기술적 자립을 달성할 수 있을 것으로 믿어
진다(〈표 39〉). 장차 방산업체들이 ADD의 적극 지원하에 연구개발 역량을 축
적하여 ADD에 버금갈 정도가 된다면, ADD(부설연구원)와 기업은 비교우위
를 토대로 상호보완적 공동연구개발을 확대해가며 국방기술혁신과 전력증강
을 동시에 견인해나갈 수 있을 것으로 전망된다.

(3) 공동연구개발의 활성화

공동연구개발은 우선 국내기업들 사이에 적극 추진될 필요가 있다. 특정 무기체계 개발과 관련하여 복수의 업체가 각각의 강점(+비교우위 기술)을 결합하여 일종의 합작 개념이 적용된 상호보완적 협업을 추진한다면 명품무기의 탄생을 앞당길 수 있을 것이다.

그런데 문제는 2009년 방산업체의 전문화·계열화제도가 폐지된 이후 유사 무기체계를 개발하는 방산업체 간의 협업이 경쟁을 회피하기 위한 일종의 '담합'으로 몰리면서 국내업체간의 협업은 매우 제한되었다.[80] 이제 기술 융복합의 4차 산업혁명 시대를 맞이하여 기업 상호간의 협업을 가로막는 장애물은 걷어낼 때가 되었다. 하루빨리 국내 방산기업들이 상호보완적 기술협력과 전략적 협업을 통해 시너지를 창출할 수 있도록 관련 법·제도가 개선되기를 기대한다. 다만, 공정한 게임을 보장하려는 '담합금지 정신'과 시너지를 창출하려는 '효율성 원칙'이 상생하는 방향으로 조화의 접점이 모색되기 바란다.

다음, 공동연구개발의 범위를 글로벌 차원으로 확장하여, 국제방산협력의 일환으로 공동연구개발을 적극 추진할 것을 제언한다. 국제공동개발사업은 특히 참가국의 숫자에 비례하여 시장(수요)은 키우고 위험과 이익은 분산·공유하는 일종의 'RSP 사업(Risk and Revenue Sharing Program)'이라는 데 특징이 있다.[81] 이는 또한 국내에서 채울 수 없는 우리 국방기술의 한계를 글로벌 차원에서 보완해 기술성숙도(TRL)를 한층 끌어올릴 수 있는 방책이기도 하다.

첨단무기의 국내개발사업에 군사선진국을 우리의 협력파트너로 끌어들이면 비용과 시간은 절약하면서 첨단기술을 확보하고 나아가서는 장차 수출시

---

80 한국방위산업진흥회, 앞의 글(2017.8.17.). 실제로 공정거래위원회에서는 경쟁업체 간의 협업은 경쟁을 회피하기 위한 담합으로 규정하고 있다.

81 오동룡, "대한민국 방위산업 50년의 산증인, 전용우 법무법인 화우 고문", ≪월간조선≫, 2022년 2월호.

장 확보에도 유리할 수 있다는 장점이 있다.[82] 세계 최고수준의 기술력을 가진 미국도 F-35 전투기 개발을 홀로 하지 않고 영국, 이탈리아, 네덜란드, 튀르키예, 호주 등 8개국과 합작투자해 공동개발한 사례가 이를 반증해주고 있다.[83]

ADD가 2016년부터 한국형전투기(KF-X) 탑재용으로 개발한 최첨단 AESA (Active Electronically Scanned Array) 레이더가 성공적으로 추진된 것도 알고 보면 10여 년 전 스웨덴(SAAB)과 기술협력을 통해 터득한 응용기술이 한몫했던 것이다. 2020년 6월 기준 ADD는 세계 15개국 25개 연구기관들과의 글로벌 네트워크를 구축하고 적극적 기술협력을 통해 세계적 수준의 첨단 선진기술 확보에 매진하고 있다.[84]

하지만 중요한 것은 단순한 국제협력의 외연(外延) 확장이 아니라 내실을 강화하여 실효성을 확보하는 것이다. 이에 협력파트너의 기술수준에 맞추어 사업목적과 방식을 차별화, 접근할 것을 권고한다. 우리보다 낮은 기술수준의 국가(개도국)와 공동연구개발을 추진할 경우 우리가 선도하며 상대방에게 기술·경험·노하우 등을 전수해주는 일종의 '지원형'이 될 것이며, 반대로 우리보다 높은 기술수준의 국가(선진국)와의 공동연구개발은 선진기술·경험·정보·노하우를 습득하여 우리의 부족역량을 채우는데 목적을 둔 '학습형'이 될 것이다. 한편, 우리와 동등 수준의 기술을 가진 국가(중견국)와의 공동연구개발은 서로의 비교우위 기술을 접목하여 일종의 '상호보완형'으로 추진하면 윈윈의 결실을 맺을 수 있을 것이다.

---

82   조성식, 앞의 기사(2018.7.).

83   미국이 8개국과 합작투자해 F-35 전투기를 공동개발한 것은 시장(수요)은 안정적으로 확보하면서 위험은 분산하고 이익은 공유하는 데 성공한 대표적 사례이다.

84   국방과학연구소, 앞의 책(2020.6.), 24쪽.

4) 기술개발 vs 기술보호

기술개발도 중요하지만 이에 못지않게 중요한 것이 '기술보호'이다. 이 둘은 동전의 앞뒷면처럼 서로 불가분의 관계를 이루고 있다. 기술개발이 국방의 앞을 열어가는 것이라면, 기술보호는 국방의 뒤를 지켜주는 것이다. 아무리 공들여 첨단 신기술을 개발해 국방의 앞날을 개척해놓아도 뒤쪽의 허술한 틈으로 새어나가면 국방력의 우위는 곧 무너지게 된다. 이렇듯 기술개발과 기술보호는 똑같이 중요하다. 우열을 가릴 수도 없고 우선순위를 정할 수도 없다.

지금까지 우리는 열악한 환경 속에서도 기술개발에 총력을 기울여왔다. 그 결과 ADD 창설 50년 만에 무려 300여 종의 무기체계를 개발해냈다. 이와 더불어 지켜야 할 핵심기술도 많이 늘어났다. 이제는 우리도 기술보호에 각별한 관심과 노력을 기울일 때가 되었다. 우리 국방과학자들이 땀과 눈물, 지혜와 열정을 다 바쳐 개발한 신기술이 유출될 경우 모든 수고가 하루아침에 물거품이 된다. 차라리 공들여 개발하지 않았던 것보다 못하다. 우리가 애써 개발한 신기술이 적대국의 손에 넘어갈 경우 우리 국민의 생명을 노리는 '치명적인 흉기'로 돌변할 것이기 때문이다. 우리 경쟁국의 손에 넘어가도 그 피해는 장기간에 걸쳐 누적되며 자주국방의 토대를 무너뜨릴 것이다.[85] 군사기술의 유출은 또한 국가안보를 넘어 인류문명을 위협하는 글로벌 차원의 위험요인이 될 수도 있다.[86] 따라서 국방과학기술은 적대세력이나 경쟁국은 물론

---

85 지난 수십 년간 공들여 쌓아올린 국제경쟁력은 한순간에 무너지고 수출의 길도 막혀버려 방위산업의 생존성을 크게 위협할 것이다.

86 군사기술은 인간의 생명을 노리는 위험한 물질을 개발·생산하는 기술이기 때문에 이것이 악한 자, 잘못된 자, 불순세력의 손에 들어가 잘못 사용되면 인류사회는 재앙을 맞이할 수 있기 때문이다.

테러집단과 같은 불순세력의 손에 절대 넘어가지 않도록 국제안보적 차원의 보호·통제 네트워크가 촘촘히 구축되고 작동되어야 한다.

그렇다고 기술이전에 너무 인색할 필요도 없다. 적대·경쟁·불순세력으로부터의 기술보호와 동맹·우호국에 대한 기술이전은 전혀 다른 차원의 사안이므로 동일한 잣대로 판단할 수는 없다. 기술이전은 국내 민간부문에 대한 이전과 국제협력의 일환으로 우방국에 이전해주는 것으로 구분할 수 있다.

먼저, 국내방산업체에 대한 기술이전은 자주국방의 토대를 튼실하게 세우는 지름길임을 인식하고 과감하게 넘겨줄 것을 권고한다. 다만 국가로부터 이전받은 기술이 '제3의 불순세력에 절대 넘어가서는 안 된다'는 전제 조건은 충족되어야 한다.

ADD와 방산업체는 경쟁관계도 아니고 배타적 관계도 아니다. ADD와 방산업체가 추구하는 궁극적 목표(戰勝 vs 利潤)는 서로 다르지만, '자주국방'이라는 공통분모 위에 세워진 협력파트너이다. 이 둘은 동일한 방향을 바라보며 힘을 합쳐 자주국방의 초석을 다져나가야 할 동반자인 셈이다. ADD는 방산업체가 하루빨리 자립할 수 있도록 기술적으로 적극 지원해주기를 권장한다. ADD의 도움으로 방산업체의 기술 수준이 높아져서 ADD에 기대지 않고도 일반무기체계를 스스로 개발할 수 있어야만 ADD는 군의 소요에 묶이지 않고 앞만 바라보며 국방의 미래를 열어갈 수 있기 때문이다.

다음, 국제적 차원의 기술이전은 단기적 실리를 넘어 '국제안보협력'이라는 큰 틀에서 전향적으로 접근할 필요가 있다. 물론 국제적 기술이전에서도 기술보호는 기본 전제조건이 되어야 한다. 이 조건만 충족된다면, 비교적 관대하게 기술을 이전해주고 그 대신 국방교류협력을 고도화하여 한반도 유사시 전쟁지원세력을 확보해나가는 한편, 현지 무기시장에의 접근성을 높여 방산수출의 길을 확장해나갈 필요가 있겠다.

연구개발자(ADD) 입장에서도 새로 개발한 기술이 최첨단이 아닌 경우에는 국내 방산업체 또는 국제협력파트너에게 과감하게 넘겨주고 새로운 미개척지를 향해 끊임없이 달려가는 것이 ADD가 첨단 국방기술의 산실로 거듭나는 지름길이 될 것이다. 사실, 오늘날 기술개발의 속도가 워낙 빠르기 때문에 아깝다고 움켜쥐고 있어봤자 머지않아 진부화되고 후발주자들에게 따라잡히고 말 것이다.

국제기술이전은 '방산시장 선점'에 전략적 목표를 두고 멀리 내다보며 장기적으로 접근할 것을 제언한다. 만약 국제협력파트너가 외교적으로 '특별 전략적 동반자관계'로 맺어진 '믿을 만한 국가'라면, 우리가 반드시 지켜야 할 첨단 신기술을 제외하고는 대부분의 기술을 기꺼이 이전해주고 수출시장부터 확실히 선점하는 것이 장기 전략적 차원에서 상책이다. 우리가 기술이전에 인색하다가는 잠재적 수출시장마저 잃어버리고 말 것이기 때문이다.

오늘날 국제방산시장의 동향을 보면, 사우디아라비아, UAE, 인도 등 후발 방산신흥국들은 자주국방과 경제발전(+일자리 창출)을 동시에 일으킬 목적으로 무기의 완제품 구매는 최소한으로 줄이고 기술이전(+공동개발)을 최대한 늘리는 방향으로 선회하고 있다. 이처럼 '기술이전'이 방산협력의 전제조건으로 일반화되는 트렌드에 편승하여, 중국, 튀르키예, 남아공 등 우리의 경쟁국들은 '무조건적 기술이전'을 제시하며 공세적으로 접근하고 있다. 그럼에도 우리만 기술보호에 방점을 두고 머뭇거리다가는 이들에게 선수(先手)를 빼앗기고 말 것이다. 그런데 무기시장은 한번 잃으면 이후에 다시 발붙이기 쉽지 않은 바, 기술이전의 손익에 대한 면밀한 전략적 판단이 요구된다.

다행히 오늘날 많은 중견국·후발국들이 방산기술협력 대상국가로 '한국'을 선호하고 있다. 이들이 미국, 프랑스 등 군사선진국에 편중하지 않는 이유는, 첫째, 선진국들은 기술이전에 인색하며, 둘째, 그들로부터 이전받은 기술을 이용하여 새로운 장비를 개발해 해외에 수출하려면 사전 승인을 받아야 하는 등 많은 제약이 따르기 때문이다.

우리는 이런 현상을 십분 활용하여 선제적으로 접근, 방산시장부터 확보해 나갈 것을 강권한다. 이는 우리 협력파트너들의 잠재적 우려와 관심사항을 MOU에 담아 그들의 마음을 얻고 신뢰를 쌓아나가는 것으로부터 시작해야 한다. 상호 신뢰를 바탕으로 양국이 보유한 방산기술의 비교우위 분야를 상호보완적으로 결합, 공동연구개발을 추진하여 제3의 신기술 개발을 이끌어 내고, 그 과정에서 파생한 기술은 '공동소유'하는 방향으로 협력의 수위를 높여갈 필요가 있다. 이는 또한 합작투자-공동개발-공동생산-공동마케팅-공동수출로 이어지며 공동이익이 확대 재창출되는 선순환의 단초가 될 것으로 기대된다.

아울러 먼 미래를 내다보며 협력대상국가의 젊은 기술자들을 한국에 초빙하거나 또는 우리의 베테랑급 과학기술자들을 해외 현지에 파견하여 국방연구개발 관련 경험·노하우·지혜를 전수해주는 활동을 전개한다면, 장기적으로 친한화(親韓化), 국방외교 강화 및 일자리 창출을 견인하는 전략적 포석이 될 것이다.

다만, 국제기술협력은 자칫 우리의 안보를 위협하는 부메랑이 되어 돌아올 수도 있는 만큼 이중·삼중의 안전장치가 필요하다. 첫째, 정책적 차원의 안전장치로 외교관계의 등급과 기술이전의 수준을 연계시키는 것이 좋다. 이는 국가 간 신뢰관계의 수준에 맞추어 기술협력의 수준을 차등화하는 것이 바람직하기 때문이다. 둘째, 기술은 '받을 준비'가 되어 있지 않으면 한꺼번에 주어도 가져가지 못하고, 또한 자칫하면 외부로 유출시킬 위험성이 큰 만큼 현지의 기술수준 향상에 맞추어 단계적으로 전수해주는 것이 바람직하다. 셋째, 우리가 이전해준 군사기술이 제3국으로 유출되지 않도록 일종의 '상호기술보호협정'을 체결, 이전된 기술의 법적 보호 장치를 완비해두어야 한다.

9. 방위산업의 재도약 [87]

자주국방은 모든 나라의 꿈이지만 첨단기술과 방산능력 없이는 이룰 수 없는 환상에 불과하다. 기술개발과 방산능력은 '내 손으로 만든 무기로 내 나라를 지키겠다'는 자주국방의 의지를 실현해가는 열쇠이기 때문이다. 국방연구개발이 신기술을 개발하여 국방의 미래를 열어가는 개척자라면, 방위산업은 무형의 기술을 유형의 전력, 즉 '실물 무기체계'로 바꾸어주는 생산현장이다. 이런 의미에서 자주국방은 일차적으로 국방연구개발에 의해 문이 열리고 궁극적으로는 방위산업에 의해 실현된다고 해도 과언이 아니다.

하지만 우리 자주국방의 길은 전방(기술개발)과 후방(산업생산) 모두 한계선상에 이르러 심각한 도전에 직면해 있었다. 전술한 바와 같이 2000년대 전후로 내수시장이 포화상태에 이르면서 방산기업들은 좁은 시장을 둘러싸고 치열한 경쟁을 벌이고 있었다. 이제 밖으로 나가야 하는데 그것도 만만치 않았다. 국제무기시장은 약육강식의 국제질서를 반영하듯 군사강국들이 판치는 '승자독식 구조'이기 때문이다.

이렇듯 우리 방위산업이 넘어야 할 장애물은 첩첩산중이었다. 이를 뚫고 나가려면 건곤일척(乾坤一擲)의 도전정신으로 과감한 구조적 재편(restructuring) 등을 통해 제2의 도약을 이뤄내야만 했다. 이를 위해서는 먼저 방위산업 고유의 특성부터 재조명하고 생존조건을 탐색한 다음에 맞춤형 성장·발전프로그램을 기획하고 적극 추진해나갈 필요성이 있겠다.

---

[87] 이 절과 10절은 전제국, 「방산수출의 의의와 전략적 접근 방향」, ≪국방과 기술≫, 제530권, 2023.4., 44~57쪽을 재구성하고 보완·발전시킨 것임을 밝혀둔다.

1) 방위산업의 이중 기능(안보 + 경제)

방위산업은 국가발전의 양대 축에 해당하는 안보와 경제의 두 기능을 동시에 수행하고 있다는 데 그 본질이 있다. '무기'를 생산하는 '기업'으로서 방산업체는 한편으로는 국가안보를 뒷받침하고 다른 한편으로는 경제성장의 일익(一翼)을 담당하고 있기 때문이다.

방산기업도 민수기업과 마찬가지로 이윤추구에 목적을 두지만, 군의 수요를 채워주며 국방의 일익을 담당하고 있다는 점에서 일반 사기업과 다른 특성을 가지고 있다. 방위산업이 민수산업과 차별되는 본원적 특성은 '전쟁'에 대비하여 전쟁수행물자를 생산·공급하는 '전시대비산업'이라는 점이다.

전쟁은 국가의 생사존망을 가름하는 중대 사안이므로 어떤 일이 있어도 반드시 억제해야 하고 억제실패 시 무조건 압도적으로 승리해야 한다. 이는 선택이 아닌 필수이고 절대적 명제이다. 전쟁에 효과적으로 대비하려면, 현존하는 모든 과학기술과 산업생산능력이 최고·최상의 경지에서 결합되어 첨단병기를 생산, 절대강군을 육성해놓아야 한다. 자고로 방위산업이 '모든 산업의 꽃'이라고 일컬어지는 연유도 바로 여기에 있다.

그렇다고 방위산업이 국가방위의 일부로만 기능하는 것은 아니다. 위에서 적시했듯이 방위산업도 '국가산업의 일부'로 일정부분 경제적 차원의 역할을 맡고 있다. 방위산업은 지식·자본·기술이 집약된 '선진형 산업구조'에 해당하며 산업생산의 가치사슬상 '최상위 전방산업'으로서 고급 일자리 창출과 산업연관효과 및 기술파급효과 등을 통해 생산·고용·수출 증대에 크게 이바지하는 것으로 분석되었다(〈표 40〉).[88]

---

[88] 예를 들어, 한국형기동헬기 '수리온'의 경우 총 1조 3,000억 원을 들여 개발했는데 산업파급효과(생산유발+부가가치)는 15.3조 원, 기술파급효과는 19.8조 원, 고용창출효과는 4만 8,083명에 이르는 것으로 추정된다. 이는 또한 총 2,630억 원 상당의 해외도입 민수헬기 12

〈표 40〉 **방위산업의 경제적 파급효과(2014)**

구분	생산유발계수 (추가투입 1원당)	부가가치유발계수 (추가투입 1원당)	고용유발계수 (10억 원당 고용)	취업유발계수 (10억 원당 취업)
방위산업	2,301원	0,625원	6,30명	8,12명
일반제조업	2,096원	0,568원	5,32명	6,90명

주: 생산/부가가치유발계수는 특정산업에 1원 추가 투입되었을 때 모든 산업 또는 경제전반에 걸쳐 유발하는 생산/
　　부가가치 금액을 나타내며, 고용/취업유발계수는 10억 원 투입되었을 때 고용/취업을 창출하는 인원을 뜻한다.
　　여기에서 고용은 임금근로자를, 취업은 임금근로자, 자영업자, 무급가족종사자 등 모든 취업자를 포괄한다.
자료: 안보경영연구원, 『방위산업 통계조사 기반구축 및 협력업체 실태조사』, 2017.4.

특히 일자리 문제가 심각한 최근 경제상황을 고려할 때 방위산업의 높은
고용창출 효과는 의미하는 바가 크다. 방위산업은 '다품종 소량 주문생산'의
특성상 고용유발 효과가 매우 크다. 더욱이 민수품에 비해 군수품은 지식기
반의 기술집약적 산물이므로 '양질의 일자리'를 창출해내는 산실이다. 이는
무엇보다도 R&D 인력의 비중에서 확인될 수 있다. 2017년 기준 방위산업의
R&D 인력 비중은 25.5%로 우리나라의 주력산업인 자동차산업(13.6%), 일반
기계산업(21.8%), 조선산업(3.6%), 철강산업(3.2%) 등에 비해 훨씬 높다.[89] 이
런 뜻에서 방위산업은 특히 고학력 인구구조를 가지고 있는 우리나라의 청년
일자리 창출에 최적의 산업이 될 것으로 판단된다.[90]

방위산업의 또 다른 특징은 많은 초기투자자본과 오랜 시간을 필요로 하고
불확실성도 높은 반면, 고부가가치 산업으로서 높은 수익을 창출하는 '고위
험·고수익 구조'를 가지고 있다는 점이다. 그 밖에도 방위산업은 '모든 기술
이 융합된 산업'으로서의 특성상 장차 기술 융복합의 4차 산업혁명 시대를 선

　　대(경찰/소방/산림/해경 등)를 대체하고 있다. 한국산업개발연구원, 『수리온 연구개발사업
　　의 경제적 파급효과 분석』, 2013.12.
89　장원준·송재필·김미정, 앞의 책(2019), 18쪽.
90　안영수, 앞의 보고서(2017).

도할 테스트베드(test-bed)로 기능할 수 있을 것으로 기대된다.

앞으로 방산정책의 무게중심은 방위산업 특유의 이중 기능이 최대한 발현되어 자주국방과 경제성장을 동시에 견인하는 일석이조의 국가발전도구로 작동하도록 견인하는 데 두어야 할 것이다. 다만, 방위산업의 이중성으로 인해 방산물자의 개발·생산과정에서 안보의 논리와 경제의 논리가 서로 반대 방향으로 작동하며 충돌할 수 있음에 유념해야 한다. 이로 인해 진퇴양난의 딜레마에 봉착할 경우, '기본'으로 돌아가 정도(正道)로 가는 수밖에 없다. 방위산업은 기본적으로 '전쟁에 대비하는 산업'인 만큼 경제논리에 앞서 '안보의 논리'로 접근하는 것이 마땅하다.

2) 방위산업의 생존조건

안보와 경제의 기능을 동시에 수행하는 방위산업이 지속적으로 성장할 수 있으려면, 끊임없는 기술개발과 일정수준의 수요에 의해 뒷받침되어야 한다. 기술은 산업경쟁력 유지를 위한 기본조건이고, 수요는 적정수준의 가동률을 보장해주는 기본조건이기 때문이다.

(1) 산업경쟁력 강화

방산기업이 치열한 생존경쟁이 전개되는 승자독식의 시장구조 속에서 살아남으려면 무엇보다도 '경쟁력'이 있어야 한다. 산업경쟁력에는 기술, 가격, 품질경쟁력 등이 있지만, '성능'에 최고 가치를 두는 무기체계의 특성상 첨단기술에 의해 뒷받침되는 '기술경쟁력'이 생존성을 가름하는 첫 번째 조건이다. 이에 방산업체는 과감한 연구개발투자로 끊임없이 기술혁신을 단행하며 기술경쟁력을 강화·유지하는 데 일차적 우선순위를 두는 것이 기본 중의 기본이다. 또한 수요자(정부) 입장에서는 '가격' 또한 소홀할 수 없는 핵심 변수이다. 이에 공급자(기업)는 경영혁신과 인수합병(M&A) 등을 통해 비용을 절감하고 규모의 경제를 달성, 가격경쟁력을 높여나가야 할 것이다.

오늘날 우리 방산경쟁력은 〈표 30〉에서 보았듯이 군사선진국에 한참 못 미치는 것으로 분석되었다. 2018년 기준 선진국 대비 가격경쟁력은 85.4%이고 기술경쟁력은 87.0%로 나타났다. 한편, 기술경쟁력 가운데 체계통합 등 생산기술은 2016년 기준 선진국의 90% 수준에 이르지만, 항공·함정·지상·유도무기 등 4대 무기체계 분야 46개 핵심기술의 경쟁력은 71% 수준인 것으로 분석되었다.[91] 최근 한국방위산업진흥회의 방위산업실태조사에 의하면, 우리 방산업계의 국방과학기술역량은 세계 최고수준 대비 2018년 78.6%에서 2020년 77.3%로 다소 후퇴하는 모습을 보였다.[92]

기술경쟁력은 무엇보다도 개별기업의 연구개발 투자와 정부 차원의 제도 개선에 좌우된다. 지금까지 'ADD개발-업체생산'의 이원화된 연구개발 구조 속에서 방산기업의 자발적 R&D 투자 동기는 낮을 수밖에 없었다.[93] 기껏해야 ADD 주도의 연구개발 사업에 '시제업체'로 참여하여 ADD에서 개발해놓은 기술로 무기체계를 제조·생산·공급해주는 수동적 역할에 그쳤다.[94]

---

[91] 핵심기술경쟁력이 세계적 수준에 뒤떨어지는 이유로는, 첫째, 선택과 집중 없이 모든 분야의 무기를 개발하는 '백화점식 개발' 추진, 둘째, 체계종합 위주의 완제품 개발에 치중, 셋째, ADD의 기술 개발과 업체의 생산이라는 이원화된 구조 지속, 넷째, 규모의 경제 미흡과 방산원가 보상에 따른 업체의 연구개발 투자 유인 부족 등을 들 수 있다. 장원준·김미정, 앞의 글(2017.2.), 35, 45~46쪽; 조성식, 앞의 기사(2018.7.).

[92] 우리 방산업계의 과학기술역량을 연도별 추이를 보면, 2018년 78.6%에서 2019년 79.5%로 늘어났다가 2020년 77.3%로 줄어들었다. 한국방위산업진흥회, 앞의 책(2021), 190쪽.

[93] 장원준·김미정, 앞의 글(2017.2.), 48쪽.

[94] 방산업체의 입장에서 보면, 국방연구개발을 직접 주관하다가 만일 실패하게 되면 계약불이행이 되어 부정당업자 제재, 지체상금 등 가혹한 제재가 뒤따르는 구조 속에서 굳이 위험을 무릅쓰고 연구개발을 자처할 필요성이 적었다. 차라리 ADD가 주관하는 체계개발사업의 '시제업체'로 참여하는 것이 훨씬 안전한 선택이었을 것으로 판단된다.

앞으로는 개별기업들도 미래 소요를 예측하고 선제적으로 연구개발 투자를 늘려나갈 수 있기를 기대한다. 특히 업체별로 '비교우위' 분야에 대한 R&D 투자를 확대하여 기술경쟁력을 확보해나갈 필요가 있다. 이로 인해 각 기업이 특정 분야에서 독보적인 존재로 자리매김할 때 비로소 정부출연기관 (ADD)과 엇비슷한 입지에서 경쟁우위를 다투며 상생협력관계로 발전할 수 있을 것이다.

그렇다고 개별기업이 끊임없이 변화와 혁신을 거듭하는 국방과학기술을 모두 개발할 수도 없고 또 그럴 필요도 없다. 국방기업은 기업의 속성에 맞는 분야, 즉 수요도 안정적이고 이윤도 보장되는 일반 무기체계 분야에 집중 투자하고, 그렇지 않은 분야, 즉 수요도 불확실하고 수익도 보장되지 않는 분야는 정부출연기관(ADD)에 맡기는 것이 낫다.

정부 차원에서도 방산경쟁력 증진 대책을 전향적으로 모색, 적극 추진할 것을 제언한다. 첫째, 정부는 방산정책 패러다임을 통제형에서 자율형으로 전환, 기업의 자체 혁신과 자발적 R&D 투자를 견인해나갈 필요가 있다. 정부는 특히 징벌적 규제를 비롯한 통제장치를 풀어 기업 스스로 결정하고 영업활동을 자유롭게 할 수 있도록 자율성을 최대한 보장해주는 것이 바람직하다. 물론 기업도 이제는 정부의 보호막 뒤에 숨어 안주하려는 행태에서 벗어나 자발적 기술·경영혁신과 연구개발 투자를 통해 자립 성장을 도모해나가야 할 것이다.

둘째, 정부-기업의 공동투자로 개발한 기술의 소유권은 선진국들처럼 기업에 귀속되도록 하던지, 아니면 공동 소유하는 방향으로 개선할 것을 권유한다. 지금까지 정부 투자로 개발된 국방기술의 소유권은 정부가 독점하고 관련물자의 해외수출 시 업체로부터 별도의 기술료를 징수하고 있었는데 이는 기업의 자발적 R&D투자 동기를 제약하는 요인이 되었다.[95] 정부가 앞장서서 이를 풀어준다면 방산기업들은 정부 의존적 연구개발에서 벗어나 '자발적

R&D 투자'로 전환하는 촉매제가 될 것으로 예견된다.[96]

셋째, 현행 '실비보상 중심의 원가제도'를 개선하여 방산업계의 원가절감과 수출증대 및 연구개발 투자 확대를 유도할 필요가 있다. 그동안 방위산업의 특수성을 감안하여 방산물자 생산과정에서 발생하는 실제 비용을 100% 원가로 인정해주고 그 원가에 적정비율의 이윤을 덧붙여주었다. '실 발생 원가 보상 원칙'은 방산업체를 보호하고 방산기반을 유지하려는 데 기본취지가 있었다. 그런데 실제비용이 많이 발생할수록 수익이 커지는 이율배반적 구조하에서 기업들은 원가절감노력을 기울일 필요가 없었다.[97] 원가절감은 곧 그만큼의 손해를 뜻했기 때문이었다. 오히려 '고비용 저효율의 낭비경영'을 통해 원가를 최대한 늘리는 것이 '이윤 극대화'의 지름길이 되는 셈이었다.

앞으로는 방산업체들이 경영혁신을 통해 원가를 많이 절감할수록 이윤도 그만큼 커지는 방향으로 원가제도를 완전히 바꾸어야 한다. 그것도 안 된다면, 방산원가의 산정 및 검증은 민간전문기관으로 아웃소싱하는 방안도 적극

---

95 우리의 경우 정부-업체 공동투자해 공동개발한 지식재산권은 국가(ADD)가 소유하고 업체는 실시권만 보유하고 있는 데 비해 미국·영국·이스라엘의 경우 소유권은 기업이, 무상실시권은 정부가 갖도록 규정하고 있으며, 프랑스는 연구개발사업의 특성 등에 따라 소유권과 실시권을 결정한다. 한국지식재산연구원, 「국방연구개발 결과물의 소유권 관리방안 연구」, 2020.12., 67쪽.

96 2020년 정부당국은 '국방과학기술혁신촉진법'(법률 제17163호, 2020.3.31.)을 제정해 국가와 연구개발 주관기관이 지식재산권을 공동소유할 수 있는 근거를 마련했다. 동법 제10조 (개발성과물의 귀속 등)에 의하면, "① 국방연구개발사업을 통해 얻어지는 개발성과물은 원칙적으로 국가의 소유로 한다. ② 제1항의 개발성과물 중 지식재산권은 계약 또는 협약으로 정하는 바에 따라 국가 및 연구개발주관기관의 공동소유로 할 수 있다"고 명시했다.

97 실제 발생비용 보상 방식의 원가제도는 원가가 많이 발생할수록 이윤도 이에 비례하여 많아지는 구조이다. 따라서 업체 입장에서 보면, 경영혁신을 통해 원가를 절감할수록 이윤도 적어지기 때문에 원가절감 노력을 해서는 안 되는 모순에 빠지게 된다. 즉, 원가를 절감하기보다는 오히려 원가를 부풀리는 것이 이윤을 극대화하는 지름길이 되다 보니 방산업체들은 '원가 부풀리기의 유혹'에 넘어가기 쉽고, 정부는 비용을 많이 발생하는 비효율적 기업을 많이 지원해주는 딜레마에 빠지게 된다.

검토해볼 필요가 있겠다.

넷째, 업체 선정 시 제안서 평가 기준을 비용 위주에서 '기술·품질 중심'으로 전환하는 것만으로도 방위산업의 기술경쟁력을 높일 수 있다. 앞에서 보았듯이, 비용 중심의 경쟁구조에서는 '최저가 입찰'만 살아남고 나머지는 모두 죽을 수밖에 없는 기업풍토가 조성되었다. 이는 결국 기업들의 연구개발 투자와 기술혁신에 대한 의욕을 떨어뜨려 기술의 정체와 품질 저하를 낳는 지름길이 되었다.

이제 이를 뒤집을 때가 되었다. 유사시 국가의 생사존망을 가름하는 무기체계 개발사업이 돈(비용)에 좌우될 수는 없기 때문이다. 본래 무기체계는 '전장'이라는 극한 상황에서도 운용이 가능해야 하기 때문에 가격보다는 성능(+품질)을 우선시하는 것이 정석(定石)이다.[98]

다섯째, 연구개발의 시행착오는 성공의 문을 열어가는 열쇠임을 재인식하고 업체주도의 체계개발 사업에도 '성실수행인정제도'를 확대 적용할 것을 강권한다.[99] 연구개발은 기술개발에만 국한된 것이 아니라 체계개발에도 필요한 핵심요소이며 필수과정이기 때문이다.

앞에서 보았듯이 업체주관 연구개발 사업이 실패하면 곧 계약위반이 되어 사업 중단과 각종 제재로 이어졌다. 만약 기업이 정부 측 처분에 불복하여 소송을 제기하게 되면, 정부와 기업 모두 승산 없는 길고 지루한 '소송전'에 휘

---

98 이에 따라 방위사업청은 2018년 8월 '무기체계 제안서 평가업무 지침'을 개정하여 우수기술을 보유한 업체가 체계개발업체로 선정될 수 있도록 제안서 평가 시 기술능력 평가 항목의 등급 간 점수 폭을 확대(5점 → 7.5점), 변별력을 강화했다.

99 성실수행인정제도는 2017년부터 ADD 주도의 핵심기술연구개발에 적용되어왔다. 그런데 2020년에 제정된 '국방과학기술혁신촉진법'에서는 핵심기술은 물론 도전적·혁신적 연구개발에도 확대 적용할 수 있도록 했다. 이에 따라 업체주도의 체계개발 사업이 실패하거나 하자가 발생하더라도 특별한 부정·비리행위 없이 최선을 다해 성실히 연구개발을 했음이 인정될 경우 이 제도가 적용될 수 있을 것으로 판단된다.

말리게 되어 결국 이기는 자(winner)는 없고 지는 자(loser)밖에 없는 게임이 되곤 했다. 이와 같은 악순환의 고리를 차단하려면, 특히 목표소요(ROC)에 대한 접근 방식을 일괄획득방식에서 진화적 개발방식으로 전환, 업체주관 개발사업의 실패 확률부터 낮추어주는 것이 좋다. 또한 기업이 연구개발에 실패하더라도 큰 부담 없이 재도전할 수 있는 기회의 창문을 열어놓을 필요가 있다. 예를 들어, 체계개발에 실패했을 때 부담하는 '과중한 지체상금' 제도를 전향적으로 개선하는 한편,[100] 실패에 대해 비교적 유연한 '협약제도'를 도입하여 방산기업들이 실패에 대한 큰 부담 없이 체계개발에 나설 수 있도록 독려해야 할 것이다.[101]

이상의 제도개선이 이루어진다면, 방산기업은 감사·수사, 제재·처벌, 소송 등 사업외적 부담에서 벗어나 오로지 기술개발과 경쟁력 축적에 전념할 수 있을 것으로 기대된다.

(2) 적정량의 수요 보장

기업과 수요의 관계는 '물고기와 물의 관계(水魚之交)'라고나 할까, 수요가 없으면 기업은 존재할 수 없다. 방위산업이 견실하게 성장하며 국방의 무게

---

100 지체상금 제도개선은 전력화 시기 준수의 중요성과 기업의 도덕적 해이 방지 필요성 등 제도의 기본 취지가 훼손되지 않는 범위 내에서 전향적으로 추진하는 것이 중요하다. 그간의 제도개선 조치를 보면, 2016년 3월 연구개발(+시제품생산)의 불확실성을 감안하여 지체상금을 계약금의 10%로 제한하는 상한선을 설정했다. 한편, 2017년 12월 기획재정부는 모든 국가계약에 대한 지체상금 요율을 50% 인하했다(물품 제조·구매: 0.15% → 0.075%). 하지만 고도의 정밀성·안정성이 요구되는 무기체계는 초도 생산단계까지 성능과 품질이 안정화되지 않아 빈번한 설계변경 등 예기치 않은 리스크가 발생하여 불확실성이 매우 높음을 인지하고 2018년 10월 10% 상한제를 초도양산단계까지 확대했다.

101 사실, 추호의 실수·실패도 용인하지 않는 '계약제도'는 시행착오(+실패)를 다반사로 하는 무기체계개발에는 다소 무리한 제도이다. 이에 정부는 2021년 4월 국방과학기술혁신 촉진법을 제정, 국방연구개발사업에도 협약제도를 도입했다.

를 감당할 수 있으려면 수요가 일정하게 유지되거나 나날이 증가되어야 한다. [102]

본래 방위산업의 목적이 한국군의 전력소요를 채워주는 데 있는 만큼 방위산업의 생존과 번영도 일차적으로 군의 수요에 달려 있다고 보는 것이 타당하다. 이는 방위산업이 존재론적으로 정부(군)의 수요에 의존할 수밖에 없는 구조적 한계를 가지고 있음을 뜻한다. 그렇다고 군의 수요가 방산업체들의 항구적 생존성을 보장할 만큼 무한정 존재하는 것도 아니다. 일단 군의 필수 소요가 채워지고 나면, 내수시장이 포화상태(saturation)에 이르러 치열한 생존경쟁의 현장으로 바뀌기 마련이다.

여하튼 방위산업이 전시대비 산업으로서의 미션을 완수하려면, 전·평시를 막론하고 방산물자를 '안정적으로' 공급할 수 있어야 한다. 이는 선택이 아닌 필수이고 당위이다. 방산물자의 안정적 공급을 전제로 지정된 방산업체들은 시장·환경의 변화와 관계없이 적정수준의 생산라인을 일정하게 유지해야 할 책임이 있다. 특히 전시에는 불능화되는 군수물자가 폭증하기 때문에 이를 신속히 정비 또는 생산, 공급해서 원활한 군사작전을 뒷받침할 수 있으려면, 평소에 적정수준의 생산라인이 항상 유지되어야 하고, 유사시 대폭 확장될 수 있어야 한다.

그런 만큼 방산물자의 수요가 불안정하게 증감을 되풀이한다고 해서 생산라인 자체를 시장의 논리에 따라 유연하게 축소 또는 확대할 수 없다. 만약

---

102 방산수요는 통상 전략환경(위협)과 재정여건의 복합적 산물인 경우가 많다. 이유야 어떻든 소요물량이 크게 줄어들면, 방산업체로서는 미래지향의 계획경영이 불가능해지고 수익성이 크게 떨어진다. 미래를 대비해 미리 투자해 둔 '사전 투자'는 물거품이 되고, 심지어 생산라인을 유지할 수 없게 되어 인력과 기술기반은 무너지고 기존의 설비는 유휴화(遊休化)되고 만다. 그런 만큼 정부(+군)는 소요의 일관성·연속성을 유지하며 방위산업의 안정성을 뒷받침해주어야 한다. 적어도 방위산업의 생존에 필요한 최소한의 물량은 반드시 유지하며 일정한 가동률과 생산라인을 보장해줄 필요가 있다.

방산수요가 일시적으로 줄었다고 생산라인을 축소해버릴 경우 공장설비의 폐쇄와 함께 기술인력도 동반 감축되기 때문에 유사시 전시수요가 대폭 늘어나더라도 적시에 인력과 시설을 확보, 증산체제로 돌입할 수 없게 된다.

그렇다고 전시부족물자를 어느 날 갑자기 해외로부터 긴급 조달할 수도 없다. 세상에 어떤 나라가 한반도에 전쟁이 일어났다고 자국군이 운용하고 있는 장비·물자를 한국군에게 넘겨주겠는가. 결국 방산기반이 부실하면 전시에 폭증하는 방산수요를 채워줄 수 없어 심각한 전력공백에 빠지게 될 것이고, 최악의 경우 패전에 이르는 지름길이 될 수도 있다.

이렇듯 방산의 수요 문제는 단순한 기업의 생존성을 넘어 유사시 전쟁의 승패를 가름하는 '전쟁수행의 지속성'과 직결된 사안이므로 정부가 책임지고 적정수준이 유지되도록 전략적으로 관리해야 할 당위성이 있다.

방산수요와 관련하여 현재로서는 내수시장이 가득 찼기 때문에 수출수요에서 찾는 것이 최선의 방책이지만 그렇다고 내수가 완전히 고갈된 것은 아니다. 지난 5년간(2014~2018) 국방조달 가운데 28.3%가 해외에서 조달되고 있는데[103] 이를 최소화하고 국내조달로 대체하는 방책을 적극 강구할 필요가 있겠다.

그 일환으로 첫째, '자주국방의 기본'으로 돌아가 신규소요의 국내개발에 전략적 우선순위를 두는 것이 마땅하다. 이는 앞에서도 강조했듯이 한반도 유사시, 특히 전쟁의 판도를 좌우할 국가 전략적 차원의 비닉무기와 전시 지속적 공급이 요구되는 군별 핵심무기체계는 국내 공급능력을 최우선적으로 확보해둘 절대성이 있기 때문이다.

둘째, 국내기술의 부족으로 인해 특정 무기체계의 독자적 개발이 어렵더라도 무조건 국외구매로 돌리지 말고 가급적 글로벌 차원에서 협력파트너를 찾

---

103 『2019년도 방위사업통계연보』, 2019, 131쪽.

아 국제공동개발을 추진할 것을 적극 권유한다. 이는 국내에서 채울 수 없는 국방기술의 한계를 글로벌 차원에서 보완, 기술경쟁력을 높이는 한편, 공동개발 참가국의 숫자에 비례하여 시장(수요)은 키우고 위험과 이익은 분산·공유할 수 있기 때문이다.

셋째, 국방획득 패러다임을 일괄획득방식에서 진화적·단계적 획득방식으로 전환하여, 일차적으로는 국내기업의 사업참여 기회와 방산물자의 국산화 가능성을 확장해주고, 나아가서는 진화적 개발의 개념으로 장비의 수명주기까지 지속적 '성능개량'을 추진, 방산수요를 끊임없이 재창출해나갈 것을 적극 권장한다.[104] 이는 포화상태에 이른 내수시장의 한계를 극복할 수 있는 틈새를 열어줄 것이다.

3) 제2의 도약을 지향한 산업구조 재편

오늘날 안보환경의 불안정성에 비례하여 국방의 무게는 점점 늘어나고 방위산업의 중요성도 그만큼 커지고 있다. 그런데 유감스럽게도 최근 방위산업은 미증유의 도전에 직면, 생사의 갈림길에 서 있다. 방치하면, 점증하는 국방의 무게에 짓눌려 그냥 주저앉을 판이다. 이는 내수시장의 포화상태, 국제경쟁력 부족, 높은 규제의 장벽, 대·중소기업의 양극화 현상 등 다양한 원인의 복합적 산물인 것으로 이해된다. 이제 방위산업의 살길은 과감한 구조적 변혁을 통해 명실상부한 첨단장비의 산실로 기능하며 군사력 건설의 신지평

---

104 진화적 개발방식을 채택할 경우, 첫 단계의 문턱(ROC)이 낮아지기 때문에 해외 선진 기업에 비해 국내기업의 기술수준이 다소 낮더라도 사업에 참여할 기회가 그만큼 많아지게 된다. 또한 현존 전력에도 일종의 진화적 개발의 개념을 확대 적용하여 나날이 진보하는 기술 성숙도에 맞추어 성능개량을 지속적으로 추진할 경우 군의 전력증강은 물론, 관련기술의 진보와 축적, 전문인력의 유지, 방산수요의 창출을 낳는 핵심 동력으로 작용할 것이다.

을 열어나가는 데 있다.

(1) 대·중소기업 상생 파트너십 구축

방위산업이 재도약의 발판을 마련하려면 무엇보다 먼저 국내 산업구조를 대기업 중심에서 벗어나 대·중소기업 간 상생구조로 탈바꿈해야 한다. 이는 건강한 산업 생태계를 조성하여 방위산업의 지속 가능한 발전을 추동하는 첫걸음이기 때문이다.

굴지의 대기업이라도 개별기업의 경쟁력만으로는 방위산업 전반에 불어닥친 역풍을 뚫고 신지평을 열어갈 수 없다. 지금처럼 좁은 내수시장을 둘러싸고 무한경쟁을 되풀이할 경우 중소기업은 물론 대기업도 승승장구할 수 없다. 하지만 개별 기업 간 비교우위에 기초한 역할분담으로 상호보완성을 활성화하여 시너지효과를 창출해낸다면 모두가 잘살 수 있는 길이 열릴 것이다. 특히 대·중소기업들이 '상호보완적 상생 파트너십'으로 거듭나 긴밀히 협업해나간다면, 한국군의 높은 ROC는 물론 국제시장의 높은 문턱도 넉넉히 넘어 자립·자조·번영의 길을 열어갈 것으로 믿는다.

21세기 첨단복합무기체계의 특성상 대·중소기업의 협업은 사업 완결의 전제조건이다. 오늘날 무기체계는 수많은 하드웨어와 소프트웨어의 복합체계로 이루어지기 때문에 어떤 기업도 홀로 완성해낼 수 없다. 체계개발업체와 수백·수천의 협력업체들이 오케스트라의 다양한 악기들처럼 상호보완적 분업과 유기적 협업을 통해 완성해내는 진화의 산물이 바로 첨단무기체계이다. 모든 업체들이 최적의 파트너십을 이루며 손발이 척척 맞아야 하는 이유도 바로 여기에 있다.

본래 방산부문의 대·중소기업은 서로 경쟁대상이 아니라 '상생 협력파트너'이다. 하지만 현실은 전혀 그렇지 않다. 대기업과 중소기업은 자산·기술·정보 등의 상대적 격차를 바탕으로 불균형적 성장을 거듭하는 동안 구조적 양극화 현상이 깊어졌고 이는 '불평등의 갑을관계'로 정착되었다. 지금까지 대부분의 무기체계 개발사업은 대기업이 '체계업체'(계약의 주체)로서 완성품을 만들어내고 중소기업은 '협력업체'(사실상 하청업체)로서 부품과 소재를 공급해주는 역할을 맡아왔다. 자연히 갑을관계가 형성되었다.

앞으로 대·중소기업 간 상생 파트너십은 '약한 파트너(중소·벤처기업)'를 보강해서 모두 동등한 입장에서 상부상조하며 동반 성장할 수 있도록 제도적·문화적 인프라를 구축하는 데 일차적 관심을 두어야 한다. 중소·벤처기업은 개별적으로는 약해보일지 모르지만 전체적으로는 방위산업의 뿌리를 품고 있는 기층(基層)에 해당하기 때문에 이를 보강하지 않고서는 방위산업이 튼튼하게 성장할 수 없다.

중소·벤처기업의 진가(眞價)는 각종 무기체계의 핵심 부품과 소재를 개발·생산·공급해서 제품의 완성도를 높여주는 데 있다. 수십만 개의 부품과 수많은 하위 시스템으로 구성된 복합체계 가운데 어느 하나라도 잘못되면 시스템 전체가 불능상태로 되기 때문이다. 이에 방산물자의 최종 가치는 결국 부품과 소재 하나하나의 기술력(+품질)에 달려 있다고 해도 과언이 아니다. 그 밖에도 중소기업은 양질의 일자리 창출에 크게 기여하는 것으로 평가된다. 중소기업연구원의 고용유발계수 비교분석(2017)에 의하면, 대기업이 10억 원당 5.5명인 데 비해 중소기업은 9.7명으로 거의 두 배에 가까운 것으로 나타났다.

중소·벤처기업이 본연의 몫을 다할 수 있게 하려면, 먼저, 대·중소기업의 관계에 내재하는 불평등·불공정성을 타파하는 노력이 선행되어야 한다. 이는 대기업 측에서 먼저 중소기업과의 관계를 가로막고 있는 높은 장벽을 무너뜨리는데 앞장서는 것이 마땅하다. '을(乙)'의 입장에 있는 중소기업이 먼저 나설 수는 없지 않은가. 지금부터라도 대기업은 중소기업과의 상생협력활동을 선도해나갈 것을 권고한다. 이와 관련하여, 대기업(+중견기업)은 기술·경영혁신 노하우를 중소·벤처기업에 전수해주고 중소·벤처기업은 업체별 특유의 창의적 아이디어와 혁신적 기술을 대기업(+중견기업)과 공유하는 상생·협업시스템을 구축한다면, 방산업계 전반에 걸친 품질향상과 기술혁신이 폭발적으로 일어날 것으로 전망된다.

한편, 정부는 중소·벤처기업이 명실상부한 대기업의 협력 파트너로 성장할 수 있도록 각종 지원을 아끼지 말아야 한다. 우선 중소·벤처기업이 방위산업에 진입하는 장벽부터 대폭 낮추고 성장단계별로 맞춤형 지원을 확대 시행해나가는 한편, 중소기업에 불리한 제도와 관행을 과감하게 혁파해나가야 한다.

이와 관련하여, 첫째, 중소·벤처기업이 공들여 개발한 혁신적 기술이 사장되지 않고 방산물자 개발로 이어지도록 정부 차원의 사업화 지원을 확대할 필요가 있다. 중소기업은 신기술을 개발해 놓고도 군의 소요에 대한 정보 부족과 구매자 미확보, 양산에 필요한 시설·자금·인력 부족, 복잡한 군납절차 등으로 인해 사업화에 실패하거나 포기하는 경우가 적지 않은 것으로 알려졌다. 이에 관계당국은 중소기업이 개발한 국방기술이 실물 무기체계로 현실화되고 국방력 증강으로 이어질 수 있도록 정책적 지원을 아끼지 말아야 한다. 특히 창의적 아이디어와 우수한 기술 잠재력을 가진 중소·벤처기업이 방산 분야에 쉽게 참여할 수 있도록 기술개발, 기업경영, 법률·행정, 마케팅 등을 전문적으로 컨설팅해주고 경영자금의 지원도 점차 확대해나갈 것을 권고한다.

둘째, 부품 국산화는 단순 모방에 의한 수입대체의 개념을 넘어 현재 운용·개발 중이거나 또는 장차 개발할 무기체계의 부품(+소재)을 선제적으로 개발해나가는 방향으로 접근할 것을 권고한다.[105] 부품과 소재의 개발·공급은 중소기업의 핵심 과업인 동시에 존재 가치이기도 하다. 이에 정부는 수입부

---

[105] 방산부품 국산화의 효과로는 부품의 안정적 공급으로 전력의 장기 안정적 운용을 보장하는 것 외에도 중소·벤처기업의 활성화, 대기업과 중소기업의 상생기반 구축, 자주국방의 저변 확충(擴充), 수입대체효과에 의한 외화절감, 양질의 일자리 창출 등이 기대된다.

품 목록 정보를 공개하여 업체별로 국산화 가능 품목을 스스로 판단·개발(+수입대체)할 수 있도록 지원해주는 한편, 특히 핵심부품 국산화 및 첨단소재개발은 중소·벤처·중견기업의 특성화 영역으로 지정하고 정책적 차원의 지원을 확대해나갈 것을 제언한다.[106] 아울러 부품국산화 방식은 지금처럼 무기체계부터 먼저 개발한 다음에 부품을 개발(국산화)하는 '선(先) 체계개발, 후(後) 부품개발' 방식에서 벗어나 무기체계 개발과 동시에 국산부품을 개발하는 '체계·부품 동시개발' 방식으로 바꾸어나갈 필요가 있어 보인다.

셋째, 중소기업도 체계개발업체로 선정될 수 있도록 제안서 평가기준 등 관련 제도의 개선이 절실하다. 지금도 제도적으로는 중소기업이 개발업체로 선정될 수 있는 길이 열려 있지만, 관계자들에 의하면, 사실상 유명무실하다고 한다. '중소기업 우선선정 품목지정' 제도가 있음에도 불구하고 제안서 평가기준이 대기업에 유리하게 되어 있기 때문이다.[107] 이런 현상이 타파되지 않고서는 대·중소기업 간의 관계 정상화는 백년하청(百年河淸)이 될 것이다. 차제에 '중소기업 우선'으로 지정된 영역에는 대기업이 침범하지 못하도록 제도화하는 등 적극적 보호대책이 필요해 보인다.

넷째, 장기적으로는 우리 중소·벤처기업이 세계 유수(有數)의 방산업체들

---

106 방위사업청은 2017년 12월 수입부품 15,500건을 처음 공개한 이후 2018년 19,168건, 2019년 7,819건 등 수입부품목록을 '부품국산화통합시스템'(국방기술품질원) 홈페이지에 공개해왔다. 한편, 최근 5년간(2014~2018) 정부는 총 368개 품목(연평균 74개)의 부품국산화 개발사업을 승인해주었는데 대부분 업체가 자체적으로 추진하는 일반부품 국산화 사업에 해당한다. 정부의 지원하에 추진하는 무기체계 '핵심부품' 개발사업은 2018년 말까지 총 84개 과제가 추진되었으며 그중에 17개가 성공했고 31개는 실패 또는 취소되었다. 『2019년도 방위사업통계연보』, 2019, 226쪽.

107 제안서 평가 시 결정적 기준은 '개발기술 보유수준' 또는 '유사장비 개발실적' 등이 되어야 하는데 대기업은 개발 실적이 없더라도 신용평가등급, SW 프로세스 인증 등급, 참여인력의 전문성(석박사 숫자) 등 '부수적인 평가항목'에서 높은 점수를 받을 수 있기 때문에 개발업체로 선정될 확률이 높다.

의 '글로벌 공급망(Global Supply Chain)'에 들어갈 수 있도록 '글로벌 강소기업'
으로 키워나가야 한다. 그 일환으로, 정부는 중소·벤처기업이 무기체계를 연
구개발할 경우 기획단계부터 후속개발단계까지 R&D 자금에 대한 융자를 필
요한 만큼 확대해주고 무기체계의 개조개발에 대한 지원금도 상향 조정하여
장차 4차 산업혁명 시대의 주인공이 될 수 있도록 적극 후원해줄 필요가 있
다.[108]

다섯째, 중소기업도 방산수출에 한몫할 수 있도록 '맞춤형 지원'을 확대할
것을 적극 권고한다. 지금까지 방산수출은 체계업체 중심으로 이루어졌고 중
소기업은 기술·인력·마케팅 역량 등의 부족으로 인해 국제방산협력의 변두
리에 머물러 있었다. 앞으로는 방산의 구조적 전환(내수중심 → 수출지향)에 발
맞추어 중소기업도 방산수출을 늘려나갈 수 있도록 수출 허가절차 간소화,
국산부품 쿼터제 도입 등 관련 제도를 전향적으로 개선해나가야 할 것이다.

(2) 수출지향적 산업구조(내수중심 ⇒ 내수 + 수출)

우리 방위산업의 살길은 국내시장의 좁은 굴레를 벗어나 '마르지 않는 샘'
과 같은 글로벌 시장으로 뻗어나가는 데 있다. 좁은 국내시장만 바라보다가
는 생존의 한계를 넘어서기 어렵기 때문이다. 우리 기업들이 앞으로도 계속
군의 제한된 소요를 둘러싸고 출혈경쟁을 벌인다면 머지않아 공멸(共滅)의 길
로 접어들 수밖에 없을 것이 자명하다. 국내시장의 포화와 함께 정부가 나눠
줄 수 있는 파이는 점점 줄어들고 있는데 모든 기업이 정부의 보호막 안에 계
속 머무르려고 하면 생존의 한계선상(subsistence level)에서 벗어날 수 없을 것

---

108 관료화되기 쉬운 대기업에 비해 중소벤처기업의 강점은 유연성과 창의력에 있다. 이에 중
    소벤처기업은 대기업에도 없는 틈새분야의 첨단 핵심기술을 보유하고 있는 경우가 적지 않
    은 것으로 조사되었다. 중소벤처기업의 가치는 특히 기술융합이 새로운 기술혁명을 창출해
    내는 4차 산업혁명 시대에 새롭게 부각될 것으로 전망된다.

단위: 억 달러

구분	2014	2015	2016	2017	2018	2019	2020	2021	2022	2023
국방비	14,511	14,847	15,307	16,040	17,421	18,064	19,953	20,171	21,138	22,144
획득비	2,598	2,748	2,981	3,144	3,417	3,581	3,760	3,838	4,020	4,225
R&D투자	968	1,021	1,180	1,225	1,372	1,505	1,612	1,548	1,604	1,662

주: 2014~2023 연평균 증가율 _ 국방비 4.9%, 획득비 5.6%, 연구개발비 5.2%.
자료: 국방기술품질원, 『2019 세계 방산시장 연감』, 36쪽.

이다.

이제 방위산업은 내수중심에서 수출지향으로 전략적 중심을 옮겨야 할 때가 되었다. 이는 우리나라가 1960년대에 내수시장을 겨냥한 수입대체 산업화(ISI) 전략에서 벗어나 세계시장을 무대로 하는 수출지향적 산업화(EOI) 전략으로 바꾸어 1970년대 경제기적을 창출한 역사와 궤도를 같이한다. 1970년대 경제적 도약이 2020년대 방산의 재도약을 선도해주는 등불이 되길 기대해본다.

다행히 오늘날 국제방산무역이 나날이 늘어나고 있다. 〈표 41〉에서 보듯이, 영국의 군사정보전문기관 IHS Jane's 예측에 의하면, 2014~2023년간 세계 상위 100여 개국의 국방예산은 53% 증가하는 데 비해 무기획득비는 63% 팽창하고 국방연구개발투자는 72% 늘어날 것으로 전망되었다. 이처럼 나날이 늘어나는 글로벌 방산시장은 우리 방산기업들에게도 기회가 되고 있다. 하지만 '오는 기회'를 잡으려면, 그보다 앞서 준비되어 있어야 한다. 준비가 되지 않은 자에게 기회는 '그림의 떡'에 불과하기 때문이다.

차제에 방산기업들은 정부의 보호막에서 빠져나와 보다 넓고 큰 세상 '글로벌 시장'을 상대로 경쟁하며 생존과 번영을 모색해나갈 수 있기를 기대한다. 국제시장으로의 진출은 단순한 기업의 생존을 넘어 최소의 비용으로 국가의 생존을 지켜낼 수 있는 방책이기도 하다. 우리 기업이 시장의 변동과 관계없이 전시에 대비하여 일정수준의 생산라인을 유지하려면, 정부가 책임지고 과잉설비(+인력) 유지비용을 부담하거나, 아니면 해외수출을 늘려야 한다. 이 중에 방산수출을 늘려 전시대비 생산라인을 계속 유지하는 것이 기업 이윤도 창출하고 국가 부담도 줄이는 일석이조의 최적해(最適解)가 될 것이다.[109]

통일대비 차원에서도 수출지향적 산업구조로의 재편은 절실해 보인다. 통일한국 시대는 북한 대신 주변강국들을 상대로 사활적 국익을 놓고 다투어야 하는 만큼 안보위협의 크기는 분단 시대에 못지않을 것으로 예견된다. 물론 첨예한 군사적 대치로 점철되던 분단 시대와 달리 통일 시대가 되면 가시적 안보위협은 사라지고 잠재적 위협이 수면 아래에 잠복할 공산이 크다. 이에 따라 평시의 전력소요는 분단 시대에 비해 훨씬 줄어들겠지만 일단 전시에 돌입하면 강국과의 전쟁이기 때문에 전력소요는 폭증할 가능성이 크다. 지금부터라도 통일시대에 대비하여 수출지향적 산업구조로 과감히 전환, 유사시 통일한국군의 전력소요 폭증을 감당해내야 할 것이다.

10. 국제방산협력 목표·방향 재정립 [110]

방위산업의 일차적 목적은 한국군의 전력 소요를 채워주는 데 있다. 따라

---

109 방위산업은 내수시장을 대상으로 '다품종 소량 주문형 생산'을 하는 구조적 특성상 '규모의 경제'를 달성하기 어렵다는 내재적 한계를 가지고 있다. 그런데 좁은 내수시장마저 포화상태에 이르면 기업의 생산성과 수익성이 떨어지게 되고, 이는 곧 연구개발투자의 축소와 기술경쟁력의 저하로 이어지는 악순환에 빠지게 된다. 이런 악순환의 고리를 단절할 수 있는 유일한 길이 수출이다. 수출은 '규모의 경제'를 달성할 수 있는 최선의 방책이기 때문이다. 조성식, 앞의 기사(2018.7) 참조.

110 이 절과 이전의 9절은 전제국, 앞의 글(2023)을 보완·발전시킨 것임을 재확인한다.

서 방위산업이 수출지향적 산업구조로 바뀐다고 해서 '수출 중심의 방위산업'
이 될 수는 없다. 국내시장이 너무 좁아서 밖으로 나가는 것일 뿐, '무기수출
로 먹고 살겠다'는 것이 결코 아니다. 오늘날 우리 방산은 해외로 나가지 않
고서는 자립할 수 없다. 그럼에도 밖으로 나갈 형편이 안 되다보니 어쩔 수
없이 정부에 계속 의존하게 되었고 그 부담은 고스란히 국민(조세부담)에게 돌
아가고 있었다. 이런 구조에서는 방산의 미래도 없고 자주국방의 꿈도 요원
하다. 이제는 우리의 현실을 직시하며 국제방산협력의 전략적 목표와 방향,
기본원칙과 정책기조를 재정립하고 국익을 확대 재창출하는 데 한몫하는 방
위산업으로 거듭나기를 기대한다.

1) 무기수출에 대한 인식의 대전환: '미래 먹거리'?

방위사업청 개청 이후 10여 년간 방산수출이 10배 이상 급증하자 이에 대
한 기대가 너무 높아져 한때는 "방산수출이 곧 미래 먹거리"라고 내세운 적이
있었다. 이는 실제로 그렇게 될 수도 없고 설령 그렇더라도 위험한 발상이 아
닐 수 없다. 우리의 방산수출이 국가 총수출에서 차지하는 비중은 〈표 42〉에

〈표 42〉 **방산수출이 국가무역에서 차지하는 비중(2010~2018)**

단위: 억 달러

구분	2010	2011	2012	2013	2014	2015	2016	2017	2018
GDP(A)	11,441	12,532	12,784	13,708	14,843	14,658	15,001	16,239	17,206
국가수출(B)	4,664	5,552	5,479	5,596	5,727	5,268	4,954	5,737	6,049
방산수출(C)	11.9	23.8	23.5	34.2	36.1	35.4	25.6	31.2	27.7
C/A(%)	0.10	0.19	0.18	0.25	0.24	0.24	0.17	0.19	0.16
C/B(%)	0.25	0.43	0.43	0.61	0.63	0.67	0.52	0.54	0.46

자료: 산업연구원, 2021.3.7.; K-stat, "무역통계: 한국의 무역의존도", http://stat.kita.net/stat/world/major/
KoreaStats02.screen(검색일: 2022.12.24.).

서 보듯이 2010~2018년 평균 0.50%이며 가장 높았던 때도 0.67%에 불과했다. GDP에서 차지하는 비중은 훨씬 더 낮아 연평균 0.19%에 지나지 않았다.

그럼에도 우리 사회 일각에서는 방산수출이 장기침체 구조에 빠진 우리 경제에 활로를 열어줄 '신성장 동력'이라고 크게 선전했던 적도 있었고, 우리 국민의 '미래 먹거리'라며 기대감을 한껏 부풀린 적도 있었다. 물론 지금도 [방산 = 미래 먹거리]라고 내세우는 자들이 없지 않다. 하지만 무기는 '생명 지킴이'지 먹거리가 아니다. 혹시 국제무기시장의 20~30%를 점유하는 미국과 러시아 정도라면 모를까, 그 밖에 4~7%를 차지하는 독일, 프랑스, 영국, 중국도 무기수출로 먹고 산다고 말할 수 없다. 하물며 우리처럼 2%도 안 되는 시장 점유율로 '먹고살겠다'든가 '경제성장의 동력으로 삼겠다'는 것은 과언이 아닐 수 없다(〈표 31/32〉 참조).

세상에 무기수출을 대서특필 홍보하는 나라는 없다. 본래 무기수출은 드러내놓고 자랑할 사안이 아니라 가급적 은밀히 추진하는 것이 국제사회의 보편적 현상이다. 이는 무기 자체가 적군이든 아군이든 사람의 생명을 앗아갈 목적으로 만든 위험한 물질이므로 정부가 앞장서서 무기수출을 대대적으로 선전하거나 홍보까지 하면 얻는 것(得)보다 잃는 것(失)이 훨씬 더 클 수 있기 때문이다. 무기수출은 기본적으로 평화 이미지와는 정반대로 호전성(好戰性)과 분쟁을 연상시키는 부정적 이미지를 갖고 있다. 수출 지역이 어디든 분쟁을 야기하거나 또는 군비경쟁을 부추기는 등 안보불안의 기폭제가 될 수 있기 때문이다.

그뿐만 아니라, 무기수출 실적을 크게 홍보하면 경쟁국으로부터의 방해공작을 자초할 수도 있다. 방산대국들은 세계 각국의 방산 수출입 동향을 예의 주시하며 특히 새로운 경쟁세력의 등장을 막는 데 혈안이 되어 있다. 그 와중에 특정무기의 거래정보가 유출되기만 해도 동종 무기를 수출하는 해외 경쟁업체들로부터 견제 또는 방해 공작이 들어올 수 있다. 또한 무기수출 추진과

정에서 관련정보가 외부로 유출될 경우, 중도에 무산될 수도 있음에 각별히 유의할 필요가 있다.[111]

이런 이유로 인해 대부분의 나라들은 자국의 무기수출입 관련 사안을 일정 기간 비밀에 부치거나 비공개하는 것으로 알려졌다. 그런데 우리는 방산수출로 당장 경제성장의 문이 활짝 열릴 것처럼 국민에게 과장 선전하고 국제사회에 '무기 팔아 먹고사는 나라'인 것처럼 광고해왔다. 이로 인해 자칫하면 우리의 방산수출 드라이브가 '국제군비경쟁 또는 분쟁의 단초'가 될 수도 있음에 유의해야 한다.[112] 이제 더 이상 [무기수출 = 미래 먹거리]라는 말에 현혹되어 자가당착(自家撞着)의 덫에 빠지지 않기를 바란다.

2) 국제방산협력 목표 재정립

이제 더 이상 방산수출에 대해 지나친 기대를 하지 말고 '기본으로 돌아가'

---

111 방산수출과 관련된 정보가 사전에 유출되어 어려움을 겪었던 사례가 적지 않다. 예를 들어, KT-1 기본훈련기의 T국 수출과 K-9 자주포의 P국 수출 추진이 최종 계약체결 단계에 언론에 공개되어 협상에 큰 어려움을 겪었던 적이 있다. 사실, 무기거래 관련 정보의 대외유출은 무기수입국의 전략이 노출되어 적대세력과의 분쟁 또는 군비경쟁을 유발할 수 있기 때문에 대부분의 무기수입국들은 자국의 무기수입을 은밀히 추진하는 경향이 있다. 어떤 나라들은 방산거래 관련 정보가 유출되어 언론에 공개될 경우 기종 평가 시 감점 요인으로 포함하기도 한다.

112 무기수출의 홍보/선전은 단순한 방산수출의 난관을 넘어 국제관계에 악영향을 미칠 수도 있음에 각별히 유념할 필요가 있다. 예를 들어, 2022년 10월 27일 러시아 푸틴 대통령은 "한국이 러시아와 전쟁 중인 우크라이나에 무기를 제공할 경우 한러관계가 파탄 날 것"이라고 경고한 바 있다. 정확한 경위나 이유는 알 수 없지만, 최근 폴란드에 대규모의 방산수출 계약이 체결된 사실이 세상에 알려지면서 현재 우크라이나와 전쟁 중인 러시아가 폴란드로 수출된 한국산 무기가 우크라이나로 흘러들어갈 것을 우려하여 이를 사전에 차단하려는 속셈이 아닌가 해석되기도 했다. "푸틴, 한국 콕 집어 경고한 진짜 이유 … 여기에서 자극", YTN 뉴스, 2022.10.18., 19:42; 김혜린, "푸틴, 한국 위협 '우크라에 무기 제공 땐 관계 파탄'", 《동아일보》, 2022.10.28.

방산수출의 전략적 함의를 재조명하고 국방의 토대를 재강화하는 방향으로 전략적 목표(+비전)를 재정립할 필요가 있다.

먼저 방산수출의 전략적 효과를 재조명해보면, 이는 전시대비 생산라인의 확충과 전투긴요물자의 해외비축 등으로 나타날 것이다. 첫째, 방산수출은 최소의 비용으로 전시대비 생산라인을 확충, 유사시 전시물자의 적시 공급 및 전쟁지속 능력을 확보·유지할 수 있는 지름길이다. 평시에 내수물량이 불변할 경우 수출 물량이 늘어날수록 생산라인도 그만큼 확장·운영·유지하다가, 유사시에는 한국군 전시소요 생산라인으로 전환하여 전쟁수행에 필요한 물량을 최대한 우리 기업의 손으로 만들어 적시에 공급해줄 수 있다. 비록 내수가 고갈되더라도 수출수요가 뒷받침해주면 기업은 생산라인을 줄이지 않아도 되고 오히려 증설할 수도 있기 때문에 전시대비 산업으로서의 몫을 다할 수 있는 기반이 구축되는 셈이다.

둘째, 방산수출은 한반도 유사시 한국군이 활용할 수 있는 군사장비를 해외 안전지대에 비축해놓은 것과 같은 효과를 기대할 수 있다. 사실, 우리가 수출한 장비를 한반도 유사시 도로 갖다 쓸 수 있다면, 획득 시간의 문제와 군사작전의 상호운용성(interoperability) 문제를 동시에 해결할 수 있다는 장점이 있다.[113] 다만, 이 개념이 현실화되려면, 한국산 무기 수입국과 일종의 '전시상호군수지원협정'을 체결하여, 한반도 유사시 우리가 수출한 장비를 다시 갖다 쓰고 전쟁이 끝난 다음에 정산해주는 방향으로 방산수출을 추진해야 할 것이다.

---

113 전시에 부족해진 무기체계를 정상적인 절차에 따라 전력화하려면 너무 오랜 시간이 걸리므로 획득되기도 전에 전쟁은 끝날 수 있다. 반면에 방산수출입은 자연스럽게 양국 간 군사적 상호운용성을 형성해준다. 한국군이 현재 운용중인 무기체계를 토대로 수입국 전장환경에 맞게 개조하여 수출한 것을 다시 갖다 쓰기 때문에 군사작전의 상호운용성이 거의 자동적으로 보장된다. 일반적으로 방산수출시 수입국 전장 환경에 맞추어 개조개발하는 경우가 많지만 한국군에 공급하던 무기체계를 개조한 것이므로 한반도 유사시 한국군이 가져와서 운용하는데 큰 어려움이 없을 것이기 때문이다.

셋째, 방산수출은 국방기술의 진화를 추동하여 한국군 장비의 지속적 성능 개량을 촉진하는 테스트베드(test-bed)로 작동한다는 점에 또 다른 전략적 의미가 있다. 한반도 전장환경에서 입증된 무기체계로 국제시장에 나가 수출계약으로 이어지면, 수출업체는 계약이행과정에서 교역파트너의 까다롭고 다양한 요구조건을 충족해주는 동안 체계개발·개조기술이 업그레이드될 것이고, 이는 다시 한국군 소요전력의 개발(+개량) 과정에 응용되어 장비 성능을 업그레이드하는 선순환이 이루어지기 마련이다. 이런 뜻에서 군의 소요 충족과 무기수출은 별개의 사안이 아니라 하나의 뿌리·줄기에서 나와 서로 도와가며 경쟁력을 키워가는 연지(連枝)와 같다고 볼 수 있겠다.

이상의 전략적 함의를 담아 방산수출의 일차 목표는 '방산의 활로 개척(+자립기반 확보)'에 두되 최종 목표는 '한반도 유사시 방산물자의 적시 확보'에 두는 것이 마땅하다. 이는 자주국방을 지향한 방위산업의 본원적 미션과 연계되어 있다.

한걸음 더 나아가, 방산수출의 지향점을 짧은 시간과 좁은 공간에 가두지 말고 '먼 미래의 넓은 세상'을 바라보며 [국제방산협력 → 국방교류협력 → 국제안보협력]으로 확장해나갈 것을 제언한다. 먼저, 방산수출은 단순한 무기 거래를 넘어 '국제방산·기술협력'으로 넓혀가며 국방교류협력의 실질을 채워주고 국가외교의 울타리를 튼튼히 세워주는 핵심기재로 작동하도록 관리할 필요가 있다.

다음, 방산수출을 계기로 국방교류협력과 국제안보협력이 상승적으로 발전되며 지구촌의 안정과 글로벌 평화를 이끌어내는 데 일조할 수 있기를 기대한다. 특히 복합적 안보위협이 난무하는 21세기 지구촌의 시대에 국제방산협력은 협력파트너의 국가안보(National Security) 증진은 물론 해당 지역의 안정(Regional Stability)과 글로벌 평화(Global Peace)의 길을 열어가는 국제안보협력의 일환으로 추진되어 '국가안보-지역안정-세계평화의 선순환'을 견인하는 지렛대가 될 수 있기 때문이다.

이를 반영하여 국제방산협력의 최종 지향점(비전)은 한반도의 안정을 넘어 '분쟁 없는 평화로운 세상'을 만드는데 한몫하는 것으로 설정함이 바람직하겠다. 이는 방산외교의 대의명분이 단순히 무기를 많이 팔아 경제적 실리를 극대화하는 데 있는 것이 아니라 우리가 지난 70년간 분단의 아픔 속에서 직접 체험하며 터득한 자주국방력 건설 경험과 노하우를 우리의 해외 협력파트너와 공유하며 '모두가 함께 잘 사는 세상', '편안한 지구촌'을 건설하는 데 있음을 뜻한다.

3) 국제방산협력 5대 원칙·기조

국제방산시장의 문턱은 높다. 방위사업 자체가 대규모 자본과 오랜 시간, 첨단기술을 필요로 하면서도 핵심기술의 해외이전은 철저히 통제하기 때문에 진입 장벽이 매우 높은 것이 사실이다. 하지만 일단 진입하기만 하면, 오랫동안 경쟁우위를 유지할 수 있다. 다행히 2000년대에 이르러 K-9 자주포, 잠수함, T-50 고등훈련기 등의 수출에 힘입어 우리 방산의 국제적 위상은 많이 올라가고 있다. 차제에 국제방산협력(방산외교) 특유의 접근방향과 가이드라인을 정립하고 전략목표(+비전) 실현에 매진해나갈 것을 적극 권장한다.

(1) 국가-국방-방산외교의 유기적 연계

국제방산협력은 국방협력·국가외교와 밀접히 연계되어 국가-국방-방산외교의 상승적 발전을 견인하는 방향으로 추진되어야 한다.

국제방산협력의 첫 번째 조건은 값싸고 질 좋은 무기의 거래가 아니라 협력파트너에 대한 '절대적 신뢰'이다. 방산협력은 협력파트너 서로에게 위협이 될지도 모르는 '위험한 무기'를 거래하는 것이므로 경제적 실리가 있다고 무조건 아무 나라와 거래할 수 있는 것이 아니라 절대적으로 신뢰할 수 있는 나라와 도모할 수 있는 특별한 영역이기 때문이다. 방산외교가 국방외교의 정점에서 이루어지는 이유도 바로 여기에 있다. 이는 방산외교가 국가·국방외교의 한계선상에서 출발하여 점차 그 상한선을 상향조정하며 국방·국가외교의 지평을 확장해나가는 개척자임을 의미한다.

방산수출은 또한 전시외교의 전략적 지렛대로 선용(善用)될 수도 있다. 방산수출은 한 번으로 끝나는 것이 아니라 해당 무기체계의 수명주기(life cycle) 동안 후속 군수지원으로 이어지는 일종의 락인효과(lock-in effect)가 생성되기 때문에 수입국의 군대는 우리에게 일정부분 의존할 수밖에 없게 된다.[114] 이로 인한 방산물자 교역국 간의 군사적 상호의존성은 한반도 유사시 전시지원국을 늘리고 잠재적 적대세력을 소외시키는 '무형의 전략자산(Soft Power)'으로 작용할 수 있을 것으로 믿어진다.

앞으로 국제방산협력은 일차원적 경제적 득실을 넘어 국가안보외교의 발전을 견인하고, 국방·국가외교의 강화는 다시 방산기술협력을 내실화하는 선순환이 이루어지도록 전략적으로 관리할 필요가 있다. 다시 말해, 국방외교의 일환으로 방산수출을 추진하고 방산수출을 계기로 국방외교와 국제안보협력이 심화 발전되는 상승적(相乘的) 관계구도가 정착되기를 기대한다.

한편, 방산수출의 효과성을 높이려면, 정부 관련 기관 간의 수평적 협업과 수직적 역할분담이 제도화되어야 한다. 국제방산협력은 국가안보외교의 일부이고 국가산업수출의 일부이므로 방위사업청(+방산기업) 홀로 성과를 올리는데 한계가 있다. 〈그림 41〉에서 보듯이, 수평적으로는 외교부·국방부(방위사업청)·산업부 등 정부기관이 유기적으로 협업하며 국가 전략적 차원의 방산

---

114 방산물자의 수출은 마케팅부터 수주까지 오랜 기간이 소요되지만, 일단 수출되고 나면, 해당 무기체계의 운용유지과정에서 탄약보급, 부품교체, 정비지원 등 후속 군수지원의 소요가 계속 발생하기 때문에 대략 20~30년간의 수명주기에 걸쳐 수출 효과가 지속된다.

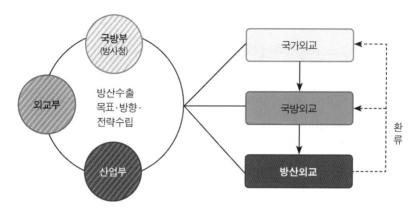

〈그림 41〉 **방산수출 관련기관 간의 삼박자 협업**

수출 목표·방향·기조 및 권역별·국가별 접근 전략을 수립하고, 수직적으로 는 국가외교-국방외교-방산외교가 체계적 역할분담을 통해 각자 맡은바 몫을 다할 때 비로소 소기의 전략목표를 효과적으로 달성할 수 있을 것이다.

특히 수직적 역할분담과 관련하여, ▷ 먼저 정상회담 등 국가 차원의 외교 에서는 호혜적 방산협력의 필요성 등에 대한 큰 틀에서의 공감대를 이끌어내 방산수출의 물꼬를 터주는 데 방점을 두고, ▷ 이어서 국방차원의 외교에서 는 이를 국방교류협력의 일환으로 심화시켜 방산기술협력의 중점과 방향, 협 력대상 장비 등에 관한 총론(總論) 차원의 협의를 전개하고, ▷ 마지막 단계의 방산외교에서는 각론(各論)으로 들어가 이행방안을 마무리 짓고 발로 뛰며 열 매를 거두어들이면 될 것이다. 이렇듯 관련기관들이 엇박자가 아닌 삼박자 화음을 내며 시너지 효과음을 창출할 때 비로소 방산수출의 성과가 극대화될 것이다.

(2) 사소취대의 대승적 접근

방산외교는 당장 눈앞의 이익에 눈이 멀어 소탐대실(小貪大失)의 우(愚)를 범하지 말고 멀리 내다보며 작은 것은 버리고 큰 것을 취하는 사소취대(捨小取大)의 지혜로 접근할 필요가 있다.

방산협력의 중심에는 경제적 이해관계가 자리 잡고 있기 때문에 자칫하면 빙산의 일각에 불과한 단기적·가시적 실리에 매몰되어 물밑에 잠겨 있는 빙산과 같이 큰 장기·전략적 이익을 놓칠 수 있다. 무기수출은 향후 20~30년 앞을 내다보는 장사이다. 한번 수출하면 그 무기체계가 수명을 다할 때까지 후속군수지원이 뒤따르기 때문이다. 그런 만큼 목전(目前)의 이익에 눈이 어두워 수십 년에 걸친 이익을 놓치는 일이 있어서는 안 되겠다.

오늘날 우리의 방산협력파트너들은 1970년대의 우리나라처럼 자주국방을 꿈꾸고 있다. 이제 더 이상 선진국들로부터 완제품의 무기체계를 수입하지 않고 자국에서 직접 개발·생산할 수 있도록 기술이전과 공동개발·공동생산을 선호하는 추세이다. 이는 선진국으로부터 완제품을 수입했을 경우 20~30년간 값비싼 후속군수지원을 받아야 하고, 또한 일부 핵심기술을 이전받아 무기체계를 개발하더라도 매우 까다로운 조건에 묶여 마음대로 수출도 못하고 제3국에 기술이전도 할 수 없는 기술종속의 딜레마에 빠지기 때문이다.

만약 우리도 선진국들처럼 기술안보·기술보호주의 명분하에 기술이전을 꺼린다면, 우리가 국제무대에서 설 수 있는 땅은 거의 없다. 첨단기술시장은 이미 선진국들이 선점했고 틈새시장은 신흥·중견국들의 치열한 전쟁터로 변했으며 그 뒤에는 수많은 후발국들이 바싹 따라오고 있다. 우리에게는 더 이상 머뭇거릴 여유가 없다.

진정한 상인은 '물건을 파는 자가 아니라 마음을 파는 사람'이라는 말이 있다. 지금 우리가 해야 할 일은 잠재적 협력파트너들의 입장을 역지사지(易地思之)하며 그들의 마음부터 얻는 것이 무엇보다 중요하다. 우리 협력파트너들의 마음의 물꼬를 틀 수 있는 특효약은 '과감한 기술이전'이다. 지금까지 우리가 자주국방의 터전을 일궈내는 과정에서 직접 겪었고 지금도 겪고 있는 기술종속의 뼈아픈 경험을 우리의 파트너들은 겪지 않도록 우리의 것을 과감하게 풀어주는 방향으로 접근할 때 비로소 그들은 마음의 문을 열고 우리와 방산협력(+국방교류협력)의 길을 동행할 것이다. 다만, 앞에서 강조했듯이, 기술개발·기술이전·기술보호는 동전의 앞뒷면 같기 때문에 전략적 차원의 균형이 유지되어야 한다. 특히 미래 전장을 지배하며 게임체인저로 기능할 수 있는 첨단 신기술은 절대적 경쟁우위가 유지되는 한 철저히 보호하고, 나머지 조금 앞선 기술은 아낌없이 넘겨주고 그 대신 방산수출시장을 선점하는 전략적 접근이 요구된다.

(3) 맞춤형 접근 전략

방산외교는 협력대상 국가별·권역별로 차별화된 맞춤형 접근전략을 정교하게 수립하고 전향적으로 추진해야 소기의 성과를 거둘 수 있다.

우리나라의 방산수출은 방위사업청 개청 이후 비약적으로 늘어났다. 방사청 개청 이전 5년간(2001~2005) 방산수출은 연평균 2억 6,000만 달러 규모로 세계무기시장의 0.5% 점유에 그쳤지만 개청 이후 10년 이상이 지난 최근 5년간(2016~2020) 연평균 29억 달러로 10배 이상 늘어나 세계시장의 2.7%를 점유하게 되었다.

방산수출시장도 5대양 6대주 전 세계로 확장되며 다변화를 모색해왔다. 수출대상국은 2006년 47개국에서 2017년 86개국으로 배증했고 수출기업은 2006년 45개에서 2017년 182개 업체로 무려 4배 늘어났다. 수출품목도 비교적 단순한 총포·탄약류를 넘어 항공기, 잠수함, 호위함, 유도무기, 자주포 등 복합무기체계의 수출이 늘어나면서 점차 다양화·고도화되고 있다.

하지만 아직 갈 길이 멀어 보인다. 〈표 44〉를 보면, 2014~2017년 기준, 지역별로는 우리보다 기술수준은 낮고 자원이 풍부한 중동과 아시아에 편중되어 있는데 특히 사우디아라비아, UAE, 이라크, 인도네시아, 필리핀 등에 집

〈표 43〉 **방위사업청 개청 전후 5년 단위 방산수출 비교(1996~2020)**

단위: 100만 달러

구분	개청 이전 10년		개청 이후 15년		
	1996~2000	2001~2005	2006~2010	2011~2015	2016~2020
총액	503	1,303	4,490	15,300	14,500
연평균	101	261	898	3,060	2,900
시장점유율	0.07%	0.52%	0.77%	0.89%	2.71%
세계 순위	32위	14위	15위	15위	9위

주: 1996~2005년간 수출은 허가기준이고 2006년 이후는 수주(계약) 기준임(부록 #14 참조).
자료: 한국국방연구원, 『방산수출 활성화를 위한 시장조사 분석 및 수출전략 수립』, 2007.1.; 산업연구원, 앞의 자료
　　(2021.3.7.); SIPRI Arms Transfers Database, 2021.5.15. 세부내역은 부록 #14 참조.

〈표 44〉 **권역별·품목별 방산수출 현황(2014~2017)**

권역별	중동	아시아	북미	유럽	중남미	아프리카	러시아/CIS	계
금액(억 달러)	39.70	44.74	31.75	9.45	1.23	1.33	0.62	128.9
비중(%)	30.8	34.7	24.6	7.3	1.0	1.0	0.5	100.0

품목별	탄약/총포	항공	기동	함정	광학/개인	통신/전자	기타	계
금액(억 달러)	57.01	24.12	22.94	19.88	2.78	2.15	0	128.9
비중(%)	44.2	18.7	17.8	15.4	2.2	1.7	0	100.0

주: 금액은 4년간(2014~2017) 수출액의 합계이다.

중되어 있다. 품목별로는 탄약·총포와 같은 소모품이 가장 큰 몫을 차지하고
있었다. 전투기, 잠수함, 구축함 등 고가의 첨단장비들은 선진국 방산업체들
이 거의 독차지하고 있기 때문에 시장진입이 쉽지 않았던 것이다. 앞으로 방
산수출의 안정성을 유지하면서 수출증대를 도모하려면 수출품목의 다변화와
신규시장 개척이 병행되어야 할 것이다.[115]

---

115 특히 수출품목의 다변화는 방위산업이 전시대비산업으로서의 몫을 다하는 데 각별한 의미
　　를 갖는다. 전시에 적군은 아군의 특정무기만 골라서 타격하는 것이 아니라 무차별적으로
　　공격, 무력화시키기 때문에 거의 모든 종류의 장비·물자에 대한 전시 긴급소요 공급 대책
　　이 마련되어야 한다. 적어도 전투긴요물자에 대한 긴급소요는 최단기간에 공급해줄 수 있

그 일환으로, 협력파트너들의 다양한 수요에 맞추어 윈윈의 협력을 이끌어 낼 수 있는 최적의 전략을 세워놓고 접근할 것을 권고한다. 세상에 똑같은 사람이 하나도 없듯이 똑같은 나라도 없다. 각각의 나라는 역사·문화·전통이 다르고 인구·면적·자원과 전략환경도 서로 다르다. 방산능력에 있어서도 상대적으로 부족하고 넘치는 분야가 따로 있다. 우리가 잠재적 협력파트너의 마음을 얻고 방산협력을 활성화하려면, 국가별·권역별 특성을 깊이 연구하여 해당국가의 수요에 맞는 전략을 수립하고 추진해야 기대 목표에 이를 수 있다.

협력대상 국가별 사전연구는 그 나라의 지정학적 특성과 안보위협 양상, 국가안보전략과 군사력 건설 방향, 전력증강계획과 국방과학기술 수준, 경제발전 정도, 방산시장 전망 등을 심층 분석하고, 이를 우리의 현실과 비교하여 같은 점과 다른 점, 상대적 강점과 약점, 비교우위 분야 등을 식별해내는 데 중점을 두어야 한다. 이를 토대로 협력가능 분야를 식별하고 최적의 협력방안을 모색해나가되 '윈윈할 수 있는 협력방안'을 찾아내는 것이 중요하다. 이는 국방기술, 생산능력, 인력과 자원 등 분야별 비교우위에 기초한 상호보완적 역할분담을 통해 시너지 효과를 창출하고 그 열매를 공평하게 분배하는 데 핵심이 있다.

아울러 일정한 공통점을 지닌 국가들을 권역별로 묶어 각각 다르게 접근하는 방안도 검토해볼 가치가 있다. 예를 들어, 지리적 개념에 따라 아시아, 중동, 아프리카, 중남미, 유럽 등으로 묶을 수도 있고, 경제발전·과학기술 수준에 따라 선진국, 중견국, 후발개도국으로, 또는 부존자원의 정도에 따라 자원부국과 자원빈국으로 분류할 수도 있으며, 종교·문화적 특성을 고려해 기독

어야 하는 만큼 방산업계는 평소부터 품목별 적정 수요(내수 + 수출)를 확보, 적정수준의 생산라인을 구축해두어야 할 것이다.

교, 이슬람, 제3의 문명권으로 나눌 수도 있겠다. 물론 전략적 구상에 따라 여러 기준을 통합·재분류할 수도 있다. 여하튼 방산시장의 현재 동향과 미래전망과 관련하여 권역별 공통점과 상이점 등을 심층 분석, 비교평가하고 권역별로 맞춤형 접근전략을 세워놓고 추진하는 것이 바람직하다. 특정 권역에 대한 진출방법 가운데 특정 국가를 '전략적 거점'으로 선정, 특별한 방산협력 관계를 맺고 이를 발판으로 점차 확장해나가는 것도 시행착오를 줄이는 방도가 될 것이다.

차제에 국가별·권역별 특성을 고려하여 몇 가지 유형의 방산협력 방안을 예시해보고자 한다. 첫 번째 유형은 기술이전, 합작투자, 공동개발·공동생산 등 '포괄적 협력'을 추진하는 것으로, 사우디아라비아, UAE, 인도 등과 같이 풍부한 자원(+시장)을 바탕으로 방위산업을 집중 육성하여 자주국방을 앞당기려는 나라들과의 협력방안이다. 이 가운데 특히 1970년대 '중동 건설붐'의 진원지였던 사우디아라비아는 산유국단체 GCC(Gulf Cooperation Council)의 수장국(首長國)인 동시에 이슬람 수니파의 종주국(宗主國)으로서 정치적·종교적 영향력이 큰 나라이므로 우리 기업들이 중동-북아프리카지역(MENA)에 진출하는 전략적 거점국가로 삼기에 최적의 파트너일 것으로 판단된다.[116]

두 번째 유형은 일단 완제품 수출로 출발하여 점차 현지 조립생산을 거쳐 공동연구개발-공동생산 단계로 진입해가는 것으로, 인도네시아, 튀르키에, 필리핀, 태국, 폴란드 등과 같은 나라들과의 협력 방식이 되겠다. 물론 나라

---

116 한국의 기술·경험·노하우와 사우디의 자본·시장·인력 등 서로의 비교우위를 결합하여 합작투자하고 공동생산해서 현지 소요군에 공급하고 이웃 나라로 공동수출까지 추진한다면 최상의 효과를 거둘 것으로 기대된다. 이는 우리나라가 1960~1970년대 중동 건설붐을 타고 얻은 종자돈으로 경제기적을 창출했듯이 2010년대부터는 사우디 방산시장에 본격 진출하여 중동전역에 방산한류(한국형 방산붐)를 일으키며 안보-경제의 재도약을 도모해볼 수 있겠다. 사우디와 마찬가지로, UAE는 아시아-아프리카-유럽을 연결하는 허브로서의 지정학적 가치를 가지고 있는바, 이를 발판으로 주변지역으로 뻗어나갈 수 있겠다.

별 형편과 요구에 맞추어 핵심체계 수출[117]로부터 소프트웨어·기술수출, 임대(lease), 중고장비 수출,[118] 불용장비의 무상양여, 군사기지건설,[119] 금융지원 등 다양한 방식의 맞춤형 협력을 추진할 수 있겠다.

세 번째 유형은 우리와 비슷한 안보환경과 비슷한 수준의 경제력·과학기술을 가진 중견국들이 서로의 비교우위 기술을 접목하여 선진국으로부터 이전받을 수 없는 제3의 첨단 신기술을 공동으로 연구개발하는 방안이다. 특히 4차 산업혁명 시대에 살길을 함께 열어갈 기술협력의 동반자로서는 이스라엘·싱가포르와 같은 나라가 물망에 오를 수 있겠다.

네 번째 유형은 세계적 수준의 선진국 방산업체들에게 핵심부품을 공급해주는 것으로, 미국·영국·프랑스 등 선진국으로부터 첨단무기를 수입하는 대신 절충교역의 일환으로 그들의 '글로벌 공급망(Global Supply Chain)'에 들어가는 방식이 되겠다. 이는 우리기업이 첨단무기를 직접 개발·생산하지는 못

---

117 핵심체계 수출의 사례로는 폴란드에 수출한 K9 자주포 차체를 들 수 있다. 폴란드는 역사적으로 러시아·독일에 침략당한 경험을 가지고 있기 때문에 주변국들과의 방산협력을 기피하고 한국과의 협력을 선호하고 있다. 특히 2015년부터 추진 중인 한-폴 간 '자주포 협력사업'(한국의 K-9 자주포 차체 + 폴란드의 포탑 = KRAB)을 계기로 양국 간 신뢰가 크게 향상되어 향후 방산기술협력이 더욱 넓고 깊게 전개될 수 있을 것으로 전망된다. 폴란드는 특히 중부유럽 4개국 협의체인 V4 그룹(폴란드 + 헝가리 + 체코 + 슬로바키아)에 진출하는 교두보로 삼을 수 있는 최적지로서 그 가치가 매우 크다.

118 2017년 우리 군이 사용하다가 창정비 시기가 도래한 중고 K-9 자주포 48문을 핀란드에 수출했는데 이는 구매국과 방산업체 및 소요군 모두 만족한 원윈의 대표적 사례이다. 우리 방산업체는 창정비를 해서 좋은 가격에 팔고, 핀란드는 신품보다 저렴하게 구입하고, 우리 군은 중고 대신 신품을 받았으니, 손해 본 자는 없고 모두 이익을 본 자만 있는 거래였다.

119 평택 험프리 미군기지 건설에서 보았듯이 우리나라의 군사기지건설역량은 세계수준급이다. 군사기지는 그 자체가 군사기밀에 해당하므로 제한사항이 없지 않지만 전략적 동반자 관계를 유지하고 있는 '절친 우방'이라면 접근해볼 만한 수출아이템이 분명하다. 앞으로는 단품 위주의 무기수출에서 벗어나 복합패키지형의 해외기지건설사업에 뛰어들 수 있기를 기대해본다. 이재근, 「방산수출 활성화, 지금이 바로 그 기회이다」, ≪국가안보전략≫, 제7권 제1호, 2018.1., 32쪽.

하더라도 특정 핵심부품과 첨단소재를 독점적으로 개발·공급해줌으로써 경제적 실리는 물론 전략적 차원의 일정한 지분(영향력)을 확보할 수 있다는 장점이 있다. 그 밖에도 특정 무기체계의 아시아지역 정비(MRO&U)를 맡을 수 있는 기회를 확보하는 것도 우리 기업에게 호재(好材)가 될 것이다.[120]

어떤 유형이든 한 가지 유의할 점은 수출성과에 급급하여 아무 나라와 손잡는 일이 없기를 바란다. 특히 수출대상국이 까다로운 조건으로 다른 나라와의 출혈경쟁을 유도하며 밑바닥까지 끌어내리려고 압박할 경우, 윈윈의 호혜적 협력을 기대할 수 없는 만큼 눈앞의 경제적 실리에 얽매이지 말고 장기 전략적 차원에서 치밀하게 계산하고 신중하게 접근할 것을 권고한다.

(4) 절대 정직과 믿음

국제방산협력의 내구성(longevity)은 상대방에 대한 정직(+신뢰성)과 손익분배의 공평성에 달려 있다. 우리 기업들이 승자독식의 국제무기시장에서 살아남으려면 부정과 비리가 없는 '깨끗한 무기', 거짓과 속임수가 없는 '정직한 무기'로 승부를 걸어야 한다.

사람의 생명을 다루는 '무기'의 특성상 방산기술협력은 기본적으로 상대방에 대한 절대 정직과 믿음을 바탕으로 이루어지기 마련이며, 이는 무엇보다도 수출장비의 성능과 품질에 대한 신뢰도로 입증되어야 한다. 이를 고려하여 앞으로는 분단된 한반도의 혹독한 조건에서 한국군이 직접 운용하며 성능이 입증된 무기체계를 우선적으로 수출하는 것을 방산외교의 제일 원칙으로 삼을 것을 제언한다.[121]

---

120 예를 들어, 2019년 2월 한국 컨소시엄(한화시스템 등 6개 업체)이 F-35 전투기 부품의 2단계 정비업체로 공식 선정되었다. 한국 컨소시엄은 총 17개 분야(398개 품목) 가운데 항공전자, 기계/전자기계, 사출 등 3개 분야의 정비를 담당하게 되었다. 김호준, "韓 방산업체 컨소시엄, 美 스텔스기 F-35부품 정비업체로 선정", 연합뉴스, 2019.2.12., 21:30.

방산수출과 관련하여 우리나라 특유의 강점인 동시에 최상의 마케팅 포인트는 역시 세계 유일의 분단국으로서 군사적 대치상태가 지속되고 있다는 점이다. 무기도입이 절실한 후발개도국의 눈높이에서 볼 때 '한국산 무기는 지난 70년간 첨예한 군사적 대치 속에서 살아남기 위한 몸부림으로 치열하게 고민하며 연구개발한 산물이기 때문에 생존의 위협이 없는 나라에서 만들어낸 무기체계와 비교할 수 없을 만큼 그 무게와 가치가 남다르다'고 평가될 수 있다.[122] 이점이야말로 오늘날 많은 나라들이 한국을 최적의 방산협력파트너로 손꼽고 있는 연유이기도 하다.

또한 우리의 수출장비가 총 수명주기 동안 큰 문제없이 운용될 수 있도록 품질보증 및 안정적 후속군수지원 등의 후속조치가 뒤따를 때 한국산 장비에 대한 믿음이 더욱 깊어질 것이다. 우리도 한때 해외에서 도입한 무기체계의 후속군수지원이 제대로 되지 않아 전력운영에 차질이 생기고 예산의 낭비를 경험한 적이 있다.[123] 이를 역지사지의 교훈으로 삼아 우리의 협력파트너들

---

121 방산수출의 자국군이 직접 운용하지 않는 무기는 잘 팔리지 않는 경향이 있다. 실전에서 검증되지 않았기 때문이다. 방산수출 실무 전문가들에 의하면, 수출 상담 시 구매국의 첫 질문은 "너의 나라에서는 운용하고 있는가?"로 시작하는 것으로 알려졌다. 이런 이유로 인해 이스라엘 정부(군)는 자국 방위산업체가 개발한 무기는 무조건 사주는 것을 원칙으로 삼고 있다. 우리의 K-9 자주포가 여러 나라에 500대 이상 팔릴 정도로 인기가 높은 이유 중의 하나는 실전경험을 통해 성능이 입증되었기 때문이다. 특히 2010년 연평도 포격사태 시 적의 포탄이 떨어지는 위기상황에서도 신속한 맞대응 사격을 한 것이 널리 알려지면서 해외수출의 물꼬를 트는 계기가 되었던 것이다. 김홍준, 앞의 기사; 김창우·김홍준, "수출효자 방위산업: 선진국이 장악한 무기시장, 가격 경쟁력으로 뚫는다", 《중앙선데이》, 2019.8.3.

122 필자의 경험에 의하면, UAE가 방산협력파트너로 특별히 한국을 선호하는 이유는 다음과 같은 세 가지 점에 주목하고 있었다. 첫째, 한국은 남북대치 상황에서 오로지 생존을 위해 무기를 개발해왔기 때문에 전쟁이 무엇인지도 모르는 국가들과 비교할 수 없다. 둘째, 한국은 물리적 차원의 슈퍼파워가 아니라 '인력' 하나로 국가발전을 이룩한 '브레인파워'로서 장차 석유고갈 시대(post-oil era)의 UAE 발전모델이다. 셋째, 한국과 UAE는 지리적으로 멀리 떨어져 있고 외교적 갈등도 없으며 경제적으로 경쟁관계도 아니다. 그런 만큼 양국은 서로 마음 놓고 방산기술협력을 할 수 있다는 것이었다.

이 후속군수지원 및 AS(품질보증)에 문제가 생기지 않도록 세심한 관심과 배려를 아끼지 말아야 할 것이다.

그 밖에도 무기거래와 관련된 정보의 철저한 '보안유지'로 협력파트너의 입장을 곤란하지 않게 하는 것도 신뢰구축(confidence building)의 핵심 요소이다. 앞에서도 언급했듯이, 계약체결 단계에서 어느 한 측의 언론유출로 인해 계약이 파기되는 경우가 없지 않은 만큼 방산물자 교역은 반드시 '로우키(Low-Key)'를 원칙으로 삼을 것을 권고한다.

다음, 공평성·호혜성은 국제협력의 지속성·생존성을 뒷받침해주는 무형의 소프트파워이다. 세상 모든 관계가 다 그렇듯이, 주고받는 것(give & take)이 공평해야 오래간다. 국제방산협력에서도 파트너들이 협력을 통해 얻는 것(gains)이 어느 한쪽으로 부당(unfair)하게 기울어지면 오래갈 수 없다. 특히 우리보다 방산능력·과학기술 수준이 낮은 나라들과 협력을 도모할 경우 우리가 모든 것을 주도하려고 하지 말고, 비교우위를 토대로 상호보완적 역할분담을 통해 '호혜성(reciprocity)'을 증진시켜나가는 것이 무엇보다 중요하다.

우리의 방산협력 파트너들이 공평성을 느끼도록 하려면, 예를 들어, 우리의 원천기술을 토대로 공동연구개발을 추진하여 제3의 신기술을 개발했더라도 그 과정에서 '파생된 신기술'의 지적재산권은 '공동소유'하는 것이 바람직하며, 또한 파트너국가 현지에 합작투자하여 공동 생산한 방산물자를 제3국으로 수출할 경우 원산지표시 원칙에 따라 현지의 상표를 붙여 수출하는 등 전향적으로 접근할 것을 제언한다.

또한 특정 무기체계의 단품 거래를 넘어 관련 요소들을 하나의 패키지로 묶어 '포괄적 협력'을 추진하는 것이 호혜성을 높이는 지름길이다. 협력 패키

---

123 백재옥 외 12인, 『국방예산 분석평가 및 중기정책방향(2014/2015)』, 한국국방연구원, 2015, 211~213쪽 참조.

지에는 '연구개발-시험평가-생산-운용(+수출)-군수지원·품질관리' 등 일련의 과정에 직간접적으로 관련된 요소들은 물론, 과학기술자 교류, 기술·경험·노하우 전수, 운용자 교육훈련, 현지공장·정비창 설립·운영 관련 경험과 기법 공유, 기술보호·품질보증 등이 총망라될 수 있다. 물론 나라별 형편과 사업별 특성에 따라 사업추진과정도 다르고 패키지 구성요소도 다르겠지만, 관련 요소들을 하나의 통합패키지로 묶어 상호보완적 협력을 추진한다면 양측 모두의 예산·인력·시간은 최대한 줄이고 사업성과는 극대화할 수 있을 것으로 믿어진다.

오늘날 방산 후발국들의 평가에 의하면, 지난 수십 년간 군사 선진국들과 '일방적 방산협력'을 추진한 결과, 자국에 남은 것은 선진국들의 무기·기술에 종속된 것밖에 없다고 한다.[124] 우리도 한때 이와 비슷한 경험을 했고 그 후유증은 아직도 지속되고 있다. 적어도 우리는 과거 선진국들의 행태를 본받지 말고 후발국들의 자립 국방에 도움이 되는 방향으로 방산협력에 접근해야 할 것이다.

결국 협력파트너 양측에게 유리한 방산협력은 서로에게 절실히 필요하고 부족한 것을 채워주는 상호보완적 협력이며, 특히 서로 부족한 것과 남는 것, 받을 것과 줄 것을 내놓고 공정한 교환과 적정한 보상을 통해 모색할 수 있을 것으로 보인다. 이는 결과적으로 협력파트너 모두에게 경제적 이득과 안보적 이익을 한꺼번에 가져다주는 일석이조의 방책이 될 것으로 믿어진다.[125]

---

124 지금까지 선후진국 간의 방산협력은 일방적 갑을관계에 지나지 않는 경우가 적지 않았다. 군사 선진국들은 후발국에게 완제품 위주의 무기체계를 수출할 뿐, 수명주기가 다할 때까지 책임지고 후속군수지원을 보장해준 것은 아니었다. 특히 새로운 기종이 나와 구형장비가 단종되면 수리부속을 비롯한 후속 군수지원은 제한될 수밖에 없었다. 그렇다고 신기술을 이전해주는 것도 아니었다. 혹시 낙후된 기술을 이전해주더라도 까다로운 조건을 붙여 제한적으로 이용할 수밖에 없었다. 그 결과 오랫동안 선진국들과 방산협력을 했어도 남은 것은 '종속'밖에 없었다는 것이 오늘날 후진국들의 일반적 평가이다.

125 상호보완적 방산협력에 따른 경제적 이익으로는 산업생산 증대, 고용창출, 수출증대(또는 수입대체효과), 과학기술의 파급효과 등에 따른 경제성장 촉진 효과를 들 수 있겠다. 그리

(5) 수출친화적 제도 정비

방산수출에 걸림돌이 되는 규정과 제도는 과감히 개선하는 한편, 포괄적 방산협력을 추동할 수 있도록 제도적 인프라를 정비해나갈 필요가 있다. 이와 관련하여 최근 방위사업청은 종합대책을 세워놓고 적극 추진하고 있는 것으로 알려졌다. 여기서는 그동안 거론되었던 몇 가지 주요 과제만 짚어보고 넘어가겠다.

첫째, '정부 대 정부(G2G)' 무기판매의 근거 및 업무수행체계를 완비해두어야 하겠다. 우리와 방산협력을 선호하는 국가들 중에는 정부기관이 직접 무기거래를 주도하는 경우가 많은 데 비해 우리나라는 방산기업이 직접 거래하도록 규정되어 있었다. 그런 만큼 외국정부가 G2G 방식을 원할 경우 우리도 정부가 직접 무기를 판매할 수 있는 법적·제도적 장치가 필요했다. 이에 정부는 2020년 '방위산업 발전 및 지원에 관한 법률'(2020.2.4.)을 제정하여 관련 내용을 반영한 것으로 알려졌다.

둘째, 무기체계 수출은 '준비된 자의 몫'으로 돌아갈 가능성이 크기 때문에 연구개발 단계부터 글로벌 차원의 수출수요를 예견해 수출가능성을 판단해보고 무기개발을 추진할 것을 제언한다. 그래야만 나중에 수출 기회가 오면 최소한의 개조개발로 비용과 시간을 절약할 수 있기 때문이다.[126] 지금까지 우리 방산은 한국군의 소요에 맞추어 한반도 지형에 특화된 무기체계 위주로 개발해왔기 때문에 글로벌 차원의 시장 적합도가 떨어져 해외시장 진출이 어려웠던 것으로 알려졌다.[127] 앞으로는 개발단계부터 국제시장의 수요와 한국

고 안보적 이익으로는 방산협력의 고도화에 따른 국방협력·안보외교의 내실화 및 전시동맹세력 확보 등을 손꼽을 수 있겠다.

126 특히 자원부국들은 현지 맞춤형 무기체계로 개조개발하는 데 소요되는 시간적 여유를 주지 않고 현지에서 시험평가부터 실시하기 때문에 미리 준비되어 있지 않으면 때를 놓치기 쉽다.

127 국산무기는 북한군 전력 대응에 중점을 두다 보니 성능은 뛰어나지만 다른 나라들의 실정

군의 작전요구성능을 융합하여 범용성(汎用性)을 확장해놓는다면 장차 다양한 국제수요에 유연하게 대처하며 수출의 기회를 확보할 수 있을 것이다.[128]

셋째, 절충교역은 기술획득 중심에서 방산수출·국제공동개발·일자리 창출 중심으로 방향을 전환할 때가 되었다.[129] 지금까지는 주로 선진기술을 획득하는 수단으로 절충교역을 이용했으나 우리의 국방기술이 선진국의 경쟁 대상으로 부상하면서 핵심기술을 이전받기 어려워졌다. 이에 방위사업청은 2018년 7월 절충교역의 무상원칙을 폐지하고 정책방향을 기술획득 중심에서 방산육성·수출증진의 도구로 바꾸었다. 그 일환으로, 해외도입 무기체계 부품의 일정비율을 국산부품을 조달하도록 의무화(쿼터제)하는 한편, 핵심부품을 공동개발·생산하여 글로벌 차원의 방산업체에 공급하는 등 새로운 길을 모색하고 있는 것으로 전해진다. 만약 세계적 수준의 방산강소기업을 육성하여 글로벌 방산업체의 공급망에 들어가게 된다면, 방산수출과 일자리 창출에 기여할 것으로 보인다. 그 밖에도 대형 무기체계 도입 시 절충교역 조건으로 해당무기체계의 창정비를 국내에서 하도록 추진한다면 국내 창정비 산업의 발전과 일자리 창출로 이어질 것이다.

넷째, 해외 현지에서 국제방산협력의 첨병으로 활약할 수 있는 '방산협력

(지형+ROC)에 잘 맞지 않아 수출경쟁력으로 연계되기 어려웠다.

128 김대영, 「미래 먹거리 산업으로 도약중인 방위산업」, ≪국가안보전략≫, 제7권 제2호, 2018. 2., 18쪽.

129 절충교역은 해외로부터 무기·장비 도입 시 그 반대급부로 기술을 이전받거나 국산장비·부품을 수출하는 등 일정한 몫을 받아내는 교역이다. 우리나라는 1983~2016년간 229억 달러 상당의 절충교역 가치를 획득했는데 그중에 47%는 기술이전, 30%는 부품제작·수출, 나머지 23%는 장비 등을 확보했다. 이렇듯 지금까지 절충교역은 주로 선진 핵심기술을 확보하는 수단으로 활용해왔다. 하지만 오늘날 군사선진국들의 기술안보 강화로 인해 절충교역은 이제 더 이상 첨단기술을 이전 받는 통로가 될 수 없으며 또한 절충교역을 받는 만큼 기본계약금의 상승요인으로 작용하는 것으로 밝혀졌다. 이제 절충교역의 정책목표와 방향을 바꿀 때가 되었다.

단' 파견을 추진할 필요가 있다. 우리의 방산수출 대상국들은 대부분 중진·후발국으로 군부인사들의 권한과 영향력이 크기 때문에 주외(駐外) 국방무관과 방산협력관의 역할이 현지 무기시장 개척에 결정적 역할을 할 수 있다. 이에 방위사업청은 당초 유럽(튀르키예), 중동(이집트), 아시아(인도네시아), 중남미(페루) 등 4개 대륙(거점국가)에 방산협력관을 파견하려고 했지만, 실제로는 2007년 이집트와 페루에 한 번씩 파견하고 중단했으며 2012년부터 인도네시아에 1명 파견하고 있을 뿐이다.[130] 적어도 지역별 거점국가와 방산수출 중점 추진 국가에는 정부·기업·출연기관 등의 요원들로 구성된 소규모 방산협력단을 파견하여 방산협력을 전문적으로 추진할 것을 제언한다.[131]

그 밖에도 2010년대 기준 정부가 계속 관심 가지고 풀어나가야 할 과제는 적지 않았다. 예를 들어, 수출 허가절차의 간소화, 수출용 장비의 개조개발자금 현실화, 수출자금 융자 확대, 정부보유 기술로 제작된 군수품 수출 시 기술료 감면, 수출품목의 다변화와 수출방식의 다원화, 방산수출기금 신설 등을 손꼽을 수 있겠다.

---

130 2007년에는 외교관 신분의 주재관이 아닌 군수무관 형태로 두 곳에 현역을 파견했었고 2012년부터 인도네시아에 주재관 신분으로 공무원 한 명을 파견하고 있으나 방산협력이 아닌 통일안보 분야의 자리로 나가고 있다. 한편, 2021년부터 사우디아라비아에 한 명을 파견하고 있지만, 이는 정식 주재관이 아닌 외교부와 인사교류의 일환으로 나가고 있을 뿐이다.

131 방산협력단에 전직 국방무관·군수무관 등 예비역을 포함한다면, 현지 주요 직위자들과 맺은 인적 네트워크를 최대한 활용, 방산외교의 실효성(+예비역의 일자리 창출)을 증진할 수 있을 것이다.

06 맺음말

인류역사는 전쟁의 역사이다. 어느 군사전문가에 의하면, 인류역사 3,357년간(BC 1496~AD 1861) 전쟁이 없었던 평화기간은 227년(7%)에 불과하고 나머지 3,130년(93%)은 전쟁 속에 살았다고 한다.[1] 이렇듯 인간은 거의 하루도 편할 날 없이 전쟁에서 전쟁으로 이어지는 '피흘림의 역사' 속에서 살아왔다.

그런데 전쟁이 역사의 기록 속에만 남아 있는 '과거형'이 아니라 지금 이 순간에도 지구촌 곳곳에서 다양한 분쟁의 모습으로 나타나고 있는 '현재 진행형'이라는 데 문제의 핵심이 있다. 인간의 이기적 본능이 사라지지 않는 한, 피흘림의 역사는 앞으로도 계속 되풀이될 것으로 예견된다.

전쟁의 악마가 우리의 등 뒤를 노리지 못하게 하려면 '무시무시한 창검'으로 무장하고 "Fight Tonight!"의 상시전비(常時戰備) 태세를 갖추고 있어야 한다. 방위사업의 역할은 적대세력이 감히 고개를 쳐들지도 못할 정도로 '서슬 시퍼런 창검'을 만들어 유사시 우리 장병들이 들고 나가 싸워 이기게 해주는 데 있다. 『손자병법』의 저자 손무(孫武)는 "용병(用兵)의 정도(正道)는 무도(無道)를 없애 백성을 구하고, 용병의 대도(大道)는 전쟁으로 전쟁을 없애는 것이

---

1   Hans W. Baldwin, *Strategy for Tomorrow*, New York: Harper & Row Publishers, 1970, p.4.

다"라며 무(武)의 진수(眞髓)를 갈파했다. 이에 비추어 전쟁의 악마를 잠재울 목적으로 무기를 획득·공급해주는 방위사업이야말로 용병의 정도를 넘어 대도에 이르는 큰길을 열어가는 데 참뜻이 있다.

방위사업의 절대적 가치

방위사업은 인명을 앗아가는 무기를 만들어내지만 이는 전쟁을 일으키기 위한 것이 아니라 전쟁을 막기 위한 것이며, 나아가서는 전쟁을 완전히 폐(廢)하려는 것이다. 즉, 전쟁의 악마를 잠재워 전쟁의 원천을 차단하려는 데 방위사업의 궁극적 목적이 있다. 이런 의미에서 방위사업은 전쟁을 막고 평화를 낳는 '평화사업'이고 천하보다 귀중한 사람의 생명을 지켜내는 '생명사업'이라고 다시 정의할 수 있겠다. 무엇보다도 내 가족을 포함한 우리 국민의 생명과 재산, 나아가서는 인류 전체의 생명을 전쟁의 악마로부터 지켜내는 '생명 관련 사업'이라는 데 방위사업의 절대적 가치가 있다.

이를 민족국가(Nation State)의 차원으로 수렴하면 '자주국방의 절대성'으로 귀결된다. 우리나라는 유사 이래 931회의 침략을 받은 것으로 기록되어 있다. 앞으로 또 다시 한반도에서 피흘림의 역사를 되풀이하지 않으려면, 우리 스스로를 지킬 수 있는 힘을 기르는 수밖에 없다. 국민의 생명과 재산을 적으로부터 지켜내려면, 우리 장인(匠人)의 손으로 직접 만든 첨단 신무기로 무장하고 있다가 필요하면 언제든지 싸워 이길 수 있어야 한다. 이는 선택이 아닌 필수이며 당위이다.

자주국방의 꿈과 방위사업의 몫

자주국방은 모든 나라가 꿈꾸지만 이를 실현한 나라는 없다. 세상에 완전 독자적으로 국방을 할 수 있는 나라는 하나도 없기 때문이다. 탈냉전과 함께 세계 유일의 초강대국으로 부상한 미국도 온전히 스스로를 지키지 못하고 있다. 그렇다고 우리 국방을 남의 손에 맡길 수도 없다. 한국방위에 필요한 무기체계를 다른 나라에 의존한다면, 이는 우리 국방과 나라의 운명을 남의 손에 맡겨놓은 것과 다름없기 때문이다. 이것이 최선을 다해 우리 스스로를 지킬 수 있는 자주국방력을 키워놓아야 하는 까닭이다. 그렇지 않으면 언제 또다시 19세기 말 국권(國權)을 상실했던 비운(悲運)의 역사를 되풀이할지 모른다. 이는 능력의 문제이기 이전에 의지의 문제이다.

우리나라는 1970년대 풍전등화의 위기상황에 직면하여 '자주국방'의 절대성을 깨닫고 군사력 증강에 올인하기 시작했다. 1974년부터 추진된 '율곡사업'이 바로 그 물증이다. 올해로 율곡사업(=방위사업의 元祖)이 추진된 지 반세기가 되었다. 이제는 우리도 우리 힘으로 우리 스스로를 지킬 수 있어야 되지 않을까!

하지만 우리에게 자주국방의 길은 아직도 많이 남아 있다. 우리나라는 방위사업청 개청 이후 13년간(2006~2018) 무기수입액은 누계기준으로 세계 5위이고 무기수입시장 점유율은 4%에 이른다.[2] 그것도 미국으로부터의 무기도입이 전체 해외무기 구매액의 70~80%를 차지한다. 전시작전통제권도 아직 미군 출신의 한미연합사령관이 행사하고 있다. 우리의 자주국방은 전작권 전환 및 군사전략의 한국화로부터 시작되어 그 전략 이행에 필요한 전력을 획득·공급해주는 방위사업에 의해 물리적 실체가 완성되어야 한다. 이런 뜻에서 군사전략과 방위사업은 동전의 앞뒷면과 같이 불가분의 관계를 이루며 서로의 존재가치를 확인해준다.

군사전략은 무형전력의 대명사이고 무기체계(=방위사업의 산물)는 유형전력

---

2   연도별 무기수입시장 점유율 및 순위에 대해서는 SIPRI Arms Transfers Database 참조.

의 대명사이다. 이 둘은 반드시 함께 있어야 하며, 각각 유효해야 한다. 서로 떨어져 있거나 어느 것 하나라도 부실하면, 국방의 실패(+국가의 패망)로 이어질 수 있다. 이런 뜻에서, ▷ 군사전략에 근거하지 않는 방위사업은 '머리 없는 팔다리'와 같고, ▷ 방위사업에 의해 신개념의 무기체계가 군에 지속적으로 공급되지 못하는 한 군사전략은 '실체 없는 허구(虛構)'에 지나지 않는다. 아무리 신출귀몰한 전략이 있더라도 이를 이행하는 데 필요한 물리적 수단이 없으면 한낱 '장밋빛 환상'에 불과하기 때문이다.

이런 뜻에서 ▷ 한반도 전장환경에 꼭 맞는 '군사전략'의 창안(創案)이 자주 국방의 첫걸음이고, ▷ 군사전략을 가장 효과적으로 구현할 수 있는 '군사력 건설방향(+미래합동작전기본개념)'의 설계가 두 번째 과업이며, ▷ 그 방향(+개념)대로 전력증강을 추진하여 국방의 실체를 채워주는 것이 세 번째 과업으로 '방위사업'의 몫이다. 결국 국방전략의 실효성은 방위사업의 효율성에 달려 있다고 해도 과언이 아니다.

국방의 초석을 놓는 방위사업이 성공하려면, 적어도 세 개의 핵심가치와 가치실현의 동력 1개가 존재해야 한다. 이는 '투명성·전문성·유연성'으로 대변되는 3개의 기본가치(core values)와 이 셋을 융합하여 시너지(효율성의 극대화)를 이끌어내는 동력으로서 '협업'이다.

첫째, 사업추진과정의 투명성은 유사시 국민의 생명을 지켜낼 무기체계를 획득·공급하는 방위사업의 특성상 반드시 실존해야 하는 기본 중의 기본가치이다. 무기획득과정에 부정과 비리, 거짓과 허위, 위변조, 조작과 같은 불순물이 들어가면 부실한 무기가 나오고, 이런 무기로는 아군의 생존성은 물론 국민의 생명과 국가의 생존권을 지켜낼 수 없다. 이에 방위사업과정은 무조건 깨끗하고 투명해야 할 당위성이 있다.

둘째, 사업관리의 전문성은 효율성을 보장하는 제일의 요건이다. 민수산업과 달리 방위사업은 적어도 이중·삼중의 전문성을 필요로 한다. 먼저, 방위사업의 최종산물인 무기체계는 현존하는 과학기술의 총화이므로 '공학적 전문성'이 있어야 하고, 다음으로 방위사업은 제한된 시간 안에 수많은 규정을 지키며 수많은 절차를 넘어가는 장애물경기와 같기 때문에 '경영학적 전문성'을 필요로 한다. 끝으로, 군사적 전문성은 방위사업의 기저(基底)에 해당한다. 방위사업의 목적이 군의 소요를 채워주는 데 있는 만큼 군사력소요가 나오게 된 원천(전략개념)을 이해하는 것은 사업 착수의 첫걸음이기 때문이다.

셋째, 사업관리의 유연성은 길고 복잡한 방위사업과정에 끊임없이 나타나는 돌출변수를 넘어 사업을 성공으로 이끌어가는 필요조건이다. 방위사업인들이 수많은 절차와 규정을 넘어 군의 소요전력을 적기에 획득·공급해줄 수 있으려면, 끊임없이 변화하는 사업환경에 맞추어 사업계획을 탄력적으로 조정하며 합리적으로 관리할 수 있어야 한다.

넷째, 관계기관 간의 협업은 방위사업의 최종 효과성을 좌우하는 결정인자다. 방위사업청은 방위사업의 전담기관이면서도 국방부-합참-각군 등 관련기관의 적극적 협조 없이는 사업의 성공을 담보할 수 없다. 소통과 협업은 다양한 부서·기관 간의 강점을 결합하여 시너지를 창출, 사업성과를 확대 재생산하는 동력이기 때문이다.

이렇듯 방위사업의 성공을 견인하는 독립변수들은 서로 우열을 가릴 수 있는 것도 아니고 우선순위를 설정할 수 있는 것도 아니다. 어느 것도 다른 것 '위'에 있거나 대체할 수 없는 '동등성'의 개념 위에 조화와 균형을 이루며 방위사업의 궁극 가치인 '효율성'을 확보하는 데 집중해야 하는 관계이다.

이와 관련하여 특별히 유의할 점은 방위사업의 첫걸음은 투명성으로 시작해서 최종 지향점은 효율성이 되어야 한다는 점이다. 물론 방위사업은 생명 관련 사업이므로 절대적으로 깨끗하고 공정해야 하지만, 그렇다고 투명성이 만능인 것처럼 착각하거나 다른 가치에 우선하는 것으로 혼돈해서는 안 된다. 방위사업의 성공을 뒷받침하는 모든 조건과 가치들은 오로지 효율성을 지향하며 효율성 제고에 이바지하는 방향으로 작동해야 한다.

위기를 넘어: 조용한 혁명(Silent Revolution)으로!

하지만 이는 이론일 뿐 실제는 그렇지 못했다. 방위사업의 지배적 이념으로 투명성·전문성·효율성 등이 나란히 열거되고 있지만, 실제로는 투명성에 일차적 관심이 두어졌고 나머지는 부차적 순위에 머물러 있었다. 이는 무엇보다도 투명성 문제가 방위사업청의 태동배경이 되었고 이후에도 방사청의 존재이유로 작동하고 있었기 때문이다.

투명성·공정성의 명분하에 획득기능의 분리 독립(외청)과 사업추진단계별 권한과 책임의 분산, 견제와 균형의 원칙과 집단적 의사결정체제 도입, 감시·감독기능과 처벌·제재 강화, 재량의 축소와 각종 규제·절차의 양산 등이 뒤따랐다. 설상가상으로, 2014년 통영함 납품비리사태를 계기로 국방획득 분야 전체에 '비리의 프레임'이 씌워지면서 방위사업은 미증유의 복합위기 국면으로 접어들었다.

2017년 당시 필자의 눈에 들어온 방위사업 현장은 상하좌우 어디를 보아도 보이지 않는 캄캄한 동굴과 다름없었다. 이 같은 미궁을 뚫고 나갈 수 있는 출구는 문제의 원천을 차단하고 새로운 물줄기를 내는 '혁신'밖에 없었다. 방위사업 혁신 방향은 그동안 국방획득의 전 과정을 사실상 지배하며 효율성을 옥죄던 각종 투명성 장치들을 풀어 투명성과 효율성이 조화와 균형을 이루며 선순환되도록 정상화하는 데로 모아졌다.

지난 10여 년간 투명성이 획득시스템으로부터 사업관리의 디테일까지 지배하는 동안 '절차적 투명성'이 뿌리내려 이제 더 이상 구조적 차원의 비리를 찾아볼 수 없게 되었다. 다만, 인간의 '이기적 본능'에서 비롯되는 개인적 차원의 비리 또는 실무차원의 우발적 비리는 상존하고 있었다. 사실, 이런 유형의 비리를 근절할 수 있는 묘안(妙案)을 찾는 것은 불가능에 가깝다. 인간의 이기적 본능이 사라지지 않는 한, 제도적 차원의 대책으로는 한계가 있기 때문이다. 그런 만큼 투명성 관련 일차적 목표는 '절차적 투명성 확보·유지'에 두고 이를 바탕으로 효율성을 극대화하여 '방위사업 성공의 길'을 열어주는 데 최종 목표를 두는 것이 바람직하겠다.

이런 개념에 입각하여, 방위사업 발전방안으로 가치체계의 재정립, 국방획득체계의 연계성 회복, 사업관리의 전문성과 유연성 확보, 국방 R&D 패러다임 전환, 방위산업의 재도약 발판 마련 등 10개 분야에 걸쳐 해법을 모색, 본서 제5장에 담았다. 이 가운데 일부는 '방위사업혁신종합계획'(2018)의 일환으로 이미 시행되었거나 시행중에 있다. 그 결과, 문제의 고리가 하나둘 풀리면서 방위사업 여건과 분위기는 4~5년 전과 비교할 수 없을 정도로 일신(一新)되어 몰라보게 달라졌다고 한다. 사방팔방으로 막혀 있던 관계의 장벽이 무너지면서 소통의 문이 열리기 시작했고, 방위사업 관련 3법의 제·개정[3] 및 조직개편 과제들이 차례로 완결되고 사업추진절차도 일부 간소화되었다. 사업관리의 유연성도 증진되었고 '방산비리'라는 말도 이제 더 이상 들어보기 힘들어졌다. 드디어 방위사업이 사면초가의 복합위기에서 벗어난 것으로 보인다.

그렇다고 방위사업 혁신이 완결된 것으로 착각하거나 방심하지 않기를 바란다. 방위사업청이 명실상부한 양병(養兵)의 중심으로 거듭나려면 아직 갈 길이 제법 남아 있는 것으로 보인다. "눈에 보이는 것이 다가 아니다(毆擊抈

---

3   방위사업청은 '방위사업혁신계획'의 일환으로 '방위사업법'을 3개의 법률(방위사업기본법 + 국방과학기술촉진법 + 방위산업진흥법)로 나누어 제·개정하려는 분법(分法)을 추진해왔는데 2020년 방위산업 발전 및 지원에 관한 법률(법률 제16929호, 2020. 2. 4.)과 국방과학기술혁신 촉진법(법률 제17163호, 2020. 3. 31.)이 제정되면서 그동안 '방위사업법'에 산재해 있던 방산육성과 연구개발 관련 조문들이 해당 법률로 이관되어 분법이 완성되었다.

燭)"라는 말이 있듯이, 외형적 성과의 담장에 가려져 보이지는 않지만, 인식과 행태, 구조적·문화적 차원의 변화가 완결되려면, 상당한 시간과 공동노력이 필요하기 때문이다. 특히 국방획득 시스템 속에 심어진 분절 현상이 완전히 사라지고 방위사업청에 대한 인식이 바로 세워져 군·청 간의 관계가 정상화되고 원활한 소통과 협업이 제도화되려면, 그리고 이런 형상이 새로운 국방조직문화로 승화되려면, 아직도 갈 길이 한참 남아 있음이 분명하다.

개혁(혁신)에는 평탄한 길도 없고 지름길도 없다. 혁명(revolution)은 전광석화(電光石火)처럼 순식간에 단행하지 않으면 안 되지만 개혁(reform)은 하루아침에 이룰 수 없다. 이는 제도가 먼저 바뀌고 인식과 행태·문화가 뒤따라 바뀌어가는 진화(evolution)의 과정을 거치기 때문에 오랜 시간 뼈를 깎는 아픔을 수반하기 마련이다. 일정한 인고의 세월이 없이는 절대 이뤄낼 수 없는 것이 바로 개혁이다.

국방획득시스템(+방위사업과정)에 내재하는 불통·분절·불신과 폐쇄성·경직성 등의 문제는 하루아침에 형성된 것이 아니다. 지난 수십 년 동안 쌓이고 뿌리내린 것이기 때문에 하루아침에 뿌리 뽑을 수 없다. 이에 방위사업 혁신의 길은 어떤 분야의 개혁보다도 멀고 험할 수밖에 없다. 다소 시간이 걸리더라도 문제의 원류(源流)를 찾아서 차단하고 원천(源泉)을 완전 고갈시켜버리지 않으면 언제라도 다시 살아나 방위사업 자체의 밑동을 붕괴시킬지 모른다.

방위사업청이 개청된 지 10여 년 만에 모처럼 문제의 본질에 접근하여 근치(根治)를 지향한 통합적·체계적이고 실천가능성에 무게중심을 둔 혁신종합계획을 수립한 것으로 알고 있다. 다만, 한 가지 유의할 점이 있다. '성공하는 개혁의 핵심은 속도보다는 방향을, 빠름보다는 바름을 향해 쉼 없이 해묵은 과제 하나하나를 실효성 있게 추진해나가는 데 있다'는 점이다.

동서고금을 막론하고 '실패한 개혁'의 대부분은 가시적 성과에 급급한 나머지 너무 서두르다가 결국 예기치 못했던 반대(+저항)에 부딪혀 실패하거나 중도하차한 것으로 알려졌다. 반면에, 성공하는 개혁은 속도감이 아니라 방향성에 초점을 두고 가시적·단편적·대중적 '땜질식' 처방(tinkering)이 아닌 체계적·근원적 접근을 통해 문제의 뿌리를 완전 차단하여 동일한 문제가 두 번 다시 반복하지 못하도록 하는데 핵심이 있다.

'우보천리(牛步千里) 마보십리(馬步十里)'라는 말이 있다. 말처럼 달리면 십리도 못가서 지쳐 쓰러지지만, 소처럼 천천히 걸어가면 천리도 갈 수 있다는 뜻이다. 방위사업 혁신의 길은 멀고도 험하다. 하지만 "소걸음으로 가더라도 해지기 전에 집에 도착한다"는 속담이 있듯이, 방위사업인들이 서두르지는 않으면서도 쉬지 않고 방향과 실질을 바꾸어나가는 '조용한 혁명(Silent Revolution)'의 길을 꾸준히 가다보면 '머지않아' 명실상부한 양병의 중심으로 거듭나 절대강군 육성을 견인해나갈 것으로 확신하며 이 글을 맺는다.

부　록

1. 세계 100대 방산업체와 K-방산

　　1-1. 세계 100대 방산기업의 총매출액(2013~2018)

　　1-2. 한국 방산업체의 글로벌 순위 및 매출액(2013~2018)

2. 국방획득제도개선안(2005.1.19. 대통령보고)

3. 방위사업 비리 관련 언론 보도 사례(2006~2018)

4. 방위사업청 출범 당시 분야별 제도 정비 현황

5. 방위사업 의사결정 관련 각종 위원회 현황

6. 방위사업 관련 법규 현황(2006~2020)

7. 국방부 '방위사업혁신TF'에서 마련한 비리차단대책(2016)

8. 무기체계 분야별 국산화율(완제품 기준, 2015~2020)

9. 국방 R&D 예산의 분야별 배분 추이(2006~2020)

10. 방산업체의 혜택과 의무

11. 국방연구개발예산 분석(2006~2020)

12. 국방조달 원천별 변화추이(계약집행 기준, 2013~2018)

13. 방위력개선사업의 획득방식별 재원배분 추이(2006~2019)

　　13-1. 방위력 개선 예산과 국외도입 예산 증가율 비교(2010~2019)

14. 방위사업청 개청 전후 방산수출 현황

　　14-1. 개청 이전 10년(1996~2005)

　　14-2. 개청 이후 10년(2006~2015)

　　14-3. 최근 5년(2016~2020)

　　14-4. 세계시장점유율/순위 추이(5년 단위)

1. 세계 100대 방산업체와 K-방산

1-1. 세계 100대 방산기업의 총매출액(2013~2018)

단위: 10억 달러

구분	2013	2014	2015	2016	2017	2018
매출액	406	398	374	376	395	420
전년 대비	0.3%	-2.1%	-6.0%	0.6%	5.1%	6.4%

자료: SIPRI Arms Industry Database, "Total arms sales for the SIPRI Top 100 2002-2018",
　　　https://www.sipri.org/databases/armsindustry(검색일 2021.1.15.).

1-2. 한국 방산업체의 글로벌 순위 및 매출액(2013~2018)

단위: 100만 달러

구분	2013 (순위)	2014 순위	매출액	2015 순위	매출액	2016 순위	매출액	2017 순위	매출액	2018 순위	매출액
삼성 테크윈	(82)960	78	1,030								
한화 테크윈				69	1,080	40	2,250	50	2,120	46	2,320
KAI	(62)1400	74	1,160	57	1,650	51	1,760	99	860	60	1,550
LIG Nex1	(72)1100	65	1,330	55	1,680	57	1,600	61	1,550	67	1,340
대우 해양조선		(143)	(400)	74	1,000	74	1,190	86	940		
한화	(86)930	86	950								
계 (전년 대비)	4개 기업 4,390	4개 기업	4,470 (+1.8%)	4개 기업	5,410 (+21%)	4개 기업	6,800 (+25.7%)	4개 기업	5,470 (-19.6%)	3개 기업	5,210 (-4.8%)

주: 업체명 변화 _ 삼성테크윈(2013~2014) → 한화테크윈(2015~2017) → 한화에어로스페이스(2018).
자료: SIPRI Arms Industry Database, "Data for the SIPRI Top 100 for 2002-18",
　　　https://www.sipri.org/databases/armsindustry(검색일 2021.1.15.).

2. 국방획득제도개선안(2005.1.19. 대통령보고)

구분	현상진단	제도 개선안
효율성	◆ 8개 기관으로 분산에 따른 중기계획, 예산편성, 사업관리 등 유사업무 중복 ◆ 다단계의 복잡한 의사결정구조 속에서 사업지연 등 효율성 저하	◆ 분산된 조직 통폐합, 국방부 외청 신설 ◆ 외청 조직구조: 민군 1:1 균형 편성 [a] ＊ 공무원 정책결정 + 군인 사업관리 ◆ 소요결정 이후의 모든 획득과정을 책임지고 관리하는 IPT제도 도입 [b]
투명성	◆ 획득사업이 법률이 아닌 국방부훈령에 규정되어 법적 근거에 대한 논란 상존 ◆ 빈번한 훈령 개정으로 안정적 사업관리 제한, 업무의 혼선 초래 ◆ 특정사업을 위한 별도의 규정을 제정 등 행정편의적 규칙 제정권 남발 → 대외적 신뢰저하 + 부정 비리의 원인 ◆ 정부물자와 비슷한 군수일반물자 조달 + 군 시설공사를 국방부 자체 수행 → 예산 낭비 및 비리발생 개연성 상존 ◆ 과도한 군사보안기준 적용, 불필요한 비밀정보 양산, 주요문서 미공개 ◆ 사업추진과정의 폐쇄성, 투명성 논란 ◆ 방산비리 관련 민군 수사기관 공조 미흡	◆ 관련법령 정비 및 방위사업법 제정 → 법령에 근거, 일관된 방위사업 추진 ◆ 군수일반물자는 조달청에 위탁 구매 ◆ 30억 원 이상 대형 군 시설공사에 대한 계약업무는 조달청에 이관 추진 ◆ 상시 감시/감독/견제시스템 강화 - 획득관련 문서(중기계획 등)와 사업추진정보 공개범위 확대 - 주요 심의회에 민간전문가 참여 확대 - 사업단계별 분석평가의 전문성/신뢰성 제고로 견제역할 강화 - 감시기관 간의 정보공유/수사공조 강화 ◆ 정책결정/사업관리 실명제 및 청렴서약제 도입 등으로 획득업무의 책임성 강화

(a) 민군 간 상호보완적 역할분담에 기초한 조직 편성: 민간공무원은 객관적 입장에서 주요 정책결정을 담당하고 군인은 각군 사업단의 전문성과 무기운용경험을 살려 사업관리를 담당하는 방향으로 역할 분담.

(b) IPT는 사업계획(중기계획), 예산편성, 협상/계약, 품질보증, 감독, ILS기능조직을 매트릭스 형태로 편성, 소요결정 이후부터 사업종결 시까지 획득과정 전체를 책임지고 관리하도록 설계.

자료: 방위사업청, 『방위사업청개청백서』, 2005: 55~62.

3. 방위사업 비리 관련 언론 보도 사례(2006~2018)

보도일시	기사 제목	보도매체	관련된 기관
2006.07.20	기내서 들킨 '돈봉투'	서울신문	방사청, 방산업체
2006.09.11	방사청, '천마'사업 수백억대 납품 비리	YTN	방사청, 방산업체
2006.09.13	방산업체 납품 비리 의혹 수사	MBN	해군, 방산업체
2006.10.23	잠수함 축전지 납품업체 대표 밀반출 95억	서울경제	해군, 방산업체
2007.01.13	방산업체 납품비리 포착	문화일보	방산업체
2007.04.13	'군납비리' 국방과학연구소 간부, 실형 선고	뉴시스	ADD, 방산업체
2007.09.04	'마일즈' 독점 공급社 원가 부풀리기 적발	문화일보	육군, 방산업체
2008.01.11	야간 표적 지시기 납품 특혜 의혹	동아일보	방산업체
2008.10.13	군, '9억 원대 군납비리' 방사청 직원 적발	연합뉴스	방사청, 방산업체
2008.09.10	'기상장비 납품비리 의혹' 업체 압수수색	YTN	방사청
2009.10.15	해군레이더 납품사기 내사 착수	헤럴드경제	해군
2009.12.03	K-9 자주포 부품 납품비리 한국무그 전현직 간부 구속기소	뉴시스	방사청, 방산업체
2009.12.29	軍, 계룡대 납품비리 31명 사법처리	연합뉴스	국방부, 해군
2010.03.26	STX엔진 '군납 비리' 98억 부당이득 챙겨	한겨레신문	방산업체
2010.04.30	검찰, 납품비리 의혹 방산업체 전 대표 소환	헤럴드경제	방산업체
2010.06.21	방산 납품단가 조작 의혹 檢, LIG넥스원 대표 소환	문화일보	방산업체
2010.09.30	불량전투화 수사 확대	서울신문	방사청, 방산업체
2010.09.30	"軍공사 비리" 영관급 간부 등 7명 적발	세계일보	육군
2010.11.22	링스헬기·전투화·K-21장갑차…군수 비리 전방위 수사	중앙일보	방사청, 국과연
2011.02.14	납품가 뻥튀기로 수억 챙긴 방산업체 대표 영장	연합뉴스	방산업체
2011.03.07	원가조작 뒷돈 또 방산비리	한국경제	방산업체
2011.03.08	방산비리 3년간 350억 적발: 93년 율곡특감 이후 최대규모	조선일보	방산업체
2011.05.19	砲쏘니 두 동강… 엉터리 무기 100억 군납사기	문화일보	방산업체
2011.06.16	'군인 생명줄' 낙하산에도 납품비리	조선일보	국회, 방산업체
2011.08.02	또 터진 방산비리… 이번엔 陸士 교수!	문화일보	육군, 방산업체
2012.01.31	K1A1전차 설계도 美유출 수억 챙긴 연구원 구속기소	조선일보	국과연
2012.02.09	전투·수송기 허위 정비 370억 챙겨	중앙일보	방산업체
2012.03.06	계속되는 방사청 軍 기밀유출...왜	세계일보	방사청
2012.05.01	공군 전투장비 허위정비 240억 빼 먹은 방산업체	국민일보	방산업체
2013.05.15	대형 무기도입사업, 중개상·예비역 유착 비리 … 안보구멍	세계일보	무기중개업
2013.09.03	장보고함사업 관련 억대 수뢰 방사청 전·현직 간부 기소	조선일보	방위사업청
2013.11.12	원전 이어 … 軍 '방산마피아' 의혹(시험성적서 조작 125건)	국민일보	34개 방산업체
2013.11.15	줄줄 새는 국방비 방산업체 3년간 1315억 부당이익	동아일보	
2013.12.16	지대공미사일 '천마' 정비계약 비리	한겨레	군수업체

2014.03.18	'짝퉁 부품'으로 속 채운 국산 '명품무기'	경향신문	군수업체
2014.03.18	군수품 시험성적서 2700여건 위변조	한국일보	241 군수업체
2014.07.04	외국방산업체에 군사기밀 무더기로 빼돌린 장교	서울신문	공군
2014.10.04	통영함 이어 소해함도 비리 의혹: 군피아 전방위 개입	국민일보	방사청/해군
2014.10.04	방산분야 군피아-전관예우 군납비리 먹이사슬의 정점	세계일보	
2014.10.21	방위사업청은 무기비리 軍피아 양성소로 변질됐나	동아일보	방위사업청
2014.10.29	'통영함-軍피아-K무기 비리' 안보 갉아먹는 적폐 3종세트	동아일보	방사청/육·해군
2014.11.03	무기구매 경험 없는 방사청 '낙하산 부대'가 부패 양산	세계일보	방위사업청
2014.11.12	해군장성까지 연루된 대규모 납품비리	노컷뉴스	방사청, 해군, 기품원
2014.12.27	군납 야전상의 몰아주기 현역대령 등 구속	SBS 뉴스	방위사업청
2015.01.07	'혈세' 새는 방위산업	국민일보	방사청, 각군
2015.01.30	父子가 함께 방산비리 체포, 부패군인 대명사로	문화일보	해군
2015.02.11	해군정보함 납품비리 예비역 준장 구속영장	연합뉴스	해군
2015.02.17	전투기 부품 교체한 것처럼 꾸며 240억 꿀꺽	동아일보	예비역장교
2015.02.24	檢, 방탄복 납품비리 육군대령 구속 가소	뉴시스	육군
2015.03.11	'900억대 방산비리' 일광공영 회장 전격 체포	SBS 뉴스	방산업체
2015.07.15	1조원 규모의 방산비리 적발, 63명 사법처리	브릿지경제	각군, 방사청
2015.07.16	합수단, 통영함 납품비리 등 14건의 방산비리 혐의 발표	여러 매체	
2015.07.19	끝없는 방산비리 … 군사기밀 장막 뒤 '군피아' 놀이터	한겨레	각군, 방사청
2015.12.19	시동기 납품비리 군/방산업체 관계자 줄줄이 재판에	뉴스 1	방위사업청
2016.03.24	'뚫리는 방탄복' 뒤에 군피아 있었다	한겨레	국방부/합참
2016.06.01	'직무발명 꼼수' 금품 챙겨 … 감사원, 군 납품비리 수사요청	뉴시스	특전사
2016.07.26	긴급사업으로 추진된 대북 확성기사업 공염불되나	파이낸셜뉴스	심리전단
2016.08.06	또 방산비리, 재활용 군수품 억대 '뒷돈'	TV조선	육 군
2016.10.05	검찰, KF-16전투기 개량사업 1천억 원대 손실의혹 수사	연합뉴스	방위사업청
2016.11.18	'와일드 캣 도입비리' 최윤희 전 합참의장 법정구속	연합뉴스	합참
2017.05.17	검찰, 방산비리 의혹 방위사업청 압수수색	연합뉴스 TV	방위사업청
2017.06.11	뒷돈 받고 '방탄유리 평가 조작' 전 육사교수 실형	JTBC TV	
2017.07.14	검찰 방산비리 관련 KAI본사 압수수색	서울경제 TV	방산업체
2017.08.03	또 다른 적폐: 방산비리	BJ TV	
2018.02.01	지대공미사일 '천궁' 계약비리 적발, 방사청-LIG넥스원 유착	KBS뉴스	방위사업청
2018.05.17	'잠수 못하는 잠수함, 뚫리는 방탄복' … 방산비리 TOP5	노컷뉴스	국방/육군/해군
2018.07.17	'차세대 통신망 사업' 방산비리 복마전	시사저널	

주: On-Line & Off-Line에서 필자가 검색·선별, 정리했음.

4. 방위사업청 출범 당시 분야별 제도 정비 현황

투명성 확보 대책: 상시 감시시스템 구축	방위사업시스템의 효율성 강화 대책
◆ 정보공개: 의사결정 결과 + 사업추진과정 　- 열람/공시/언론공개+인터넷에 정보공개방 　- 각종 협의체(위원회)에 외부전문가 참여확대 ◆ 투명성 강화 　- 방위사업 정책실명제 실시 　- 청렴서약제 운영 　- 옴부즈만제도 도입 　- 투명성 평가위원회 운영(외부전문가 참여) ◆ 감시기능 강화 　- 자체감사기구 설치 + 감사관 개방직화 　- 시민감사청구제 도입 　- 열린감사제 도입, 투명하고 공정한 감사 ◆ 신고시스템 구축 　- 방위사업신고센터 운영 　- 내부공익신고센터 운영, 내부고발 활성화 　- 클린신고 센터 운영(사업담당자 보호) ◆ 공직자 윤리의식 제고 　- 재산등록 대상 확대: 특정 이권 직위 종사 7급 이상 　　공무원/위관급 이상 장교 　- 취업제한(+승인) 관리강화, 퇴직 후 영향력 행사 원천 차단 　　* 이해관계 직무부서, 퇴직 후 재취업 심의 　- 병역사항 신고/공개: 서기관/대령 이상의 본인 및 직계 　　비속 병역사항 신고/공개 ◆ 부패방지 협조체제 구축: 내외 감사기관 간 공조체제 강화 　- 국가청렴위원회 주관 '부패방지/추진점검회의' 참석 　- 국방부 '반부패대책 추진기획단' 및 '반부패현안대책 　　실무협의회' 등에 참석 ◆ 방위사업청 민원서비스 헌장 제정 　* 민원서비스 이행기준을 정립/실천, 국민이 감시하고 　　국민에게 신뢰받는 행정 구현 ◆ (계속) 방위사업법 등 관계법령 제정 추진	◆ 사업추진방법 결정: 연구개발과 구매로 구분 ◆ 선행연구 절차 신설, 시행착오 최소화 　- 초기 IPT 구성 및 업무 구체화 　- 개략적 사업추진전략 구상 ◆ 연구개발 원칙과 유형 분류 및 추진단계 구분 　- 무기체계 연구개발: 주관업체 선정 등 　- 핵심기술 연구개발 ◆ 구매사업 원칙과 추진절차 검토 ◆ 시험평가 수행체계 정립 + 분석평가절차 수립 ◆ 군수품 규격화 절차 및 형상통제 ◆ 기술기획 및 기관선정 등 제도개선 **전문성 강화 대책: 전문인력 육성체계 구축** ◆ 보직자격제 도입 　- 주요직위자, 전문직위자, 특수직위자로 구분, 　　직위 범위와 직위별 자격기준 설정 　- 교육과 보직을 연계, 경력개발 프로그램 마련 ◆ 국방대 획득 관련 직무교육과정 강화 　- 1단계; 국방대 직무연수부 획득교육과정 증설 　- 2단계; 국방대 내에 별도의 전문교육기관 　　'국방획득대학(가칭)' 신설 추진 ◆ 국방사업관리 특별과정 교육(한시적) 　* 개청준비단원의 직무지식과 전문지식 함양 **방위산업경쟁력 강화: 방산육성체계 구축** ◆ 방산육성지원체계 구축 　- 전력증강체계: 국외도입 → 국내개발 위주 　　* 독자개발 무기체계의 국제경쟁력 제고 　- 국제공동협력사업 추진: 기술이전+현지투자 　- 대미방산외교 강화, 방산수출의 장애물 제거 　- 방산육성기금의 지원규모 확대 ◆ 방산수출 활성화 지원체계 구축: 　- 방산수출 전담조직 신설, 업체 수출/마케팅 지원 　- 국방무관-국정원-외교부-KOTRA 협조체제 구축 ◆ 방산원가제도 개선 ◆ 전문화 계열화제도 폐지(2008년 말)

자료: 방위사업청, 『방위사업청개청백서』, 2005: 172~201.

5. 방위사업 의사결정 관련 각종 위원회 현황

▶ 방위사업추진위원회/분과위원회(정책기획·사업관리·군수조달)/실무위원회

▶ 국제공동연구개발추진위원회/국제공동연구추진위원회/기술협력위원회

▶ 종합군수지원실무조정위원회　▶ 환위험관리위원회　▶ 원가회계심의위원회

▶ 전문가자문위원회　▶ 방산수출심의위원회　▶ 국산화심의위원회

▶ 전시획득위원회　▶ 계약심의위원회　▶ 제안서평가위원회　▶ 방위사업감독위원회

▶ 성실수행평가위원회　▶ 특화연구센터운영위원회/종합심의위원회

▶ 국고보조금지원대상자선정위원회　▶ 제안서검증위원회　▶ 형상관리위원회

▶ 제안요청서검토위원회　▶ ACTD실무검토위원회　▶ 운영개념개발발전위원회

▶ 형상통제심의위원회　▶ 국방M&S위원회/자료관리위원회/획득분과위원회

▶ 기술보호심사위원회　▶ 일반부문연구개발장려금공적심사/공적심사실무위원회

▶ 비공개사업부문연구개발장려금공적심사위원회/공적심사실무위원회

▶ 방위사업육성지원사업관리위원회/평가위원회/전문위원회

▶ 감사자문위원회　▶ 정책연구심의위원회/소위원회　▶ 구매요구서심의위원회

▶ 국방규격조정위원회　▶ 기술료심의위원회　▶ 민원조정위원회/실무위원회

▶ 정책자문위원회/정책자문분과위원회/사업자문분과위원회/계약자문분과위원회

▶ 감항인증심의위원회/실무위원회/전시인증위원회/기술실무위워노히/자문위원회

▶ 현장감독관운영계획위원회/감독관선발심의위원회

▶ 방산원가관리체계인증심의위원회　▶ 국방중소기업융자사업관리위원회

▶ 절충교역심의회　▶ 국방과학기술정보관리위원회　▶ 정부업무자체평가위원회

▶ 민군규격실무위원회/전문위원회　▶ 정보화추진위원회/제안서평가위원회

▶ 무기체계소프트웨어발전위원회　▶ 자체보안심사위원회

▶ 글로벌방산강소기업육성사업심의조정위원회　▶ 연구시설장비심사위원회

▶ 계약이행능력심사위원회　▶ 적격심사위원회　▶ 방위사업감독위원회

▶ 국정과제추진(실무)위원회　▶ 지식관리운영위원회　▶ 전력정책분과위원회/실무위원회

▶ 전문직위운영위원회　▶ 분석평가심의위원회/제안서평가위원회　▶ RAM검토위원회

▶ 방산중소기업컨설팅운영위원회/운영기관평가위원회/지원대상기업선정평가위원회

자료: 최기일, '방위사업 비리 관련 처벌 현황진단 및 분석 연구', 안규백 국방위원장 주최 한국방위산업학회 주관,
「건전한 방위산업 생태계 조성과 육성을 위한 대토론회」 발표자료, 국회의원회관, 2018.10.8.

6. 방위사업 관련 법규 현황(2006~2020)

구분	법률	대통령령	국방부령	청 훈령	청 예규	청 고시	계
2006	2	8	5	42	70	2	129
2007	2	8	5	50	91	3	159
2008	2	8	5	50	95	3	163
2009	3	9	6	53	99	5	175
2010	2	4	6	54	102	6	174
2011	2	4	6	58	101	6	177
2012	2	4	6	62	104	8	186
2013	2	4	6	59	88	8	167
2014	2	4	6	66	84	8	170
2015	3	4	6	68	86	8	175
2016	3	5	8	66	85	10	177
2017	3	5	8	67	86	10	179
2018	3	5	8	68	85	10	179
2019	3	5	8	80	87	11	194
2020	5	6	10	83	89	11	204

자료: 방위사업청, 『2021년도 방위사업통계연보』, 2021, 278쪽.

7. 국방부 '방위사업혁신TF'에서 마련한 비리차단대책(2016)

감시·감독 강화	◆ 자체감시기능보강(방위사업감독관, 사업감사2담당관 신설) ◆ 군수품 무역대리점 신고제 도입 등
비리 네트워크 차단	◆ 방사청 인력구조개편(군인비율↓ + 공무원 비율↑) ◆ 취업제한공직자 고용업체 제재 강화 ◆ 방사청 파견 근무 군인에 대한 인사독립성 강화 등
비리행위 처벌·제재 강화	◆ 비리행위 공직자 처벌강화(무조건 중징계) ◆ 비리업체 입찰참가 제한기간 연장(2년 → 5년) 및 징벌적 가산금 부과(1배 → 2배)
투명한 업무체계 구현	◆ 각종 위원회에 민간전문가 참여 확대 ◆ 방위사업 정보공개 확대 등

8. 무기체계 분야별 국산화율(완제품 기준, 2015~2020)

단위: %

구분	화력	탄약	기동	항공	통신	유도무기	광학	함정	화생방	기타	평균
2015	76.7	76.3	73.4	47.2	91.1	81.4	65.5	69.5	94.5	72.2	70.7
2016	76.4	75.8	74.3	47.2	91.0	81.7	66.4	69.5	91.3	72.2	70.8
2017	76.7	75.6	75.0	50.7	91.9	82.2	68.6	73.4	91.5	72.2	74.2
2018	76.4	75.4	74.8	52.2	88.7	84.9	67.0	75.6	91.2	72.2	75.2
2019	75.7	75.5	74.0	52.8	89.8	85.0	65.7	76.0	91.5	72.7	75.5
2020	77.8	75.5	75.2	52.8	88.3	85.2	66.3	76.6	90.0	72.1	76.0

자료: 방위사업청, 『2021년도 방위사업통계연보』, 2021, 228쪽; 한국방위산업진흥회 홈페이지, https://www.kdia.or.kr/kdia/contents/defense-info25.do(검색일: 2022.4.15.).

9. 국방 R&D 예산의 분야별 배분 추이(2006~2020)

단위: %

구분	2006	2007	2008	2009	2010	2011	2012	2013	2014	2015	2016	2017	2018	2019	2020
체계개발	57.6	54.9	54.2	53.1	54.6	53.5	58.6	51.8	43.1	43.5	46.8	50.0	48.4	52.6	56.6
기술개발	19.0	23.7	25.7	29.4	28.9	29.0	27.9	28.2	35.6	34.3	31.9	29.8	31.4	29.3	25.8
기관운영	23.4	21.4	20.1	17.5	16.5	17.5	13.5	20.0	21.3	22.2	21.3	20.2	20.2	18.4	17.6

주: 2006~2020 평균 _ 체계개발비 51.9% + 기술개발비 28.7% + 기관운영비 등 19.4%.
자료: 방위사업청, 『방위사업청 세입세출예산 각목명세서』, 2006~2020 연도별.

10. 방산업체의 혜택과 의무

혜택	의무

• 방산원가 적용
• 부가가치세 면제
• 수의계약 사유에 해당
• 방산물자의 생산 및 조달 보장
  - 정부 우선구매 대상
  - 계약 전 품질보증 등
• 방산업체 보호 육성
  - 연구 및 시제품 생산(생산비 지원)
  - 장기 저리 융자
• 기술인력에 대한 장려금 지원 및 병역특례
	• 방산물자의 안정적 공급
	• 방산용 원자재 비축
	• 보안요건 구비, 비밀 엄수
	• 정부의 사전 승인 획득
	  - 시설 변경·이전
	  - 인수·합병, 휴·폐업
	  - 방산물자 매매 및 수출
	• 수출시 기술료 납부
	• 전시 매도 명령 시 복종
	• 기술인력 확보

관련 근거: 방위사업법 제35/40조, 동법 시행령 제41/54조, 동법 시행규칙 제30/34조.

11. 국방연구개발예산 분석(2006~2020)

단위: %

구분	국방연구개발비 (억 원)	국방비 대비 연구개발비	연구개발비 중 기술개발비	연구개발비 중 기초연구	기술개발비 중 핵심기술비	체계개발비 중 업체주관
2006	10,595	4.7	19.0	1.1	39.7	25.0
2007	12,584	5.1	23.7	1.2	32.7	34.6
2008	14,522	5.4	25.7	1.3	35.0	42.7
2009	16,090	5.6	29.4	1.6	33.9	42.8
2010	17,945	6.1	28.9	1.9	36.6	38.5
2011	20,164	6.4	29.0	2.0	39.8	34.9
2012	23,210	7.0	27.9	1.9	39.0	30.5
2013	24,471	7.1	28.2	1.8	39.5	31.2
2014	23,345	6.5	35.6	2.2	34.0	20.3
2015	24,355	6.5	34.3	2.1	32.1	28.9
2016	25,571	6.6	31.9	1.9	32.8	32.1
2017	27,838	6.9	29.8	1.7	31.6	45.2
2018	29,017	6.7	31.4	1.5	29.7	57.6
2019	32,285	6.9	29.3	1.3	32.0	59.8
2020	38,869	7.8	25.8	1.0	39.8	53.7

자료: 방위사업청, 『방위사업청 세입세출예산 각목명세서』, 2006~2020 연도별.

12. 국방조달 원천별 변화추이(계약집행 기준, 2013~2018)

단위: 억 원

구분	2013	2014	2015	2016	2017	2018	계
국외조달	24,089 (21.6%)	25,144 (23.0%)	32,291 (28.1%)	36,879 (29.8%)	38,474 (30.3%)	42,921 (29.6%)	199,798 (27.3%)
국내조달	87,652 (78.4%)	84,338 (77.0%)	82,819 (71.9%)	86,804 (70.2%)	88,332 (69.7%)	101,857 (70.4%)	531,802 (72.7%)
계	111,741 (100%)	109,482 (100%)	115,110 (100%)	123,683 (100%)	126,806 (100%)	144,778 (100%)	731,600 (100%)

주: 국방조달은 방위사업청 소관의 방위력개선사업 및 위탁집행하는 전력운영사업을 포함한다.
자료: 방위사업청, 『2018/2019년도 방위사업통계연보』, 2018/2019, 133/131쪽.

13. 방위력개선사업의 획득방식별 재원배분 추이(2006~2019)

단위: 억 원

구분	방위력개선비	국내 획득			국외 도입		
		연구개발	상업구매	계(%)	상업구매	FMS구매	계(%)
2006	58,077 (100%)	10,595	34,400	44,995 (80.4%)	11,014	360	11,374 (19.6%)
2007	66,807	12,584	41,000	53,584 (82.4%)	10,445	1,292	11,737 (17.6%)
2008	76,813	14,522	47,531	62,053 (82.8%)	11,392	1,814	13,206 (17.2%)
2009	87,140	16,090	50,381	66,471 (78.1%)	16,091	2,996	19,087 (21.9%)
2010	91,030	17,945	53,721	71,666 (80.5%)	15,597	2,164	17,761 (19.5%)
2011	96,935	20,164	53,937	74,101 (78.0%)	19,609	1,695	21,304 (22.0%)
2012	98,938	23,210	59,228	82,438 (84.6%)	12,336	2,920	15,256 (15.4%)
2013	101,749	24,471	63,299	87,770 (87.6%)	4,979	7,685	12,664 (12.4%)
2014	105,097	23,345	65,328	88,673 (85.8%)	5,373	9,503	14,876 (14.2%)
2015	110,140	24,355	64,348	88,703 (81.9%)	5,718	14,225	19,943 (18.1%)

2016	116,824	25,571	65,005	90,576 (79.2%)	5,644	19,080	24,724 (20.8%)
2017	121,970	27,838	67,519	95,357 (79.5%)	4,892	20,142	25,034 (20.5%)
2018	135,203	29,017	73,713	102,730 (77.1%)	7,760	23,175	30,935 (22.9%)
2019	153,733	32,285	76,197	108,482 (71.8%)	9,951	33,421	43,372 (28.2%)
계(%)	1,420,456 (100%)	21.26%	57.42%	1,117,599 (78.7%)	9.91%	9.89%	281,273 (19.8%)

자료: 방위사업청, 『방위사업통계연보』, 연도별.

13-1. 방위력 개선 예산과 국외도입 예산 증가율 비교(2010-2019)

단위: 100만 달러

증감률 비교	2010	2011	2012	2013	2014	2015	2016	2017	2018	2019	평균
방위력개선예산 증가율(%)	4.5	6.5	2.1	2.8	3.3	4.8	5.7	4.8	10.8	13.7	5.9
국외도입예산 증가율(%)	-6.9	19.9	-28.4	-16.9	17.5	34.1	24.0	1.3	23.6	40.2	10.8
방위력개선사업의 국외도입 비중(%)	19.5	22.0	15.4	12.4	14.2	18.1	20.8	20.5	22.9	28.2	19.4

자료: 방위사업청, 『방위사업통계연보』, 연도별.

14. 방위사업청 개청 전후 방산수출 현황

14-1. 개청 이전 10년(1996~2005)

1996	1997	1998	1999	2000	2001	2002	2003	2004	2005	계
45.4	58.0	147.2	196.6	55.4	237.2	143.9	240.6	419.0	261.9	1,805.2

14-2. 개청 이후 10년(2006~2015)

2006	2007	2008	2009	2010	2011	2012	2013	2014	2015	계
250	850	1,030	1,170	1,190	2,380	2,350	3,420	3,610	3,540	19,790

14-3. 최근 5년(2016~2020)

2016	2017	2018	2019	2020						계
2,560	3,120	2,770	3,080	2,970						14,500

자료: 한국국방연구원, 『방산수출 활성화를 위한 시장조사 분석 및 수출전략 수립』, 2007.1.;
산업연구원, 「포스트 코로나시대, GtoG 확대로 방산수출 촉진해야」, 보도자료, 2021.3.7.

14-4. 세계시장점유율/순위 추이(5년 단위)

단위: SIPRI TIVs(Trend Indicator Values in millions)

구분	1996~2000	2001~2005	2006~2010	2011~2015	2016~2020
세계 총액	125,020	98,446	125,508	140,923	140,163
한국 수출액	87	507	969	1,224	3,798
시장점유율	0.07%	0.52%	0.77%	0.89%	2.71%
세계 순위	32위	14위	15위	15위	9위

자료: Arms Transfers Database, http://armstrade.sipri.org/armstrade/page/oplist(검색일: 2021.5.15.).

참 고 문 헌

• 단행본 / 논문 / 보고서 / 발표자료

강천수. 「한국 국방조직의 개선방안 연구」. 박사학위논문. 2021.6.

공공감사에 관한 법률 시행령. 대통령령 제30833호. 2020.7.15. 시행.

국가공무원인재개발원. 『2019년도 공공교육훈련기관 현황』. 2019.5.

국민권익위원회. 『공공기관 청렴도 측정 결과』. 2012~2018 연도별.

국방과학기술혁신 촉진법. 법률 제17163호. 2020.3.31. 제정.

국방과학연구소. 「민군협력진흥원」. 소개자료. 2020.3.13.

_____. 『ADD 50 Years: THE WAY+』. 2020.6.

_____. 『국방과학연구소 50년사(1970~2020)』. 2020.8.

_____. 『국방과학연구소 50년 연구개발 성과분석서』. 2020.8.

_____. 『THE WAY+』. 2019.

국방기술품질원. 『2019 세계 방산시장 연감』. 2019.12.

_____. 『2020년 국방기술품질원 통계연감』. 2020.8.

국방부. 『한국적 군사혁신의 비전과 방책』. 군사혁신단. 2003.

_____. 『1998~2002 국방정책』. 2002.

_____. 『율곡사업의 어제와 오늘 그리고 내일』. 1994.

국방전력발전업무훈령. 국방부훈령 제2114호. 2017.12.29. 일부개정.

국회입법조사관. 『국방상임위원회 결산검토보고서』. 2010~2019 해당연도별.

김대영. 「미래 먹거리 산업으로 도약중인 방위산업」. ≪국가안보전략≫, 제7권 제2호. 2018.2.

김영후. 「진화적 ROC적용 보장을 통한 획득체계의 혁신」. 방위사업청 블로그 '밀리터리 칼럼'. 2018.2.7. http://blog.naver.com/PostView.nhn?blogId=dapapr&logNo=2212

03042117.

김정섭. 「민군 간의 불평등 대화」. ≪국가전략≫, 제17권 제1호. 2011.

김철우. 「한국적 전략커뮤니케이션(SC) 개념 및 적용방향」. ≪주간국방논단≫, 제1342호.
      2011.1.10.

남만성 옮김. 『노자 도덕경』. 을유문화사. 1970.

박영욱·권재갑·이종재. 『국방 분야 부패 발생실태 분석 및 개선방안 연구』. 광운대학교 방
      위사업연구소. 2011.12.

방위사업법. 법률 제15051호. 2017.11.28.

방위사업법시행령. 대통령령 제28904호. 2018.5 28. 일부개정.

방위사업관리규정. 방위사업청훈령 제440호. 2018.7.3. 개정.

방위사업청. 『방위사업청개청백서』. 2005.12.

_____. 『방위사업혁신 종합계획』. 2018.7.27.

_____. 『방위사업통계연보』. 2018~2021 연도별.

방위사업청 세입세출예산 각목명세서. 2002~2020 해당 연도별.

방위사업청훈령. 제652호. 2021.1.1. 개정.

방위산업 발전 및 지원에 관한 법률. 법률 제16929호. 2020.2.4. 제정.

백재옥 외 12인. 『국방예산 분석평가 및 중기정책방향(2014/2015)』. 한국국방연구원. 2015.

서우덕·신인호·장삼열. 『방위산업 40년 끝없는 도전의 역사』. 한국방위산업학회. 2015.

송영선. 『대한민국 안녕하십니까』. 북앤피플. 2011.

신기수. 「4차 산업혁명 시대의 무기체계 연구개발」. ≪심층이슈분석≫, 2018-2. 국방대 안
      보문제연구소.

신영순. 「국방 R&D에도 미친 과학자가 필요하다」. ≪국가안보전략≫, 제4권 제10호. 2015.11.

안보경영연구원. 『방위산업 통계조사 기반구축 및 협력업체 실태조사』. 2017.4.

안영수. 「방산 중소·벤처기업 육성방안」. 산업연구원 보고서. 2017.10.31.

_____. 「최근 방산위기의 원인과 대응방안」. 국회국방위 3당 간사 공동토론회발표자료.
      2019.5.8.

안형준·김태양 외.『국방과학기술 역량제고를 위환 정부연구개발 연계 및 활용방안』. 과학
　　기술정책연구원. 2018.12.

양희승·조현기.『국방R&D정책』. 피앤씨미디어. 2020.

유무봉.「육군 입장에서 보는 국방기획관리제도 발전방안」. STEPI 주관 '국방연구개발혁신
　　포럼' 발표자료. 2021.8.31.

이재근.「방산수출 활성화, 지금이 바로 그 기회이다」.≪국가안보전략≫, 제7권 제1호. 2018.1.

장삼열.「전략커뮤니케이션 현주소와 발전방안」. 한국군사문제연구원 정책포럼 발표자료.
　　국방컨벤션. 2015.2.27.

장영근.「저비용 고효율의 국방무기체계 획득 필요하다」.≪국가안보전략≫, 제3권 제9호.
　　2014.10.

장원준 외.「4차 산업혁명에 대응한 방위산업의 경쟁력 강화 전략」. 산업연구원 연구보고서.
　　2027-858. 2017.12.

장원준·김미정.「주요 방산제품의 핵심기술 경쟁력 분석과 향후 과제」.『KIET 산업경제: 산
　　업경제분석』. 2017.2.

장원준·송재필·김미정.『2017 KIET 방위산업 통계 및 경쟁력 백서』. 산업연구원. 2017.

_____.『2018 KIET 방위산업 통계 및 경쟁력 백서』. 산업연구원. 2019.

전제국.『지식정보화시대의 전략환경과 국방비』. 한국국방연구원. 2005.

_____.「국방개혁의 쟁점과 과제: 합동성 문제를 중심으로」.≪외교안보연구≫, 제8권 제1
　　호. 2012.6.

_____.「국방중기계획의 역할과 실효성 확보 방안」.≪주간국방논단≫, 제1490호. 2013.
　　11.25.

_____.「국방기획관리제도의 이상과 현실」.≪국방연구≫, 제56권 제4호. 2013.12.

_____.「국방기획체계의 발전방향」.≪국방정책연구≫, 제32권 제2호. 2016 여름.

_____.「21세기 안보도전과 국방전략방향」.≪항공우주력연구≫, 제4집. 2016.10.

_____.「국방비 소요 전망과 확보 대책」.≪전략연구≫, 제24권 제3호. 2017.11.

_____.「국방문민화의 본질에 관한 소고: 문민통제 vs 국방의 효율성」.≪국방연구≫, 제64

권 제2호. 2021.6.

_____. 「국방연구개발 패러다임 전환: 소요추격형에서 소요선도형으로」. ≪국방과 기술≫, 제522권. 2022a.8.

_____. 「국방획득시스템 재정비 방향: 분할구조적 특성을 넘어」. ≪국가전략≫, 제28권 2호. 2022b 여름.

_____. 「방산수출의 의의와 전략적 함의와 접근 방향」. ≪국방과 기술≫, 제530권, 2023.

중소기업중앙회. '중소기업통계DB'. https://www.kbiz.or.kr/.

최기일. 「방위사업 비리 관련 처벌 현황진단 및 분석 연구」. 안규백 국방위원장 주최 한국방위산업확회 주관 '건전한 방위산업 생태계 조성과 육성을 위한 대토론회' 발표자료. 국회의원회관. 2018.10.8.

최성빈. 「방산 생태계 복원을 위한 제도발전안」. STEPI 주관 국방연구개발혁신포럼(제2기) 발표자료. 송도 경원재. 2021.8.31.

최성빈·고병성·이호석. 「한국 방위산업의 40년 발전과정과 성과」. ≪국방정책연구≫, 제26권 제1호. 2010 봄.

최성빈·이상경 등 11명. 『국방전력발전업무 10년 평가 및 국방획득관리체계 종합발전방안 연구』. 한국국방연구원. 2017.

최수동. 「국방기획관리제도」. STEPI 주최 국방연구개발혁신포럼 발표자료. 서울 S타워. 2021. 4.14.

최수동 외. 『국방경영 효율화를 위한 국방배분체계 발전방향』. 한국국방연구원. 2010.

태영호. 「김정은 집권 이후 과학기술 우대 정책 및 시사점」. 2017년 11월 대북정책전문가들과의 세미나 발제문(2017-11-24). '태영호의 남북동행포럼' http://thaeyongho.com.

한국국방연구원. 「전력업무 10년 평가를 기준한 국방획득체계 개선 건의」. 토의자료. 2018. 5.

_____. 『방산수출 활성화를 위한 시장조사 분석 및 수출전략 수립』. 2007.1.

한국방위산업진흥회. 「방산 생태계 정상화/제도개선 사항」. 2017.8.17.

_____. 『2019 방산업체 경영분석』. 2019.12.

_____. '2020 국산화율 현황'. https://www.kdia.or.kr/kdia/contents/defense-info25.do.

_____. '방위산업분석'. 2008~2018 연도별. www.kdia.or.kr/content/3/2/51/ view.do.

_____. 『방위산업실태조사』. 2008~2018 연도별.

_____. 『2020 방위산업실태조사』. 2021.

한국산업개발연구원. 『수리온 연구개발사업의 경제적 파급효과 분석』. 2013.12.

한국전략문제연구소. 「방위사업비리, 무엇이 문제인가?」. ≪국가안보전략≫. 제4권 1호. 2015.1.

한국지식재산연구원. 『국방연구개발 결과물의 소유권 관리방안 연구』. 2020.12.

한남성·강인호. 「한국의 방위산업 발전전략」. 박창권 외. 『한국의 안보와 국방 2009』. 한국
    국방연구원. 2009.

한홍. 『거인들의 발자국』. 비전과 리더십. 2004.

황지호. 「우리나라 국방 R&D혁신을 위한 이슈진단과 개선방향」. KISTEP Issue Paper 2019-
    20. 한국과학기술기획평가원. 2019.12.30.

Baldwin, Hans W. *Strategy for Tomorrow*. New York: Harper & Row Publishers. 1970.

EBS(Early Birds Study). 「방위사업 개혁과 연계한 획득전문인력 효율적 양성 방안」. 방사청
    학습동아리 연구. 2018.7.26.

Jane's Defense Budget Spreadsheet. 2019.12.

Jo Yongjin. "Study for the Innovation Plan for Korean Defense Acquisition System and
    the Establishment Plan of the Specialized Training Institution." Individual Resear-
    ch Project. 2021.4.1.

K-stat. '무역통계: 한국의 무역의존도'. http://stat.kita.net/stat/world/major/KoreaStats02.
    screen.

SIPRI Arms Industry Database. "Total Arms Sales for the SIPRI Top 100 2002-2018" +
    "Data for the SIPRI Top 100 for 2002~18" https://www.sipri.org/databases/arms-
    industry.

SIPRI Arms Transfers Database. http://armstrade.sipri.org/armstrade/page/toplist.php.

• 신문 / 뉴스 / 보도자료 등

고윤수. "방위력 개선업무 실상: 시간을 중심으로". 실무 제언, 2017.12.14.

권성종. "1조 원 규모 방산비리 적발, 63명 사법처리". ≪브릿지경제≫. 2015.7.15.

김관용. "규제중심 방위산업, 이제는 바꾸자". ≪이데일리≫. 2020.4.9.

_____. "말 뿐인 방위산업 진흥 정책 … 업계의 절규". ≪이데일리≫. 2018.12.5.

김민석. "무기 구매'의 힘". ≪중앙일보≫. 2005.7.3.

김보형. "청 특명에 방산비리 수사 4년, 털고 또 털어도 절반이 무죄". ≪한국경제≫. 2018.
　　11.5.

김설아. "방위산업하면 린다감? … '비리' 꼬리표 떼고 '명품'되려면". ≪MoneyS≫. 2020.12.12.

김요한. "방위사업 비리 '전방위 조준' 합동수사단 출범". SBS 8시 뉴스. 2014.11.21. 20:09.

김용훈. "국가안보 위협하는 방산 중복제재". ≪파이낸셜뉴스≫. 2019.10.17.

김유진. "방위산업 재도약 신호탄, '한국산 우선획득제도'". ≪헤럴드경제≫. 2021.8.12.

김재중. "군 핵심무기에 불량 부품 시험성적서 2,749건 조작". ≪국민일보≫. 2014.3.18.

김창우·김홍준. "수출효자 방위산업: 선진국이 장악한 무기시장, 가격 경쟁력으로 뚫는다".
　　≪중앙선데이≫. 2019.8.3.

김혜린. "푸틴, 한국 위협 '우크라에 무기 제공 땐 관계 파탄'". ≪동아일보≫. 2022.10.28.

김호준. "韓 방산업체 컨소시엄, 美 스텔스기 F-35부품 정비업체로 선정". 연합뉴스. 2019.2.
　　12. 21:30.

김홍준. "세계 수출 6위 강국이지만 … 더 닦고 조여야 하는 한국 방산". ≪중앙선데이≫.
　　2019.8.3.

남승우. "1조 원 규모 방산비리 적발, 장성 63명 기소". KBS 뉴스. 2015.7.16. 08:41.

네이버지식백과. "율곡비리사건". https://terms.naver.com/entry.nhn?docId=1167934&cid
　　=40942&categoryId=31778.

민경중·정혜영. "방위사업청 신설하면 비리 발붙이기 어려울 것". CBS 뉴스레이더 5부(FM
　　98.1MHz). 2005.1.20. 09:55.

박병수. "끝없는 방산비리 … '군사기밀' 장막뒤 '군피아' 놀이터". ≪한겨레≫. 2015.7.19.

박병진. "방위사업청, 군납비리에 존립 흔들". ≪세계일보≫. 2009.10.20.

_____. "무기 도입 리베이트 싹 자르고 개발 민간에 넘겨야". ≪세계일보≫. 2011.6.22.

박병진·허범구. "잇단 군납비리 의혹 방위사업청 손본다". ≪세계일보≫. 2009.12.9.

박소연. "율곡비리와 린다김, 통영함까지 … 역대 방산비리". ≪머니투데이≫. 2015.3.10.

박해준. "변재일 의원, '방산비리척결'법안 제출". 대한뉴스. 2016.6.11. 05:47. http://www.
　　　dhns.co.kr.

방위사업청. "방위사업, 전문성 향상의 발판을 딛자". 보도자료 2020.12.30.

산업연구원. "포스트 코로나시대, GtoG 확대로 방산수출 촉진해야". 보도자료 2021.3.7.

서민준·박재원·오상헌. "툭하면 정책감사 … 규제개혁·혁신성장 꿈도 못꾼다". ≪한국경제≫.
　　　2019.4.22.

성한용. "독립적 방위사업청: 한나라 '힘빼기' 시도". ≪한겨레≫. 2005.11.25.

손영일. "K-1 전차 등 무기 부품 성적서도 위조". ≪동아일보≫. 2013.11.12.

송상현. "방산환경, 개혁수준으로 바꾸라". ≪News1≫. 2019.10.6.

송한진. "국방부, '방위사업청 폐지냐 축소냐' 존폐 기로". ≪뉴시스≫. 2008.6.24.

양욱. "방산이 무너지면 국방도 무너진다". ≪한국일보≫. 2014.12.4.

오동룡. "대한민국 방위산업 50년의 산증인, 전용우 법무법인 화우 고문". ≪월간조선≫.
　　　2022년 2월호.

유성운. "방사청 기능 국방부로 이전 … 軍 관점으로 무기 도입 판정". ≪동아일보≫. 2010.9.10.

유용원. "군 무기도입, 민간 전문가 주도로". ≪조선일보≫. 2005.1.20.

유한구. "최윤희 전 합참의장 '방산비리' 무죄 확정". ≪한국일보≫. 2018.10.27.

이광철. "방산비리 전방위 조준 … 합동수사단 공식 출범". 연합뉴스. 2014.11.21.12:10.

이석종. "국방 분야 진화적 R&D 시급". ≪아시아투데이≫. 2019.8.26.

이주형. "정부, '방위사업비리 근절을 위한 우선대책' 발표: 다층적인 감시강화 비리 발붙일
　　　곳 없다". ≪국방일보≫. 2015.10.30.

이진명. "4차 산업혁명, 방위산업 재도약 기회". MK뉴스. 2019.3.14.

임해중. "갈길 먼 방산 強國 ④: 부정당업자 중복 제재 과도하다". ≪News1≫. 2019.10.3.

_____. "도약·퇴보 갈림길 선 韓 방산 … 미국·이스라엘에 답 있다". ≪News1≫. 2019.9.27.

임형섭. "방사청 5년간 소송배상 1500억 원 무기체계 예산서 충당키도". 연합뉴스. 2020.3.10.

장예진. "추락하는 한국 방위산업 … 작년 93개 방산기업 매출 첫 감소". 연합뉴스. 2018.12. 14. 06:00.

장원준. "국산 변속기, 이대로 사장시켜야 하나?". ≪news2day≫. 2020.3.11.

전경운. "조사는 시한 없고 처분은 고무줄 … 재가동 기약 없는 방산". ≪매일경제≫. 2019.4.4.

전진배. "무기도입 전담 방위사업청 신설 논란". ≪중앙일보≫. 2005.4.25.

조성식. "실적주의 감사·수사가 방산 발전 걸림돌". ≪신동아≫. 2018.6.

_____. "오직 수출만이 살길이다". ≪신동아≫. 2018.7.

최경운. "방산비리 무죄율 50%". ≪조선일보≫. 2018.10.9.

최기성. "최재성, 로펌에 60억 퍼준 방위사업청 … 승소율 0%". YTN 뉴스. 2019.10.6. 17:46.

최승욱. "남세규 ADD소장 '와해적 혁신'에 과감히 도전". 시사뉴스. 2018.9.13.

"푸틴, 한국 콕 집어 경고한 진짜 이유 … 여기에서 자극". YTN 뉴스. 2022.10.18. 19:42.

한국경제 사설. "감사원의 정책감사 폐지할 때 됐다". ≪한국경제≫. 2018.8.30.

홍성민. "보수의 부패와 진보의 무지로 쑥대밭 된 방위산업". ≪신동아≫. 2017.6.30.

황경상. "짝퉁 부품으로 속 채운 국산 명품무기". ≪경향신문≫. 2014.3.18.

"ATS-31 통영". https://ko.wikipedia.org/wiki/ATS-31(검색일: 2019.3.8.).

Pentatonic. "백한번의 망치질". https://blog.naver.com/aksm5382/222572214148.

지은이

전제국 (全濟國, JEON JEI GUK)

2018년 8월 방위사업청장직을 끝으로 40년간의 공직생활을 마치고 자연인으로 돌아와 연구 및 저술활동을 하고 있다.

1952년 강원도 양양에서 태어나 강릉고등학교와 고려대학교를 졸업하고 해외로 유학하여 미국 오하이오 주립대학교(OSU)에서 제3세계 정치발전론을 전공하고 동아시아 정치경제에 관한 논문으로 정치학 박사 학위(Ph.D)를 취득했다.

1978년 행정고등고시에 합격하여 이듬해부터 30년간 국방부 공무원으로 봉직(奉職)하며 미국정책담당, 예산운영담당, 군비기획과장, 중기계획과장 등의 직위를 맡아 다양한 실무경험을 쌓았다. 국실장급 고위공무원으로 승진한 이후에는 국제정책관으로 보임되어 국방외교를 진두지휘하며 일본·중국·러시아·영국·독일 등 10개국 국방부 국장급의 '국방정책실무회의' 한측 수석대표를 역임했다. 이후 감사관으로 전임(轉任)되어 각군·기관에 대한 성역 없는 감사를 실시하고 '부패 제로, Clean 국방'을 지향한 반부패 청렴대책을 시행했다. 한편, 2006년 말 군 장성이 맡아 오던 국방정책실장에 임용되어 국방기본정책, 대북정책(+남북군사회담), 한미동맹, 국방외교 등을 총괄·조정·통제하며, '한미안보정책구상회의(SPI)', 한불전략회의 등의 한측 수석대표직을 수행했다.

2009년 명예퇴직 이후 한국국방연구원 초빙연구원, 국방대학교 초빙교수, 서강대학교/광운대학교 외래교수 등을 역임하며 국가안보 관련 연구 및 강의에 전념하고 있었다. 그런데 또 한 번 국가를 위해 일할 수 있는 기회가 주어졌다. 2017년 여름 방위사업청장(정무직)에 임용되었던 것이다. 평생 마지막 공직으로 생각하고 국방 실무전선에서 쌓은 오랜 경험과 노하우에 열정과 의지를 담아 방위사업혁신종합계획을 수립하고 국방획득사업의 효율적 집행을 관장했다.

주요 저서로는 『소프트파워 강국을 지향한 글로벌평화활동』(2011), 『지식정보화 시대의 전략환경과 국방비』(2005), 『싱가포르: 도시국가에서 글로벌 국가로』(2000), 『동남아의 정치리더십』(공저, 1996), 『동남아의 정치경제』(공저, 1995) 등이 있다. 그 밖에도 ≪국방연구≫, ≪국방정책연구≫, ≪국가전략≫, ≪전략연구≫, ≪정책연구≫, ≪외교안보연구≫, *Pacific Affairs*, *World Affairs*, *Asian Perspective*, *Pacific Focus*, *Strategic Forum*, *Third World Quarterly* 등 국내외 학술지에 30여 편의 논문이 게재되었다.

한울아카데미 2453

방위사업 징비록

전제국 ⓒ, 2023

지은이 ｜ 전제국
펴낸이 ｜ 김종수
펴낸곳 ｜ 한울엠플러스(주)
편집책임 ｜ 배소영

초판 1쇄 인쇄 ｜ 2023년 6월 18일
초판 1쇄 발행 ｜ 2023년 6월 25일

주소 ｜ 10881 경기도 파주시 광인사길 153 한울시소빌딩 3층
전화 ｜ 031-955-0655
팩스 ｜ 031-955-0656
홈페이지 ｜ www.hanulmplus.kr
등록 ｜ 제406-2015-000143호

Printed in Korea.
ISBN 978-89-460-7453-8 93390

• 책값은 겉표지에 표시되어 있습니다.

4차 산업혁명과 첨단 방위산업

신흥권력 경쟁의 세계정치

- 김상배 엮음 | 김상배·박종희·성기은·양종민·엄정식·이동민·이승주·
  이정환·전재성·조동준·조한승·최정훈·한상현 지음
- 2021년 3월 10일 발행 | 신국판 | 464면
- 2022 대한민국학술원 우수학술도서

4차 산업혁명 시대, 첨단 방위산업은 어떤 변화를 맞이하고 있는가?
첨단 방위산업 참여 주체들의 다양화, 미·중·일 강대국의 경쟁과 중견국의 틈새 전략

4차 산업혁명 시대를 맞은 첨단 방위산업은 변화의 과정 속에 있다. 새로운 기술과 시스템의 등장은 무기체계의 수준을 높이는 동시에 참여 주체의 경쟁을 심화하고 있다.

4차 산업혁명의 대표 기술이라고 할 수 있는 드론산업의 경우, 미국과 중국이 서로 다른 전략을 바탕으로 경쟁 우위를 점하고 있는 상황이다. 한국의 드론산업은 이스라엘에서 함의를 찾을 수 있다. 방위산업에서 상당한 영향력을 가진 국가 이스라엘을 예시로 한국의 드론 산업은 어떻게 성장할 수 있을 것인지 고찰했다. 한편 초소형 군집드론에서 대형 무인잠수정에 이르기까지 다양한 기능과 규모의 무인무기가 속속 개발되고 있다.

이러한 인공지능 기반 자율무기는 윤리적 문제로 인해 반대 입장에 부딪히지만, 아직 이를 적절히 규제하는 국제적인 규범은 부족한 실정이다. 기술의 발전과 더불어 기준과 규범을 명확하게 정립해야 할 필요가 있다. 방위산업의 주요 동향 중 하나는 항공우주산업에 대한 각국의 관심이 높다는 것이다. 이에 한국 우주산업의 현주소를 분석했다.

현대의 전쟁과 전략

- 국방대학교 안보대학원 군사전략학과 엮음 | 박영준·기세찬·박민형·
  손경호·손한별·이병구·박창희·김영준·김태현·노영구·한용섭 지음
- 2020년 10월 20일 발행 | 신국판 | 392면

현대 전쟁의 양상과 각국 전략을 분석해
대한민국 안보 전략을 다각도로 제시한다

군사와 안보 환경은 정치적 문제뿐 아니라 사회·경제적 분야와도 맞물려 그 양상이 빠르게 변화하고 있다. 그러므로 각국은 대외 변화의 흐름을 고려하면서 동시에 자국의 실정에 맞는 전략을 선택해야 한다. 동북아 주요 국가들의 전략 경쟁이 가열되는 가운데 한반도는 여전히 정전 상태에 머물러 있다. 이런 상황에서 우리는 어떤 군사·안보 전략을 세워야 할까?

이 책은 현대 전쟁이 발발한 원인과 배경, 전쟁전략이 무엇인지 분석하고, 미국·일본·중국·러시아와 같은 강국들의 군사·안보 전략상의 변화를 고찰한다. 최신 자료와 정보, 이 분야 전문가들의 냉철한 분석과 전망 등이 국방정책을 개발하고 수정·보완하는 데 하나의 지표가 될 것이다.